La géométrie à l'école primaire

Des pistes pour l'enseignement de la géométrie et de la mesure

2e édition

Annette Braconne-Michoux

JFD Éditions

La géométrie à l'école primaire : des pistes pour l'enseignement de la géométrie et de la mesure
2e édition

Annette Braconne-Michoux

Catalogage avant publication de Bibliothèque et Archives nationales du Québec et Bibliothèque et Archives Canada

Annette Braconne-Michoux

La géométrie à l'école primaire : des pistes pour l'enseignement de la géométrie et de la mesure
2e édition

Comprend des références bibliographiques.

ISBN 978-2-89799-000-8

1. Géométrie - Étude et enseignement (Primaire).

QA461.B72 2018 372.7'6044 C2018-940958-4

Éditions JFD inc.
CP 15 Succ. Rosemont
Montréal (Qc) H1X 3B6
Téléphone : 514-999-4483
Courriel : info@editionsjfd.com
www.editionsjfd.com

ISBN 978-2-89799-000-8

Dépôt légal : 3e trimestre 2018
Bibliothèque et Archives nationales du Québec
Bibliothèque et Archives Canada

Imprimé au Québec, Canada

Table des matières

Avant-propos

Qu'est-ce que la géométrie? Pourquoi enseigner la géométrie? Pourquoi consacrer un ouvrage à la didactique de la géométrie quand tout le monde connaît la différence entre un carré et un triangle, un cube et une sphère ou un mètre et une livre?

Tout simplement parce que la recherche en didactique nous dit que tout n'est peut-être pas aussi simple que cela. En effet, des recherches ont été menées à propos de l'enseignement de cette discipline et des apprentissages des élèves et des difficultés ont été identifiées des deux côtés, que ce soit du côté de l'enseignement ou du côté des apprentissages des élèves. Quelles sont ces difficultés auxquelles se heurtent très souvent les enseignants? Quelles sont celles que l'on a déjà identifiées chez les élèves? Que pourraient faire les parents pour accompagner leurs enfants dans leurs apprentissages?

D'autres questions se posent aussi : de nombreuses recherches ont montré que le développement des habiletés spatiales et des connaissances spatiales était déterminant pour l'apprentissage des mathématiques en général dès le plus jeune âge des enfants. Comment les prendre en compte?

Voilà quelques-unes des interrogations auxquelles ce manuel envisage de répondre.

La 1re édition de cet ouvrage a été bâtie à partir du cours « Didactique de la géométrie à l'école primaire », donné aux étudiants[1] au Baccalauréat en enseignements préscolaire et primaire (BEPEP) à l'Université de Montréal. Dans cette 2e édition, nous ajoutons une « Introduction » à la didactique de la géométrie et, dans chaque chapitre, un volet didactique clairement identifié (« Compléments didactiques ») où nous affinons les propos très généraux tenus dans l'introduction. Dans cette nouvelle rubrique, nous précisons des éléments de théories didactiques, et nous témoignons des apports de la recherche en didactique de la géométrie, que ce soit à propos de l'enseignement ou des apprentissages que les élèves peuvent faire ou non. C'est ainsi que nous proposons des activités que l'on ne trouve pas toujours dans les manuels, les cahiers d'exercices ou les guides de l'enseignant. Nous proposons aussi quelques pistes de remédiation, d'aide à apporter à l'élève en l'orientant vers des solutions sans lui donner la réponse. C'est pourquoi nous pensons que ce nouvel ouvrage pourra être utile aussi à tout enseignant au primaire ou en adaptation scolaire, primaire ou secondaire et d'une façon plus générale à toute personne intéressée ou concernée par l'enseignement de la géométrie à l'école maternelle et à l'école primaire.

Les neuf chapitres du manuel sont regroupés selon trois thématiques : géométrie plane, géométrie dans l'espace et mesure. L'ordre de présentation de chacun des chapitres ne reprend pas l'ordre dans lequel un élève développe ses connaissances en géométrie. En effet, un enfant fait ses premiers apprentissages en manipulant ses jouets, en se mouvant dans son environnement, mais l'étudiant ou l'enseignant qui veut réactiver ses connaissances de géométrie n'est pas placé dans ces conditions.

[1] Dans cet ouvrage, pour une lecture plus facile, le genre masculin sera utilisé tant pour parler des étudiants, des enseignants ou des élèves, même si, à l'Université, les étudiantes en enseignement primaire sont nettement plus nombreuses que les étudiants.

Le lecteur retrouvera la même structure à l'intérieur des neuf chapitres :

- des rappels théoriques sur le thème traité pour redonner autonomie et confiance en soi au futur enseignant;
- des exercices d'application pour tester, sous forme d'activités personnelles, le niveau de maîtrise des rappels théoriques précédents;
- des éléments de didactique de la géométrie et de la mesure en lien avec les activités proposées dans le chapitre;
- et enfin des activités didactiques telles que des analyses de manuels, de productions d'élèves ou autres.

Les rappels théoriques et les exercices d'application ne font pas pour autant de ce manuel un traité de mathématiques de niveau universitaire. Certaines démonstrations sont exposées ou proposées dans les exercices. D'autres, qui relèvent du programme de mathématiques du secondaire ou qui sont très longues, sont simplement évoquées. Enfin, quelques démonstrations sont absentes et leurs résultats sont énoncés sans justification parce qu'elles font appel à des connaissances théoriques qui dépassent largement les ambitions de cet ouvrage qui, rappelons-le, s'adresse avant tout aux étudiants – futurs enseignants à l'école primaire.

La première partie, **partie A**, permet de revisiter les notions et concepts de géométrie plane utiles à tout enseignant au primaire, à savoir les éléments de base (droite, segment, parallèles, perpendiculaires, etc.), le cercle, les triangles, les quadrilatères et les transformations.

Avec la deuxième partie, **partie B**, le lecteur aborde différents aspects de la géométrie dans l'espace traités à l'école primaire : le repérage dans l'espace, la description et la représentation des solides, et, pour terminer, le développement des polyèdres.

La troisième et dernière partie, **partie C**, consacrée à la mesure, permet au lecteur de revisiter la distinction entre « grandeur » et « mesure », distinction importante pour les apprentissages des élèves à l'école primaire, puis de revenir sur les notions d'aire et de périmètre. Les autres grandeurs rencontrées à l'école primaire sont abordées dans le dernier chapitre.

Au fil des pages, tant dans les activités personnelles que dans les activités didactiques, nous invitons le lecteur à s'intéresser à l'activité de l'élève, en termes d'apprentissages, d'erreurs ou d'évaluation. Cet ouvrage étant consacré à l'enseignement de la géométrie et de la mesure à l'école primaire, nous nous intéresserons aussi aux différents usages que l'élève peut faire des instruments de géométrie, que ce soit la règle, l'équerre, le compas ou le rapporteur d'angles.

En effet, la recherche en didactique (Perrin-Glorian, 2013) tend à montrer que l'usage des instruments de géométrie favorise non seulement la construction des concepts et l'apprentissage du raisonnement hypothético-déductif, mais contribue aussi à la motivation de l'élève pour ce domaine des mathématiques, ce, par les défis que les constructions de figures peuvent représenter quand on dépasse la production d'un carré de 4 cm de côté sur une feuille de papier quadrillé au centimètre.

À la fin de l'ouvrage, le lecteur trouvera un glossaire où le vocabulaire spécifique à la didactique de la géométrie sera présenté et illustré. On s'y attachera en particulier à définir une liste de verbes – identifier, reconnaître, décrire, tracer, compléter, reproduire, construire, représenter, justifier – tous utilisés dans bon nombre de références en didactique de la géométrie et, bien sûr, dans ce manuel.

Remarque

Pour un apprentissage optimal, les étudiants devront préparer chaque rencontre : pour chaque chapitre, il leur faudra d'abord lire avec soin les rappels théoriques et les compléments didactiques, puis faire les exercices d'application qui en découlent et répondre aux questions de didactique qui suivent. Même si, en fin de manuel, nous proposons un corrigé, celui-ci demeure forcément incomplet : certaines réponses manquent de précisions ou d'autres exigent des nuances. Aussi, afin que le cours soit le plus enrichissant possible pour tout le monde, chaque étudiant aura intérêt à cibler les questions qu'il voudra poser à son enseignant.

Les rencontres en classe permettront non seulement de répondre à ces questions, mais aussi d'approfondir certaines notions, que celles-ci relèvent de la géométrie (géométrie plane et géométrie dans l'espace), de la mesure ou de la didactique de ces trois domaines.

Introduction

Qu'est-ce que la géométrie?

Étymologiquement, géométrie vient de « *gê* » qui signifie la terre, et de « *métron* », la mesure. Donc la géométrie serait la science de la mesure de terrains. Ce fut le cas en Mésopotamie et en Égypte, mais les Grecs ont fait évoluer la discipline, en particulier avec les Éléments d'Euclide, vers une discipline mathématique qui ne repose plus simplement sur l'expérimentation et le pragmatisme : elle est davantage orientée vers une étude théorique des figures planes et des solides, basée sur des axiomes et des théorèmes, le tout organisé en démonstrations. Platon, dans cet extrait de *La République, livre VI,* témoigne de l'écart entre la géométrie de l'arpentage des terrains et la discipline théorique qui se développera pendant des siècles :

> *« Tu n'ignores pas, je pense, que ceux qui s'occupent de géométrie, d'arithmétique et autres sciences… se servent de figures visibles et qu'ils raisonnent sur ces figures, quoique ce ne soit point à elles qu'ils pensent, mais à d'autres auxquelles celles-ci ressemblent. Par exemple, c'est du carré en soi, de la diagonale en soi qu'ils raisonnent, et non de la diagonale telle qu'ils la tracent, et il faut en dire autant de toutes les autres figures. Toutes ces figures qu'ils modèlent ou dessinent, qui portent des ombres ou produisent des images dans l'eau, ils les emploient comme si c'était aussi des images, pour arriver à voir ces objets supérieurs qu'on n'aperçoit que par la pensée. » (cité par Dhombres et al., 1987, p. 10)*

Nous avons, ici, résumé en quelques lignes, le parcours auquel est invité chaque élève passant du primaire au secondaire quand il étudie la géométrie. En effet, si on lit les programmes, l'élève va tout d'abord apprendre à connaître des figures bien visibles avec des tracés, précis et mesurés, puis passer à une réflexion théorique sur ces mêmes figures, reposant sur un raisonnement structuré, la plupart du temps de type hypothético-déductif.

Le passage à la géométrie théorique se fait au début du secondaire. Il est donc nécessaire que l'enseignant au primaire soit informé de ce changement dans la relation que l'élève devra développer avec la figure et le rôle que jouera le raisonnement par rapport à la figure. D'ailleurs, dans la présentation du programme de formation de l'école québécoise de mathématiques pour l'école primaire (PFÉQ, 2001), on peut lire :

> *La pratique de la mathématique fait appel à l'abstraction. Bien que son enseignement gagne toujours à prendre appui sur des situations et des objets concrets, il doit néanmoins se donner comme objectif de traiter dans l'abstrait des relations entre les objets ou entre les éléments d'une situation. Ainsi, un objet triangulaire devient une figure géométrique, et donc un sujet d'intérêt pour le mathématicien, à partir du moment où il traite, par exemple, des relations qu'entretiennent entre eux ses côtés, ses sommets et ses angles. (p. 124)*

On notera que l'exemple proposé dans ce texte pour illustrer le passage à l'abstraction se situe dans le domaine de la géométrie. La question qui se pose alors est la suivante : comment organiser l'enseignement de la géométrie à l'école primaire pour que l'élève s'adapte sans difficulté aux activités qui lui seront demandées au secondaire? Quoi enseigner? Comment?

Dans l'introduction au Curriculum de l'Ontario de la 1re à la 8e année, le texte précise certains enjeux de l'enseignement de la géométrie et de la mesure :

> *[...], l'acquisition d'un sens approfondi des relations spatiales et une maîtrise des concepts et du langage de la géométrie permettent aux élèves d'améliorer leur compréhension des concepts liés à la mesure et à la numération. [...]*
>
> *Même si les élèves doivent apprendre le vocabulaire propre à la géométrie, l'apprentissage de cette terminologie ne devrait pas constituer l'aspect principal du programme. L'accent devrait plutôt être mis sur l'exploration et la compréhension des rapports entre les figures et sur le développement de la pensée géométrique. (Ministère de l'Éducation de l'Ontario, 2005, p. 9)*

Pour tenter d'éclairer le propos, nous aborderons successivement deux points : la théorie de la recherche en didactique et la mise en pratique des activités en classe dans l'intérêt des élèves.

La théorie

Au Québec et en Amérique du Nord, la théorie didactique, évoquée ou sous-entendue par bon nombre d'auteurs de manuels, est **la théorie des niveaux de pensée en géométrie, définie par P.M. van Hiele et Dina van Hiele-Geldof** (1956), plus connue sous le nom de théorie des niveaux de van Hiele. Nous nous appuierons donc sur cette théorie pour analyser et organiser les activités et les principes d'enseignement développés dans ce manuel.

L'un des principes fondamentaux de cette théorie est que pour atteindre sans difficulté majeure le niveau de maîtrise de la géométrie déductive attendu en fin de secondaire, l'élève doit passer par différents « niveaux ». Ces niveaux sont hiérarchisés et doivent être franchis les uns après les autres dans des conditions précises et sans en sauter aucun. En particulier, à chacun de ces niveaux est associé un vocabulaire particulier, ou, pour reprendre les mots de P.M. van Hiele (1959) : « En règle générale, le professeur et l'élève parlent un langage fort différent. Nous pouvons exprimer ceci en disant : ils pensent sur un niveau différent. » C'est dire que deux individus qui maîtrisent des niveaux de pensée différents utilisent les mêmes mots de vocabulaire auxquels ils associent des sens différents. On retrouve là, les deux sens donnés à « diagonale » dans le texte de Platon quand on lit « *la diagonale en soi [...] et non [...] telle qu'ils la tracent* » : du premier sens, il faut comprendre le segment dont la longueur est toujours dans un rapport de $\sqrt{2}$ avec le côté du carré que celui-ci soit tracé ou non, qu'on voie la diagonale ou non, et du second, le segment que l'on trace dans un carré construit à la règle et à l'équerre sur une feuille de papier, ou celui porté à la main sur un carré tracé dans le sable à la plage et que l'on voit.

Les cinq niveaux de la théorie décrits par van Hiele peuvent se résumer ainsi :

1. Niveau de base[1] ou niveau 1 : **Identification-visualisation**. À ce niveau, l'élève reconnaît les figures à leur aspect global, sans pouvoir vraiment « justifier » sa réponse. Telle figure est un rectangle parce qu'elle ressemble à une porte ou à un autre rectangle. Les rectangles et les carrés sont des figures distinctes.

[1] Initialement, le niveau de base était numéroté 0 par P.M. van Hiele. Mais comment coder les élèves qui ne maîtrisent pas ce niveau de base? Dans la foulée de chercheurs, américains en particulier, nous avons donc choisi de décaler d'un rang la numérotation proposée par les van Hiele.

2. Niveau 2 : **Analyse**. À ce niveau, l'élève connaît la liste des propriétés d'une figure. Il est capable de la réciter comme une litanie mais cette liste ressemble à une liste d'épicerie et les propriétés ne sont pas ordonnées les unes par rapport aux autres. En particulier, elles n'ont aucun lien de cause à conséquence entre elles. P.M. van Hiele donne l'exemple d'un élève capable de reconnaître qu'une figure tracée à main levée, à la craie, sur le tableau, est un rectangle parce que les angles droits sont indiqués, même si le dessin n'est pas parfait. Ce même élève n'est toujours pas en mesure de dire qu'un carré est un rectangle particulier ou qu'un carré « posé sur la pointe » est encore un carré : pour cet élève, c'est un losange.

3. Niveau 3 : **Déduction informelle**. À ce niveau, l'élève est en mesure d'organiser un raisonnement hypothético-déductif de quelques étapes. Il sait que certaines propriétés se déduisent les unes des autres et donc qu'un carré est un rectangle particulier. L'élève commence à donner du sens aux définitions mais la structure même du raisonnement hypothético-déductif basé sur une axiomatique complète n'est pas maîtrisée.

4. Niveau 4 : **Déduction formelle**. C'est à ce niveau que l'élève comprend et maîtrise le rôle de l'axiomatique dans le raisonnement hypothético-déductif. En particulier, il sait distinguer définition, axiome, théorème, théorème direct et réciproque, condition nécessaire et condition suffisante, etc. C'est le niveau le plus abouti de la géométrie au secondaire.

5. Niveau 5 : **Rigueur**. Dans sa présentation initiale, P.M. van Hiele évoquait un tel niveau où l'élève (l'étudiant) témoignerait de sa compréhension des divers systèmes axiomatiques des diverses géométries, qu'elles soient euclidienne ou non. Mais ce niveau n'a jamais vraiment été utilisé ni testé et P.M. van Hiele lui-même a fini par considérer qu'il était de peu d'intérêt pour la didactique et pour l'enseignement de la géométrie dans le cadre de la scolarité obligatoire.

À l'issue de cette brève présentation, nous pouvons dire que les objectifs de l'école primaire sont d'amener les élèves à maîtriser le niveau d'analyse des figures, et peut-être d'aborder, quand la situation s'y prête particulièrement bien, le niveau de déduction informelle, mais rien de plus. Ces objectifs coïncident tout à fait avec ceux du programme de formation de l'école québécoise.

Si la théorie des niveaux de pensée en géométrie a été imaginée pour structurer l'enseignement de la géométrie plane, des chercheurs en didactique ont établi que l'on pouvait en étendre les principes à la géométrie dans l'espace (Gutierrez, 1992). Dans le même temps, d'autres recherches ont montré certaines limites de cette théorie. Plus précisément, il a été constaté que l'on ne saurait associer à un élève, un niveau de van Hiele particulier, à un moment précis de sa scolarité. En effet, d'après plusieurs recherches (Burger & Shaughnessy, 1986), un même élève peut simultanément maîtriser différents niveaux de van Hiele selon les activités ou les enseignements qui lui ont été proposés ou dispensés. Par exemple, on peut facilement accepter l'idée que si un élève est au niveau d'analyse à propos de la symétrie parce qu'il a étudié de nombreuses situations qui la mettaient en œuvre, il ne saurait en être de même quand il découvre la translation ou la rotation des années plus tard. Aussi l'enseignant devra veiller à proposer aux élèves des activités qui relèvent du niveau d'identification-visualisation dans tout domaine de la géométrie avant d'aller plus loin dans l'étude de l'objet ou du concept.

La pratique

Mais un enfant n'attend pas l'école pour commencer à mener ses premières activités de géométrie. Le premier contact s'établit à travers des activités « naturelles », au moment où il découvre le monde qui l'entoure, les objets avec lesquels il joue et auxquels on donne différents noms (géométriques ou pas). Un enfant de maternelle peut déjà dire que telle pièce en plastique est un carré ou un rond et peut justifier cette appellation par des critères qu'il s'est donnés ou qu'il a retenus. Certains didacticiens (Parzysz, 2006) parlent d'une « géométrie concrète » qui précède une « géométrie spatio-graphique » que l'on peut apparenter au niveau d'identification-visualisation défini par van Hiele (Braconne-Michoux, 2008). En d'autres termes, la manipulation des objets de l'espace est la première entrée dans la géométrie pour les élèves. Ainsi, les premiers apprentissages, les premiers mots de vocabulaire sont-ils des mots et des concepts de géométrie dans l'espace comme le repérage (devant-derrière), ou le nom de certains objets de l'espace (cube, ballon, etc.) avant le vocabulaire et les concepts de géométrie plane (carré, triangle). Au 1er cycle, l'enseignant devra veiller à ce que tous les élèves fassent la distinction entre le vocabulaire courant et le vocabulaire géométrique (« rond » vs « disque ») et entre le vocabulaire de géométrie dans l'espace et celui de géométrie plane (« cube » vs « carré »). Pour ce faire, l'enseignant aura recours à du matériel concret de différentes tailles avant d'utiliser les représentations graphiques et épurées de ces mêmes objets.

En suivant les suggestions des différents programmes, les activités proposées à l'élève ne devront pas se limiter à des activités de descriptions ou de reconnaissances de figures déjà dessinées. Celui-ci devra avoir l'opportunité d'en construire tant en géométrie dans l'espace qu'en géométrie plane, tester la pertinence de sa construction ou confronter sa procédure avec celle de ses camarades. Par exemple, au 1er cycle, on pourra proposer aux élèves un lot de pailles à boire de différentes longueurs (30 pailles et au moins 3 longueurs différentes) et leur demander de sélectionner les pailles (nombre et longueurs) dont ils auront besoin pour construire un cube. Au 3e cycle, on pourra demander aux élèves de compléter le développement d'un prisme droit à base rectangulaire auquel il manque une face; la validation se fera par pliage de la proposition faite par l'élève. En géométrie plane, les élèves pourront commencer par reproduire des figures à l'aide de pochoirs ou de gabarit mais, très rapidement, ils devront apprendre à utiliser la règle graduée et l'équerre. L'usage des instruments de géométrie n'est ni aussi simple qu'on pourrait le croire ni transparent, et chacun d'entre eux doit faire l'objet d'un enseignement/apprentissage particulier, que ce soit pour la règle graduée, l'équerre ou le rapporteur d'angles (Offre, 2006). En effet, utiliser une règle graduée pour tracer des « traits droits » demande une coordination entre les deux mains : l'une qui maintient la règle et l'autre qui tient le crayon, une main ne gênant pas l'autre et la règle restant immobile. Pour tracer un segment de longueur donnée, l'élève doit aussi utiliser la graduation proposée par la règle. Mais il n'est pas rare que cette graduation ne commence pas au bord de la règle. Or c'est précisément avec un tel instrument que les élèves peuvent construire des angles droits et des segments de longueurs données en « un seul coup », ce que les didacticiens appellent une « économie gestuelle » (Offre, 2006), mais qui n'est pas sans risque comme nous l'illustrons ci-dessous où l'élève doit construire un segment de 4 cm perpendiculaire au segment donné. À gauche, l'élève utilise les bords de la règle comme les côtés d'une équerre et la longueur du segment tracé n'est pas de 4 cm. À droite, l'élève utilise le trait marquant le « zéro » de la graduation comme un côté de l'équerre et, si la longueur est exacte, on peut douter de la précision de l'angle droit.

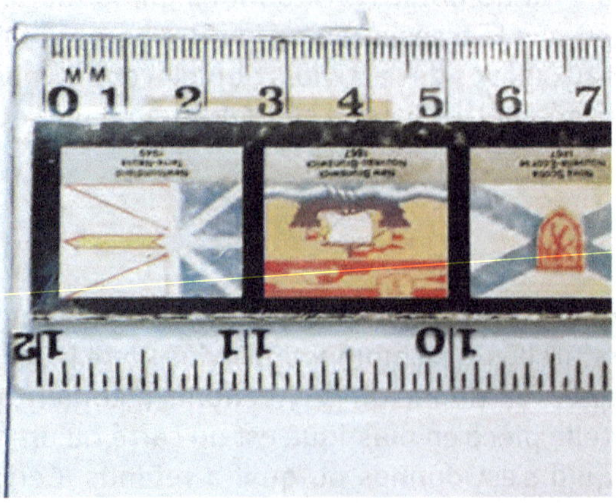

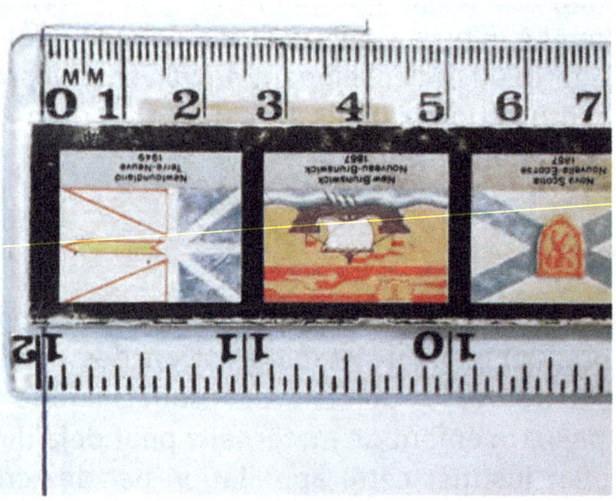

Il en sera de même pour l'apprentissage de l'utilisation de l'équerre, du rapporteur d'angles.

La verbalisation, l'usage d'un vocabulaire pertinent pourront aussi être encouragés par des activités de descriptions de figures ou d'itinéraires destinées à d'autres élèves de la classe. La validation se fera par comparaison avec la figure initiale ou le point d'arrivée prévu.

Dans le domaine de la mesure, les expériences de l'élève ne pourront se limiter aux calculs ou aux conversions proposées dans les manuels ou les cahiers d'exercices. L'enseignant aura intérêt à mettre en place des situations où les élèves doivent estimer la mesure, communiquer à propos des mesures, etc. pour que celles-ci soient validées par la manipulation ou le calcul.

Dans toutes les activités où l'élève manipule, construit, dessine, l'enseignant devra veiller à ce que les tâtonnements ou les essais-erreurs soient aussi limités que possibles. La manipulation, qu'elle soit en géométrie ou dans un autre domaine d'apprentissage, n'est associée à un apprentissage de la part de l'élève que si elle suit une anticipation de son action ou si elle valide l'action qu'il vient de mener. Dire que l'élève apprend en manipulant, c'est s'assurer que cette action soit associée à une réflexion qui la précède ou qui la suit.

En conclusion, les activités sources d'apprentissage en géométrie dans l'espace, en géométrie plane et dans le domaine de la mesure sont très nombreuses, variées, et ne se trouvent pas toujours dans les manuels ou dans les cahiers. Nous espérons que, par cet ouvrage, nous contribuerons, même modestement, à combler ce manque et que les enseignants y trouveront un enrichissement à leur pratique, dans l'intérêt de leurs élèves.

Partie A
Géométrie plane

1 Éléments de base, cercle, triangles

Dans ce premier chapitre de géométrie plane, les rappels théoriques aborderont successivement les premiers concepts géométriques (axiomes de base et leurs conséquences), le cercle et, enfin, les triangles (caractéristiques et propriétés).

Les propriétés qui seront étudiées dans ce chapitre ne relèvent pas toutes de l'école primaire; certaines sont au programme du premier cycle du secondaire. C'est dans une perspective d'arrimage entre les différents ordres d'enseignement que nous les présentons.

1.1 Rappels théoriques

1.1.1 Premiers éléments

Les définitions qui suivent (définition 1, définition 2 et définition 4) sont inspirées des définitions, postulats et autres axiomes tels que présentés dans le Livre I des *Éléments* d'Euclide (environ 300 ans av. J.-C.), dans la traduction de Peyrard[1] (1804).

Points, droites, segments et demi-droites

a) Le point

Définition 1 : « *Le point est ce qui n'a aucune partie* ».

Autrement dit, un point géométrique est une entité abstraite que l'on matérialise par un point (•) ou une croix (×) et que l'on désigne souvent par une lettre majuscule.

b) La droite

Définition 2 : « *La ligne est une longueur sans largeur* ».

Définition 4 : « *La ligne droite est celle qui est tout également interposée entre ses points* ».

En termes contemporains, la droite géométrique a les propriétés suivantes :

- Par deux points géométriques distincts, il ne passe qu'une droite et une seule. Par les points A et B, il ne passe que la droite AB;
- Entre les points A et B, il y a une infinité de points géométriques.

La droite passant par les points A et B est notée AB.

On dit que trois points sont **alignés** quand ils sont situés sur la même droite géométrique, ou qu'une seule droite passe par ces trois points.

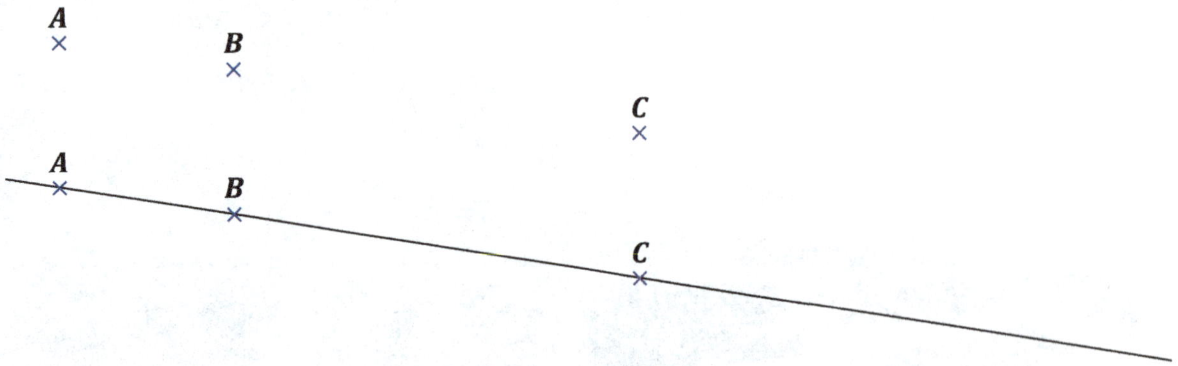

[1] Consulté sur Internet le 03/03/2016 : http://gallica.bnf.fr/ark:/12148/bpt6k110982q.r=.langFR.

Ci-dessus, les points A, B et C sont alignés.

On peut appeler la droite passant par ces trois points : AB, BA, CB, BC, AC ou CA. En aucun cas, on n'utilise les noms des trois points.

c) Le segment

Par définition, on appelle segment de droite (ou segment), la portion de droite comprise entre deux points de celle-ci; les deux points sont alors les extrémités du segment.

Le segment de droite dont les extrémités sont les points A et B, est noté $\overline{AB}$.

Le segment d'extrémités A et B contient une infinité de points géométriques.

Ces points sont tous des points de la droite AB mais tous les points de la droite AB ne sont pas des points du segment $\overline{AB}$.

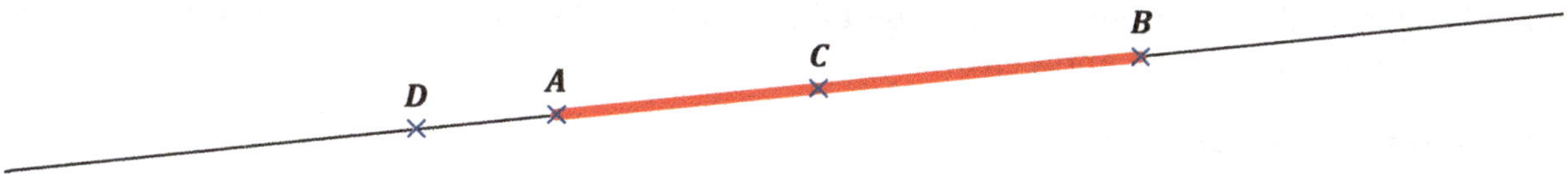

Sur la figure ci-dessus, le segment $\overline{AB}$ est en rouge; la droite AB est en noir et en rouge.

Le point C est un point du segment $\overline{AB}$: il est toujours entre les points A et B, sur le tracé rouge de la figure ci-dessus.

Le point D est un point de la droite AB : il peut être n'importe où sur le tracé qui passe par les points A et B, en rouge et en noir sur la figure ci-dessus.

La longueur du segment $\overline{AB}$ est la distance la plus courte qui existe entre les deux points A et B. Cette longueur se note $m\overline{AB}$, à ne pas confondre avec la notation $\overline{AB}$ de l'objet géométrique « segment d'extrémités A et B ».

d) La demi-droite

On appelle demi-droite d'origine O passant par A, l'ensemble de tous les points situés sur la droite OA, du même côté de O que le point A.

Il n'y a pas de notation particulière pour les demi-droites. On convient simplement d'écrire en premier le nom du point origine de la demi-droite et en second le nom d'un point par lequel passe la demi-droite.

Ici on dira que la demi-droite OA a été repassée en rouge.

Positions relatives de deux droites

a) Droites sécantes

Par définition, on dit que deux droites sont sécantes quand elles ont un point géométrique commun et un seul. Ce point s'appelle aussi le point d'intersection des deux droites.

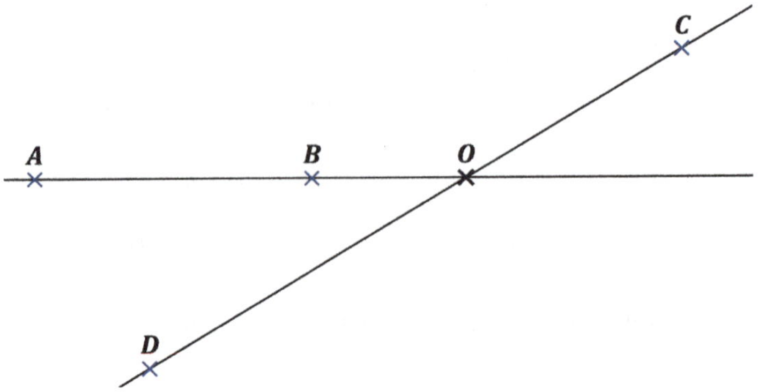

Dans la figure ci-dessus, le point O est le **point d'intersection** des droites AB et CD. On dit aussi que les droites AB et CD sont sécantes en O.

b) Droites perpendiculaires

Les droites perpendiculaires sont une situation particulière de droites sécantes. Dans le Livre I des *Éléments* d'Euclide, on peut lire :

Définition 10 : « *Lorsqu'une droite tombant sur une droite fait des angles de suite égaux entre eux, chacun des angles égaux est droit. La droite tombante est dite perpendiculaire à celle sur laquelle elle tombe.* »

En d'autres termes, si deux droites se coupent en formant quatre angles isométriques, ces quatre angles sont des angles droits. On dit alors que les droites sont perpendiculaires.

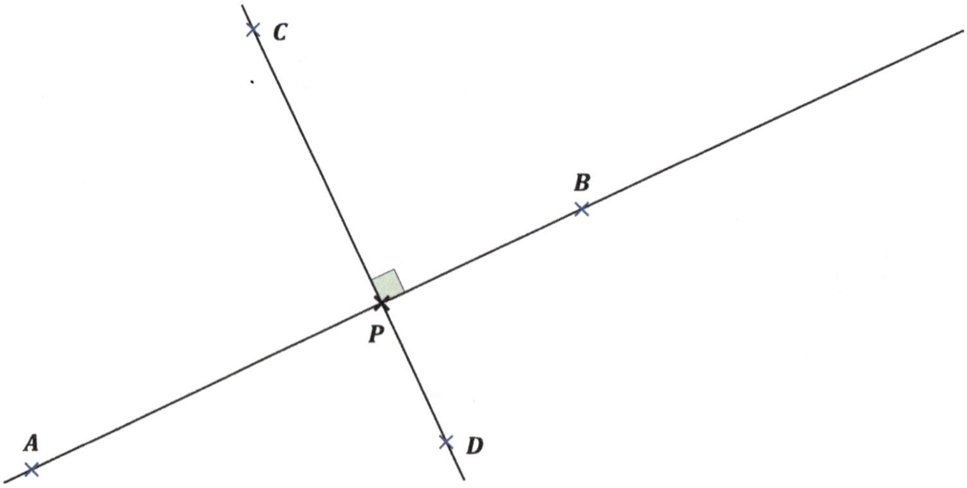

Sur la figure ci-dessus, la droite CD et la droite AB sont perpendiculaires en P. On dit aussi que la droite perpendiculaire à la droite AB passant par le point C coupe la droite AB en P. Il n'existe qu'une seule droite passant par le point C qui soit perpendiculaire à la droite AB.

On écrit : $AB \perp CD$

c) Droites parallèles

D'après le Livre I des *Éléments* d'Euclide, définition 35 : « *Les parallèles sont des droites qui, étant placées dans un même plan, et qui, étant prolongées de part et d'autre à l'infini, ne se rencontrent nulle part.* »

Deux droites parallèles sont deux droites qui n'ont aucun point d'intersection.

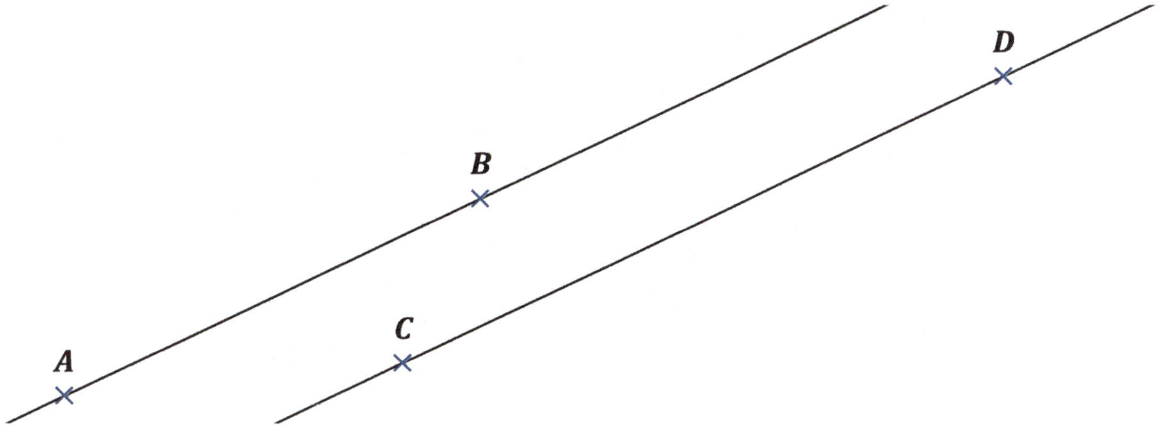

Sur la figure ci-dessus, la droite CD est la droite parallèle à la droite AB passant par le point C. Cette droite est unique. On dit aussi que, par un point extérieur à une droite, il ne passe qu'une droite et une seule qui soit parallèle à la première.

On écrit : $AB // CD$

d) Parallèles et perpendiculaires

Les définitions proposées par Euclide ont deux conséquences importantes liant les droites perpendiculaires et les droites parallèles.

- Si deux droites sont perpendiculaires à une même troisième droite, alors elles sont parallèles entre elles.

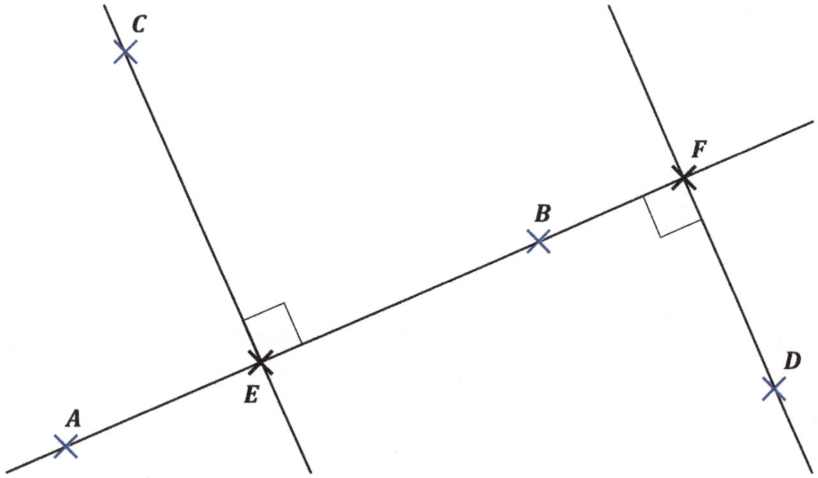

Dans la figure ci-dessus, on sait que les droites CE et DF sont toutes les deux perpendiculaires à la droite AB. On peut en conclure que les droites CE et DF sont parallèles entre elles.

- Si deux droites sont parallèles, alors toute droite perpendiculaire à l'une est perpendiculaire à l'autre.

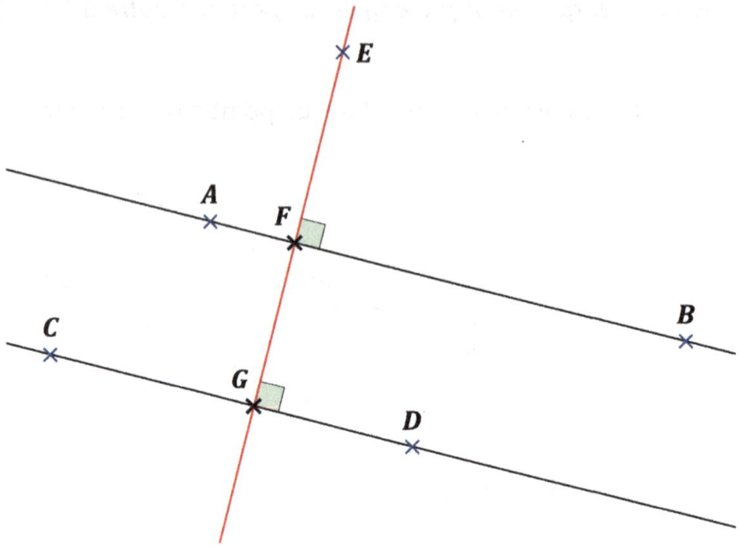

Dans la figure ci-dessus, on sait que les droites AB et CD sont parallèles. Si la droite EF est perpendiculaire à la droite AB, comme les droites AB et CD sont parallèles, alors la droite EF est aussi perpendiculaire à la droite CD.

Angles

a) Angles formés par deux droites

Par définition, deux droites sécantes déterminent quatre régions du plan qu'on appelle angles. Le point d'intersection de ces droites est le sommet commun des quatre angles.

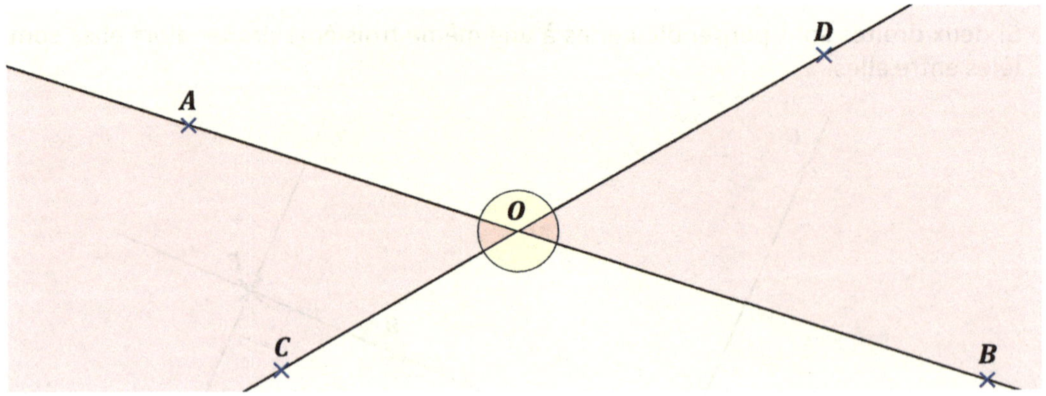

Dans la figure ci-dessus, les droites AB et CD se coupent en O. Elles déterminent quatre angles de sommet O : l'angle AOC (noté $\angle AOC$), l'angle COB (noté $\angle COB$), l'angle BOD (noté $\angle BOD$) et l'angle AOD (noté $\angle AOD$).

Les demi-droites d'origine O sont les côtés des angles : la demi-droite OA d'origine O passant par A, la demi-droite OC d'origine O passant par C, la demi-droite OB d'origine O passant par B et la demi-droite OD d'origine O passant par D.

Par définition, les angles $\angle AOC$ et $\angle BOD$ sont opposés par le sommet : leurs côtés sont dans le prolongement les uns des autres et ils ont le même sommet. Ils ont la propriété d'être isométriques (de même mesure). On remarque qu'ils sont moins « ouverts » qu'un angle droit : ce sont des **angles aigus** (et leur mesure sera inférieure à celle d'un angle droit).

Les angles $\angle COB$ et $\angle AOD$ sont aussi des angles opposés par le sommet et isométriques.

Ils sont plus « ouverts » qu'un angle droit (leur mesure est plus grande) : ce sont des **angles obtus**.

Attention : Quand on désigne un angle par 3 lettres, le sommet de l'angle est la lettre du milieu. Quand on écrit $\angle AOB$, O est le sommet de l'angle.

b) Angles formés par deux demi-droites

Quand les deux demi-droites OA et OB sont dans le prolongement l'une de l'autre, les deux côtés de l'angle $\angle AOB$ forment une droite : ils déterminent deux **angles plats**.

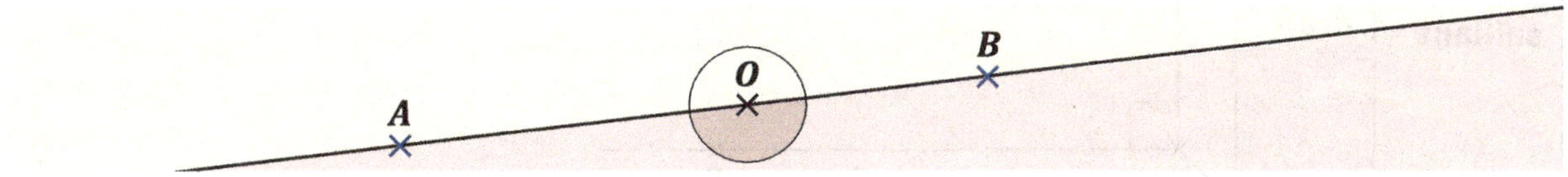

Quand les deux côtés ne sont pas dans le prolongement l'un de l'autre, ils déterminent deux angles : un **angle saillant** qui est plus petit qu'un angle plat et un **angle rentrant** qui est plus grand qu'un angle plat.

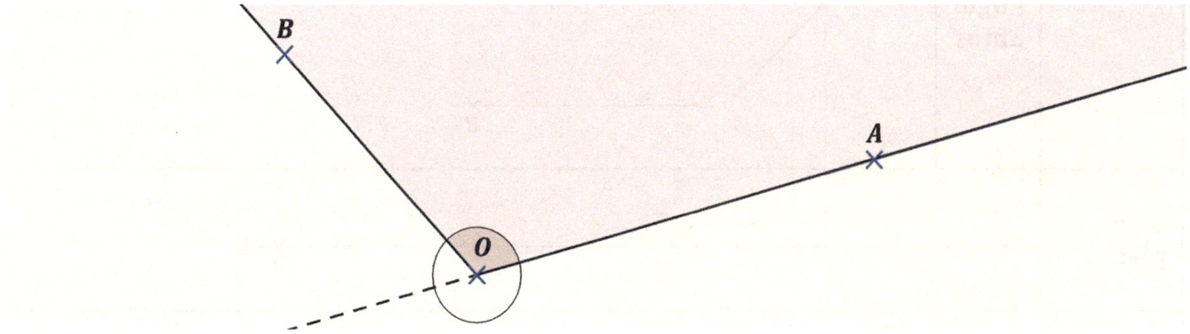

Dans la figure ci-dessus, l'angle $\angle AOB$ saillant est en rose; l'angle $\angle AOB$ rentrant est en jaune.

Quand les deux côtés de l'angle sont confondus, l'angle saillant s'appelle **angle nul**, l'angle rentrant s'appelle **angle plein**.

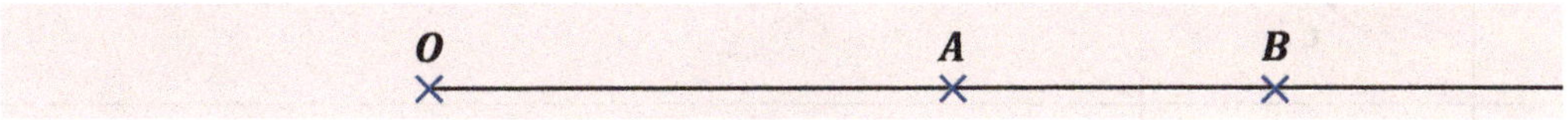

L'angle $\angle AOB$ saillant est un angle nul; on ne peut plus le colorier.

L'angle $\angle AOB$ rentrant est un angle plein; il occupe tout le plan.

		Récapitulatif sur la qualification des angles
Angle nul		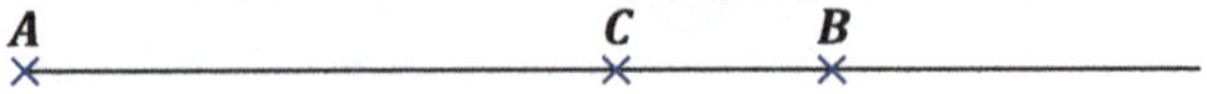
Angle saillant	**Angle aigu**	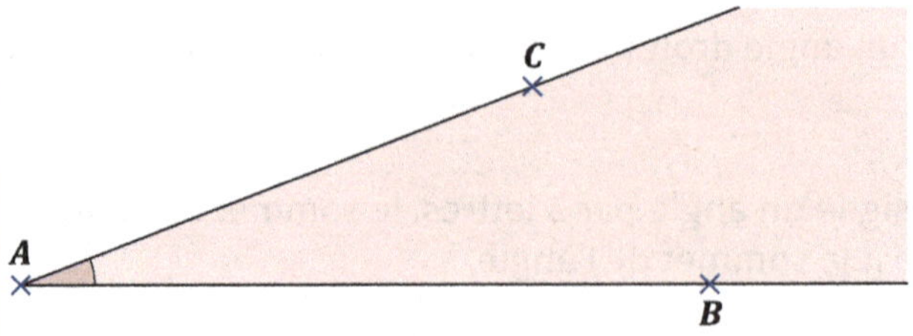
	Angle droit	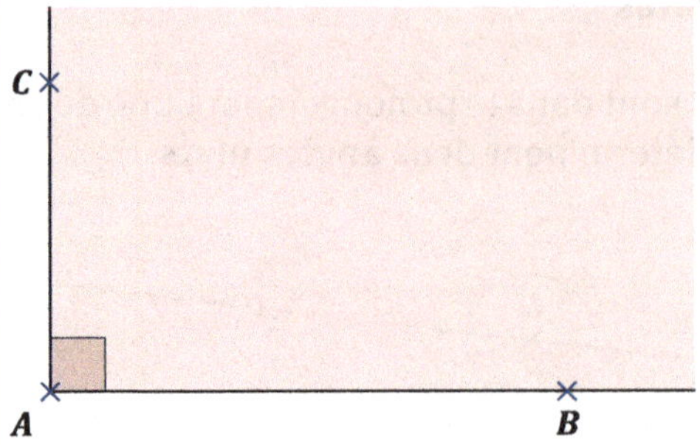
	Angle obtus	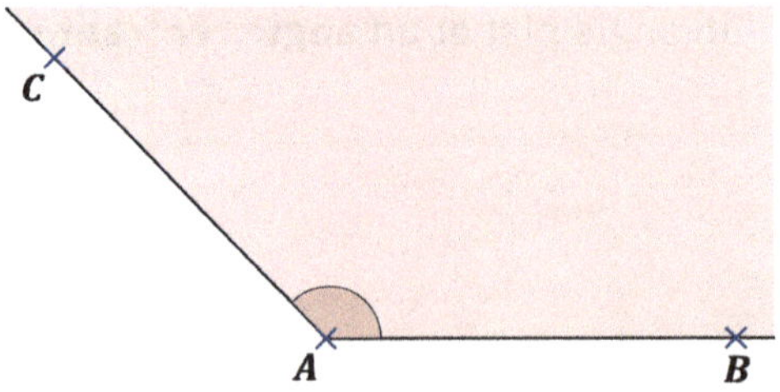
Angle plat		
Angle rentrant		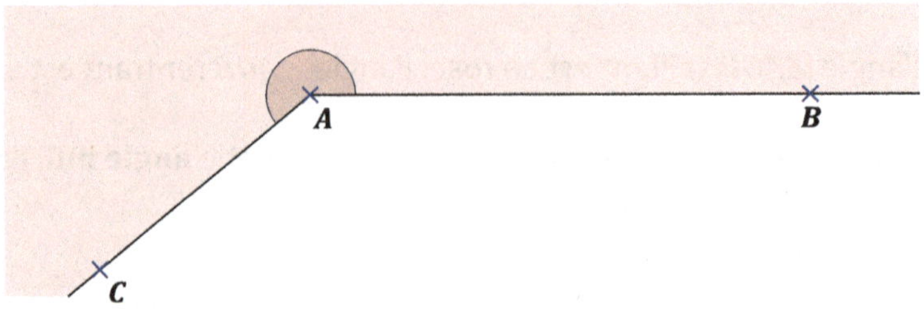
Angle plein		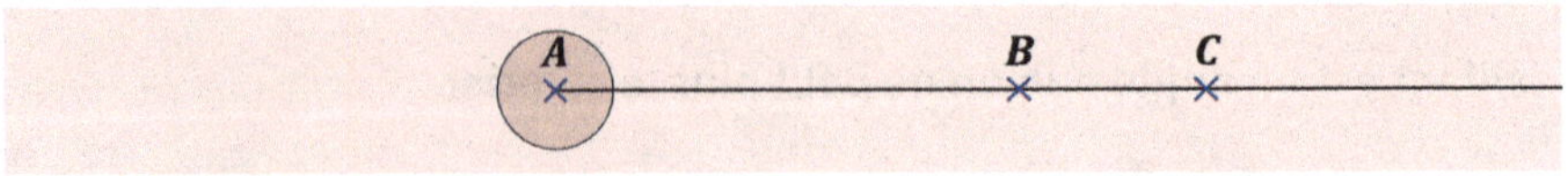

1.1.2 Le cercle

Par définition, on appelle **cercle de centre *O* et de rayon *r*** l'ensemble de tous les points du plan qui sont situés à la distance r du point O.

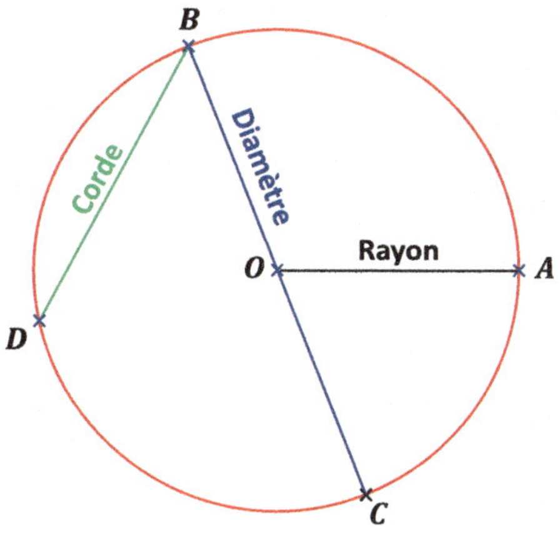

Sur la figure ci-dessus, le cercle de centre O et de rayon $m\overline{OA}$ est l'ensemble des points situés sur la ligne rouge. Les points A, B, C et D sont des **points du cercle**; ils sont à la même distance du point O. On peut écrire les égalités : $m\overline{OA} = m\overline{OB} = m\overline{OC} = m\overline{OD}$.

Les points B et D sont sur le cercle. Le segment $\overline{BD}$ s'appelle une **corde**. Les points B et C sont sur le cercle et le point O, centre du cercle, appartient au segment $\overline{BD}$. Le segment $\overline{BD}$ est un **diamètre** du cercle (ou du disque). Sa longueur est le double du rayon et le point O, centre du cercle, est le milieu du diamètre : $m\overline{CB} = 2 \times m\overline{OA}$. Dans un cercle, le diamètre est la plus longue des cordes.

Le **disque** est l'ensemble de tous les points situés à l'intérieur du cercle de même rayon (colorié en jaune sur la figure suivante). Ainsi, on peut calculer la longueur d'un cercle; c'est sa circonférence. C'est aussi le périmètre du disque de même rayon[2].

Attention : On peut calculer l'aire d'un disque, mais « l'aire d'un cercle » est nulle.

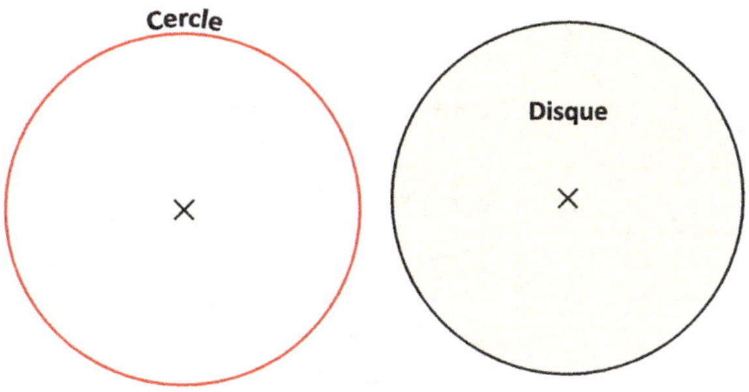

Remarque didactique

Quand on trouve l'expression « calcule l'aire du cercle » dans un énoncé d'exercice, on aura intérêt à la remplacer par « calcule l'aire du disque » ou « calcule l'aire de la surface limitée par le cercle ».

[2] Dans la partie C – Chapitre 8 : Périmètres et aires, nous verrons que la longueur du cercle est égale à $2 \times \pi \times r$.

1.1.3 Les triangles

Le triangle

Un triangle est la figure géométrique formée par :

- Trois points non alignés du plan qui sont les **sommets** du triangle;
- Trois segments ayant pour extrémités trois points non alignés qui sont les **côtés** du triangle;
- La région du plan limitée par ces trois segments (la surface triangulaire).

Trois points non alignés	**Trois segments**
	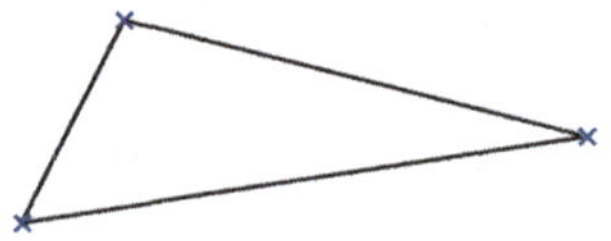
Surface triangulaire	**Un triangle**
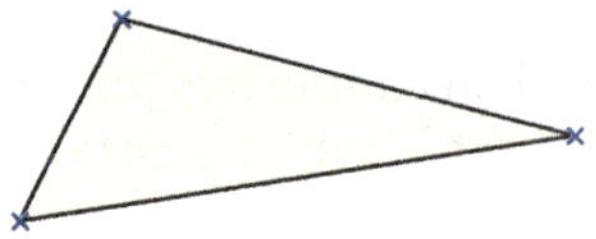	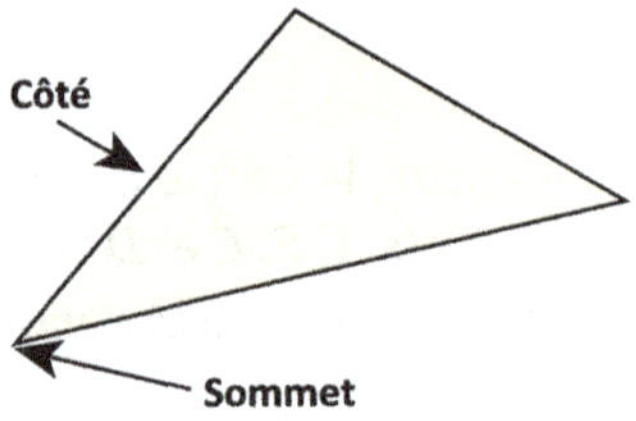

Inégalité triangulaire

On admettra que pour qu'un triangle puisse être construit, il faut que la longueur de chaque côté soit comprise entre la somme et la différence des longueurs des deux autres. Par exemple, on peut construire un triangle dont les côtés mesurent 5 cm, 7 cm et 8 cm parce que :

$7 - 5 < \mathbf{8} < 7 + 5$
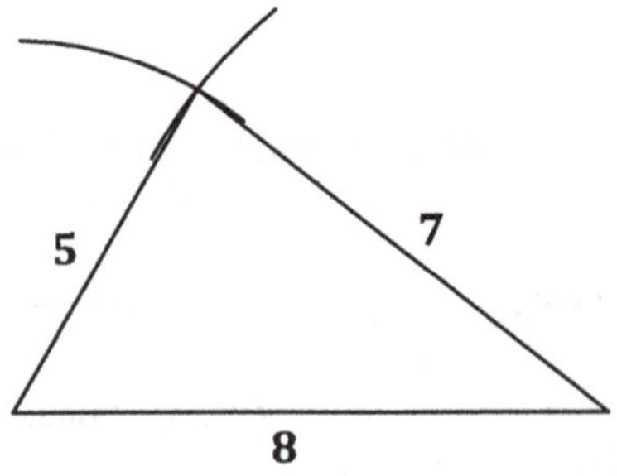
$8 - 7 < \mathbf{5} < 8 + 7$
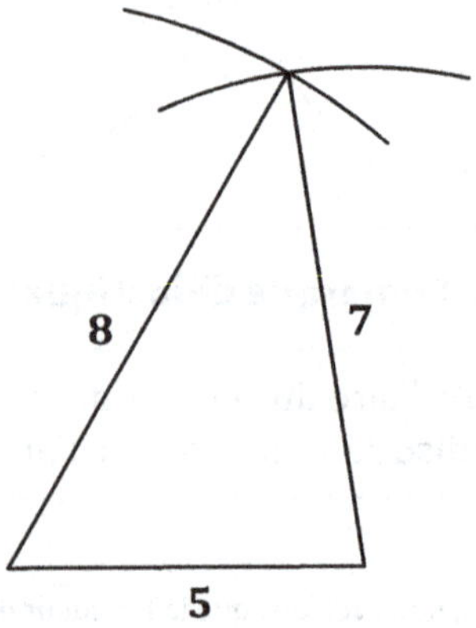

$8 - 5 < \mathbf{7} < 8 + 5$

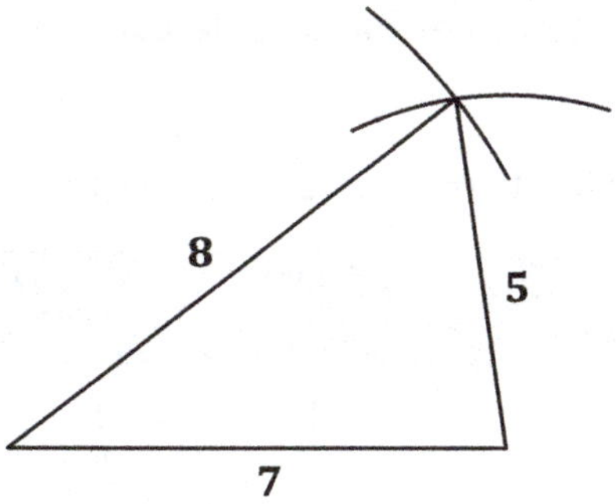

Mais on ne peut pas construire un triangle dont les côtés mesureraient 3 cm, 5 cm et 9 cm parce que :

$$\mathbf{9} > 3 + 5$$

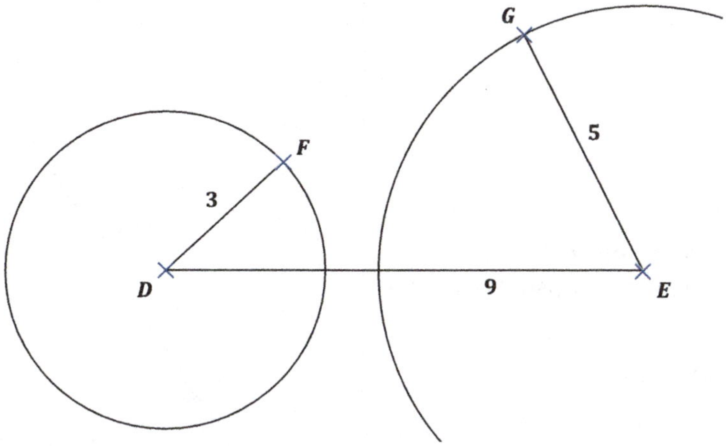

Remarque didactique

Dans certaines situations, le triangle est présenté avec un côté parallèle au bord inférieur de la feuille de papier, on parle alors de représentation en **position prototypique**.

Triangle en position prototypique **Triangle en position non prototypique**

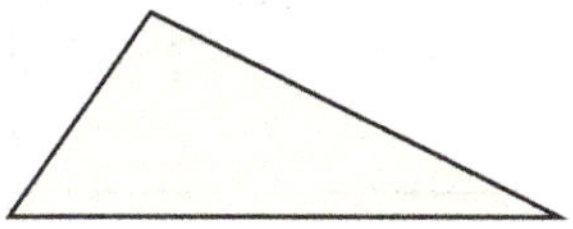

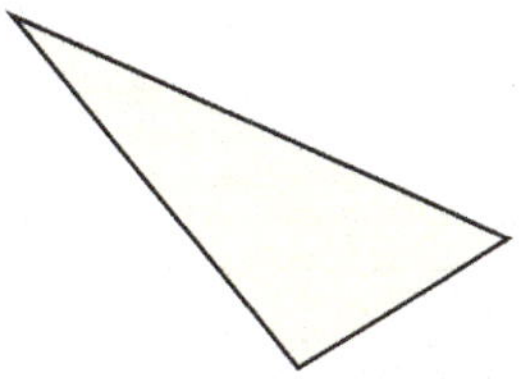

Les différents triangles

On peut qualifier les triangles, c'est-à-dire leur donner un nom, selon deux critères : la comparaison des longueurs de leurs côtés (isométriques ou non), la comparaison des mesures de leurs angles (aigu, obtus ou droit).

a) Qualification des triangles selon la mesure de leurs côtés

Triangles	Description	Illustration
Triangle scalène	Les trois côtés ont des longueurs différentes.	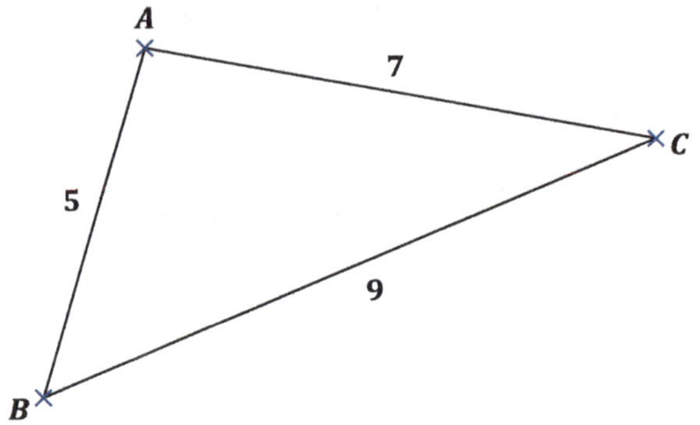
Triangle isocèle	Au moins deux côtés ont la même longueur (isométriques).	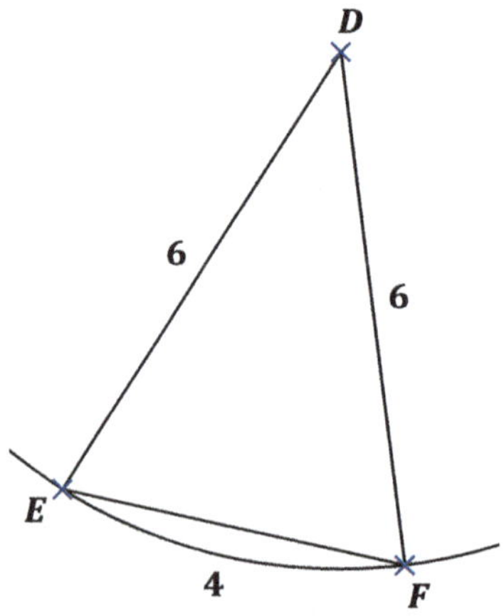
Triangle équilatéral	Les trois côtés ont la même longueur (isométriques).	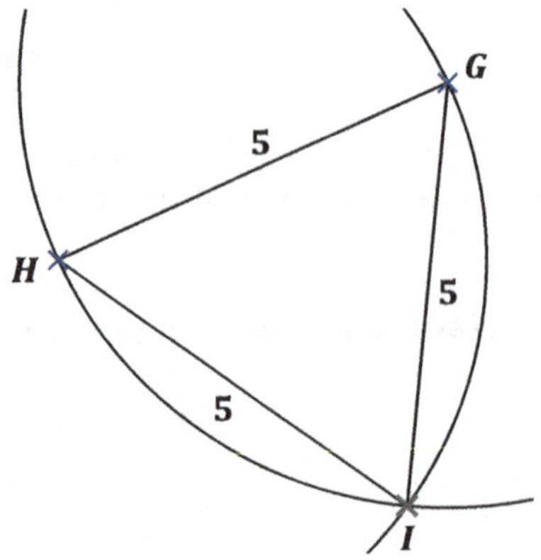

Dans le cas du triangle DEF, les côtés $\overline{DE}$ et $\overline{DF}$ sont isométriques. Le côté $\overline{EF}$ s'appelle la base et le sommet D est le sommet principal du triangle isocèle.

b) Qualification des triangles selon la mesure de leurs angles

Triangles	Description	Illustration
Triangle rectangle	L'un des angles est un angle droit.	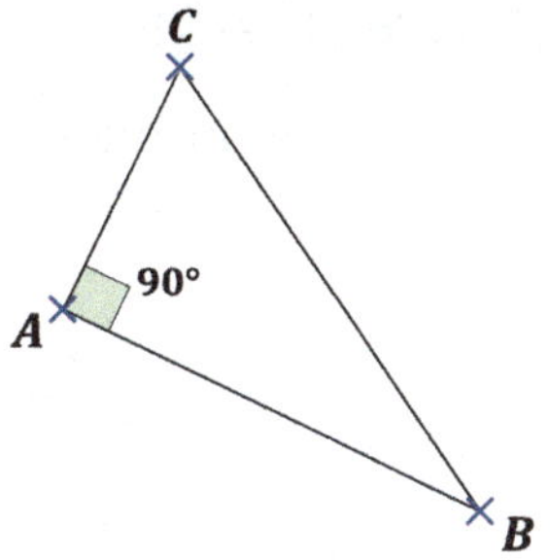
Triangle acutangle	Tous les angles sont des angles aigus.	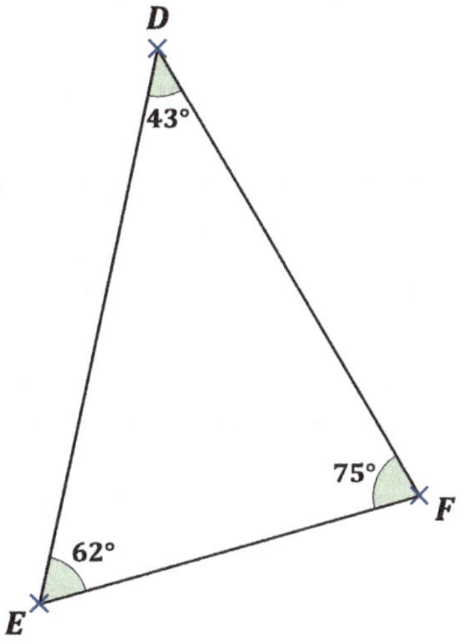
Triangle obtusangle	L'un des angles est un angle obtus.	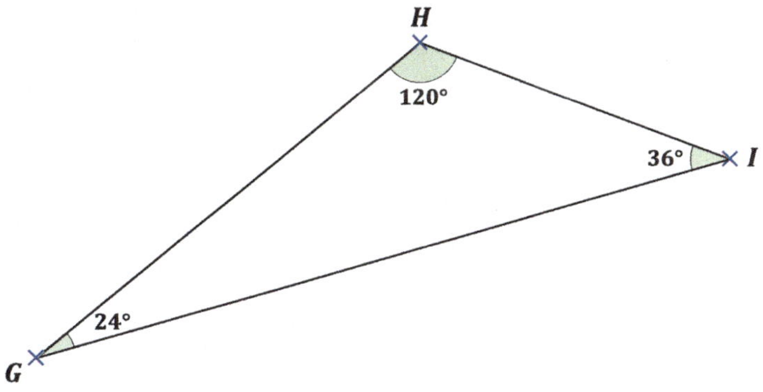

Dans le cas du triangle rectangle, les côtés $\overline{AB}$ et $\overline{AC}$ sont perpendiculaires; on les appelle aussi les cathètes. Le troisième côté, ici le côté $\overline{BC}$, s'appelle **l'hypoténuse** du triangle. Dans un triangle rectangle, l'hypoténuse est toujours le plus long des trois côtés. On dit aussi que le triangle ABC est un triangle rectangle en A.

Deux propriétés des triangles

Les propriétés suivantes sont démontrées au premier cycle du secondaire et n'ont pas à être enseignées au primaire. Nous nous limitons ici à un simple rappel de quelques propriétés des triangles pour l'enseignant ou le futur enseignant au primaire.

a) Somme des angles d'un triangle

Dans un triangle, la somme des angles est toujours égale à 180°.

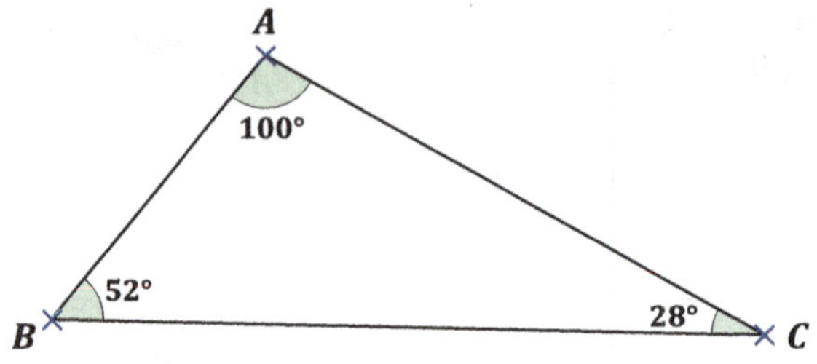

$$m\angle BAC + m\angle ABC + m\angle BCA = 100° + 52° + 28° = 180°$$

b) Axes de symétrie et égalités d'angles

Le triangle isocèle a au moins un axe de symétrie qui passe par le sommet principal et le milieu de la base. Les deux angles à la base sont symétriques l'un de l'autre : ils sont donc isométriques.

Le triangle équilatéral a trois axes de symétrie qui se rencontrent en un même point. Les trois angles du triangle équilatéral sont isométriques et valent chacun 60°.

Triangle isocèle	Triangle équilatéral
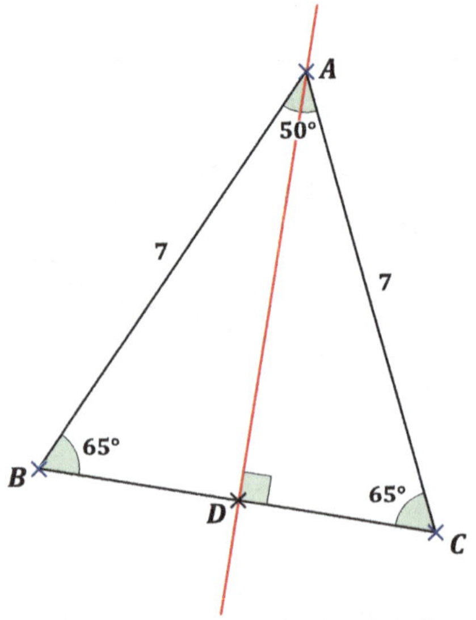	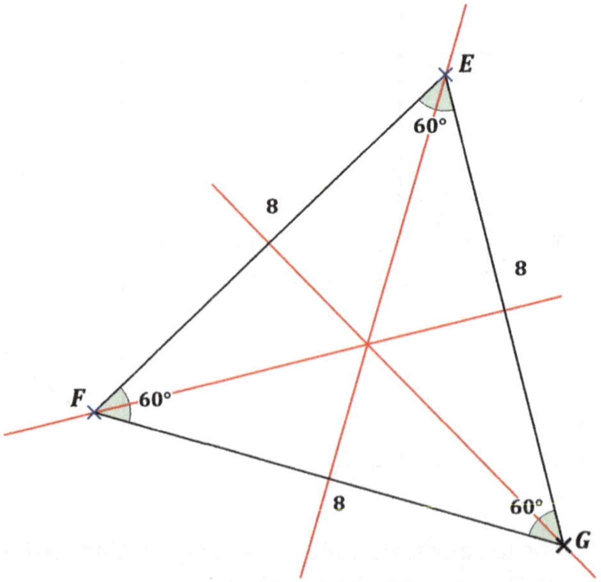
• Un triangle isocèle a au moins un axe de symétrie. • Les angles à la base sont isométriques.	• Un triangle équilatéral a trois axes de symétrie. • Les trois angles du triangle équilatéral sont isométriques.

Si un triangle a deux axes de symétrie, alors il en a forcément trois et il s'agit d'un triangle équilatéral. Autrement dit, un triangle ne peut avoir exactement deux axes de symétrie. Un triangle équilatéral est donc un triangle isocèle particulier : il en a toutes les propriétés et davantage.

Classification des triangles

En descendant dans l'organigramme ci-dessous, les triangles ont des propriétés géométriques de plus en plus nombreuses.

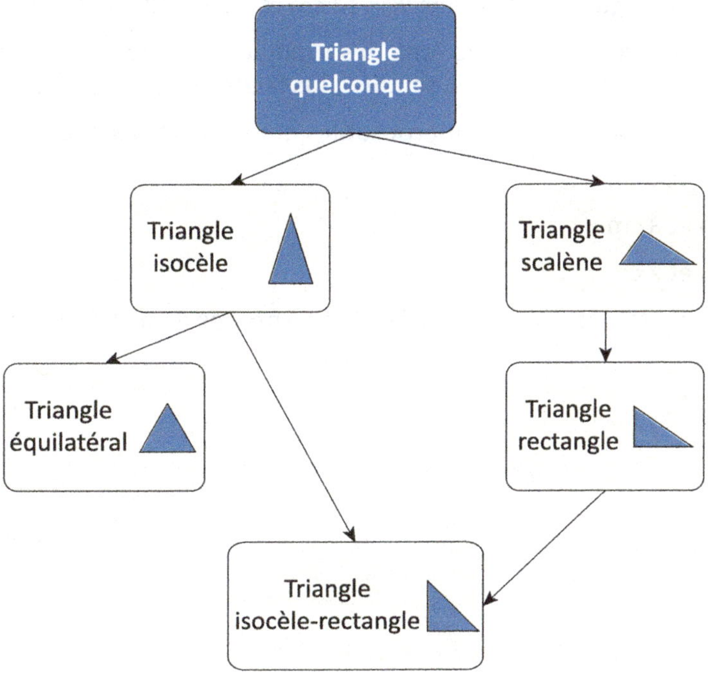

1.2 Activités personnelles

1.2.1 L'angle de sommet A

Paul et Marie observent la figure ci-dessous.

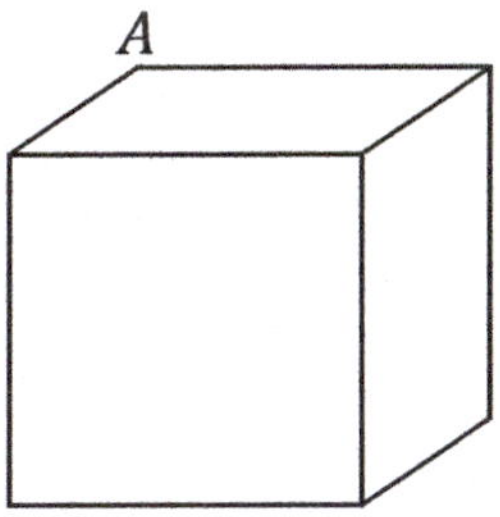

- Paul dit que l'angle de sommet A est un angle droit.
- Marie dit que l'angle de sommet A est un angle obtus.

À votre avis, qui a raison? Pourquoi?

1.2.2 Constructions

Utilisez vos instruments de géométrie pour construire les triangles suivants :

a) Triangle équilatéral ABC tel que $m\overline{AB}$ = 6 cm.

b) Triangle DEF tel que $m\overline{DE}$ =6 cm, $m\overline{EF}$ = 5 cm et $m\overline{DF}$ = 10 cm.

c) Triangle GHI rectangle en G tel que $m\overline{GH}$ = 6 cm et $m\overline{GI}$ = 8 cm. Combien mesure $\overline{HI}$?

d) Triangle JKL rectangle en J tel que $m\overline{JK}$ = 12 cm et $m\overline{KL}$ = 13 cm. Combien mesure $\overline{JL}$?

- Dans les cas de constructions des triangles rectangles [questions c) et d)], y a-t-il une construction qui vous semble plus facile que l'autre? À votre avis, pourquoi?

e) Tous les triangles isocèles non superposables dont les côtés mesurent :

- 8 cm et 4 cm
- 5 cm et 3 cm
- 6 cm et 2 cm
- Quel constat êtes-vous amenés à faire à propos du nombre de ces triangles isocèles?

1.2.3 La roue carrée

Reproduisez la figure ci-dessous en utilisant le segment donné comme côté du carré extérieur à la roue carrée. (*Il sera prudent de chercher sur le modèle des indices de la démarche de construction des arcs de cercle.*)

À la fin de la construction, notez les propriétés des éléments de la figure que vous avez trouvées et les étapes de construction que vous avez suivies.

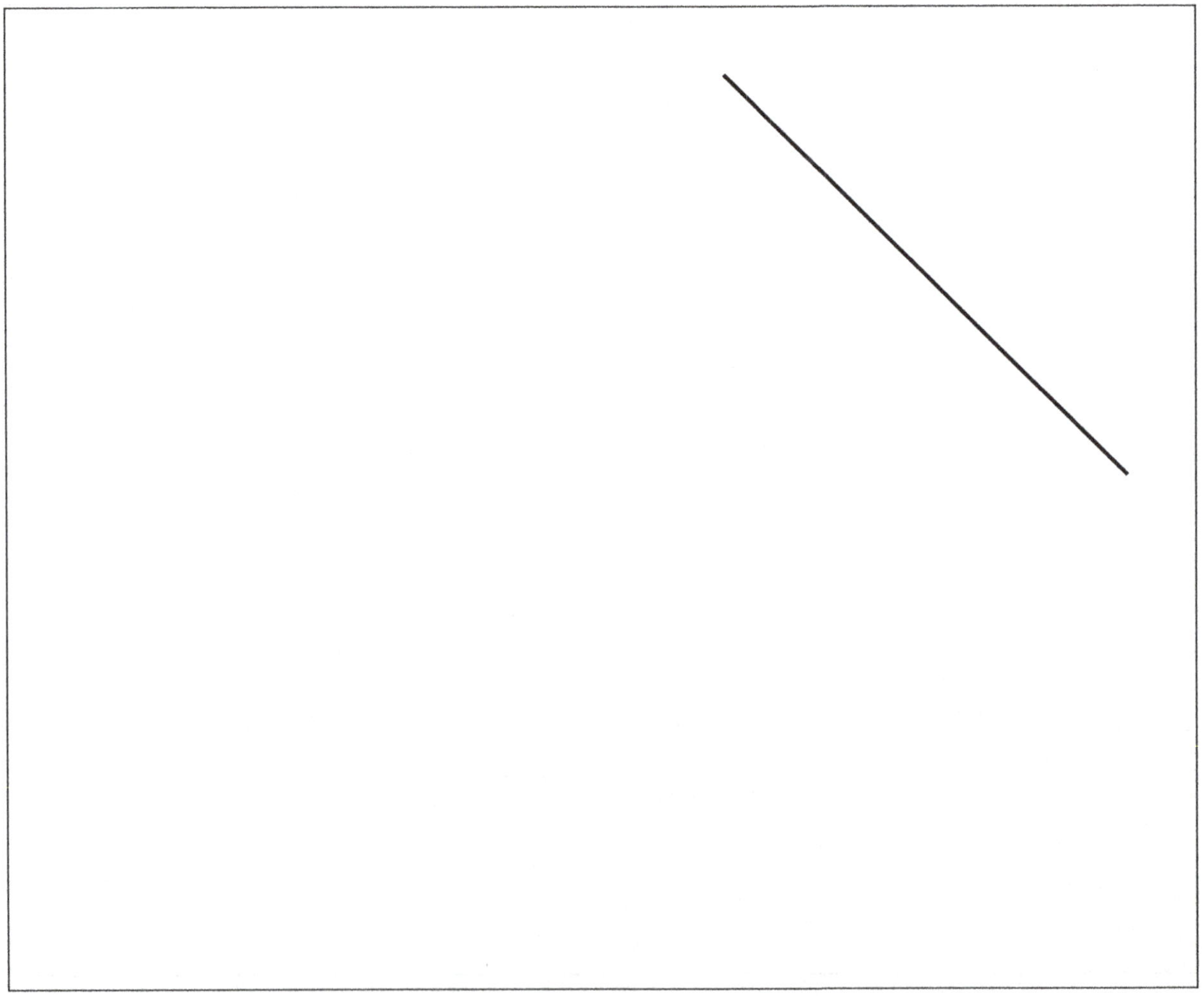

1.3 Compléments didactiques

Dans ce chapitre, au plan didactique, on s'intéresse à des productions d'élèves à propos du cercle. C'est l'occasion d'aborder deux points importants de la didactique de la géométrie : la distinction « **dessin-figure** » et les définitions de **géométrie perceptive** et **géométrie instrumentée**.

1.3.1 Distinction entre « dessin » et « figure »

Qu'entend-on par distinction « **dessin-figure** »? Pour Parzysz, « la figure géométrique est l'objet géométrique décrit par le texte qui la définit, une idée, une création de l'esprit tandis que le dessin en est une représentation » (1988, p. 80). Autrement dit, une figure géométrique est un objet idéal dont la représentation, le dessin, est la trace que l'on en donne sur une feuille de papier ou sur un écran d'ordinateur.

Il est bien évident que si la trace est très soignée, le dessin se confond pratiquement avec l'image mentale que l'on peut avoir de la figure. Mais si la représentation est tracée à main levée, l'écart entre le dessin et la figure est plus marqué.

Au Québec, la plupart des dessins proposés aux élèves dans les manuels ou dans les examens sont des images très proches de la figure. Cette distinction est donc d'autant plus difficile et peut engendrer des difficultés auprès des élèves quand on leur demande de justifier une proposition alors qu'ils la constatent sur le dessin qu'on leur a proposé.

Par exemple, dans l'exercice ci-dessous, si l'on demande aux élèves combien mesure le segment $\overline{EB}$, selon qu'ils ont sous les yeux l'une ou l'autre des représentations (celle de gauche est tracée à main levée et cette de droite est à l'échelle 1/2), on peut s'attendre à des réponses très différentes.

À partir de la figure de gauche, certains élèves diront que la mesure du segment $\overline{EB}$ est de 3,5 cm parce que le point E semble être le milieu du segment $\overline{AB}$ ou qu'elle est de 4 cm en interprétant mal la définition du cercle.

À partir de la figure de droite, certains élèves donneront comme réponse 1,5 cm parce qu'ils ont directement mesuré sur le dessin sans prendre en considération qu'il était à l'échelle 1/2, quand d'autres donneront la bonne réponse, 3 cm, parce qu'ils ont aussi mesuré mais ont respecté l'échelle. Dans ces deux cas, les élèves n'ont pas analysé la situation géométrique qui leur était proposée mais certains ont réussi à donner la bonne réponse.

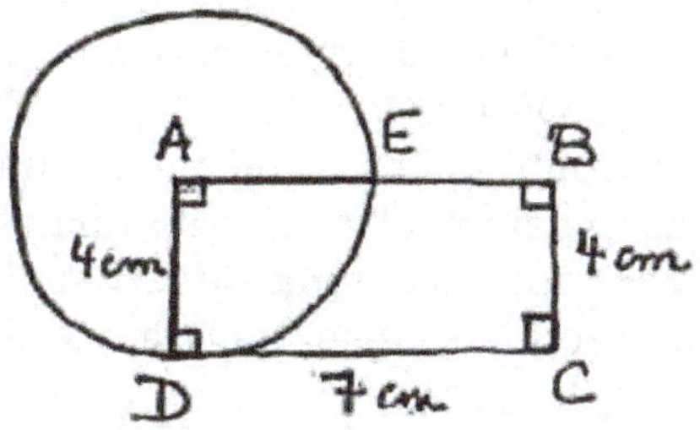

© IREM de Lyon

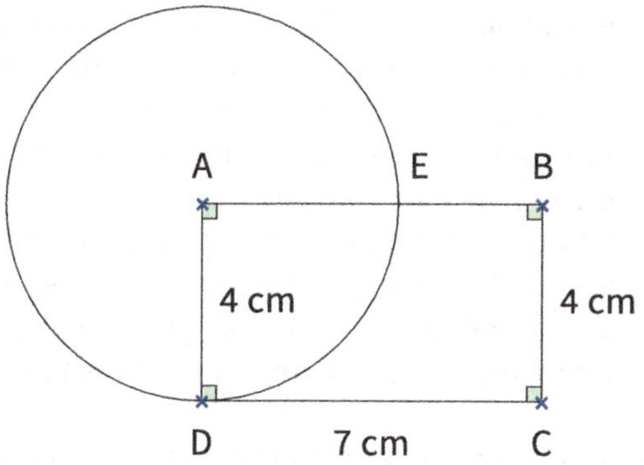

En conséquence de quoi, dans les situations où les mesures sont un enjeu pour l'activité, nous suggérons aux enseignants de proposer aux élèves des dessins qui ressemblent à la figure sans en être une image à l'échelle 1.

1.3.2 Différentes géométries

Les didacticiens (Houdement, 2007; Houdement-Kuzniak, 1999; Tanguay & Geeraerts, 2012) ont réuni sous les appellations « **géométrie perceptive** », « **géométrie instrumentée** » et « géométrie déductive », les différentes façons de faire de la géométrie à l'école primaire et au secondaire. Parzysz (2006) parle même de « géométrie concrète » en maternelle. En effet, à la maternelle ou au début du primaire, quand un élève connaît le mot « carré », il va reconnaître cette forme sur une feuille de papier, la retrouver parmi un ensemble de figures découpées dans du carton ou des pièces Polydron, en disant : « c'est un carré parce que je le sais; je le vois bien ». L'élève fonctionne alors dans une géométrie perceptive. En géométrie instrumentée, pour dire d'une figure que c'est un carré, l'élève vérifie à l'aide de ses instruments les propriétés qu'il a déjà perçues : avec son équerre, il s'assure que tous les angles sont droits; à l'aide de sa règle, il s'assure que les quatre côtés sont isométriques, etc. Il valide sa réponse en ayant fait usage de ses instruments. Au cours de sa scolarité, l'élève va acquérir une maîtrise de plus en plus grande de ses instruments et son rapport à la précision du tracé et à la mesure va évoluer. L'enseignant devra en tenir compte au moment de l'apprentissage et de l'évaluation des productions de ses élèves.

C'est pourquoi, en classe, quand on demande une construction à un élève, il est prudent de distinguer d'une part, la précision avec laquelle ce dernier utilise ses instruments et, d'autre part, ses intentions, en observant ses gestes. En effet, la maladresse peut être facilement mal interprétée, au détriment de l'élève alors qu'il a compris ce qu'il avait à faire pour construire correctement la figure, c'est-à-dire respecter les propriétés géométriques de celle-ci. De la même façon, selon l'âge des élèves et leur entraînement à utiliser les instruments, on pourra trouver des productions de qualités très variées : les longueurs seront respectées à ± 2 mm et les angles seront droits à $\pm 2°$! Ceci ne signifie pas pour autant que l'élève devra apprendre seul à utiliser sa règle, son équerre ou son compas. Nous verrons que ces apprentissages doivent être menés en classe et que bien des activités pourront l'aider dans ce sens. Nous y reviendrons au chapitre 7. Enfin, il faut savoir que tous les instruments ne sont pas fiables : toutes les règles de 20 cm que l'on trouve dans le commerce ne mesurent pas exactement 20 cm! Donc les élèves peuvent être très précis dans l'utilisation de leurs instruments et produire des figures qui ne coïncident pas avec le calque de l'enseignant tout simplement parce qu'ils utilisent des instruments différents!

1.3.3 Position prototypique

En didactique de la géométrie, on dit qu'une figure est en **position prototypique** quand elle est présentée dans la position la plus courante et qui est aussi bien souvent celle qui correspond à l'image mentale que l'on en a. Sont en position prototypiques les rectangles ou les carrés dont les côtés sont parallèles aux bords de la feuille, les losanges dont les diagonales sont parallèles aux bords de la feuille, les triangles qui ont un côté « horizontal » dans la feuille, côté qu'on appelle « base » par abus de langage. Nous présentons ces situations dans le glossaire en fin de volume. Le paradoxe de l'enseignement de la géométrie est que, pour apprendre à connaître et à reconnaître une figure ou un solide, l'élève a besoin, dans un premier temps, de les rencontrer dans les mêmes positions et ainsi conforter sa compréhension de la situation. Mais, assez rapidement, l'enseignant doit proposer ces mêmes objets dans des positions non-prototypiques pour que les critères de reconnaissance que l'élève s'est donnés soient testés et qu'ils deviennent des propriétés théoriques, applicables à toute situation peu importe son orientation dans la page.

Par exemple, l'enseignant pourra proposer aux élèves de trier des formes triangulaires découpées dans du carton pour dégager la définition du triangle isocèle. Il est pratiquement certain que les élèves les placeront en position prototypique pour s'assurer, à l'œil, que les triangles sélectionnés ont au moins un axe de symétrie (même si les élèves n'utiliseront pas ce vocabulaire). Dans un deuxième temps, sur une feuille de papier, on pourra leur proposer de retrouver des triangles isocèles parmi d'autres alors que ceux-ci sont diversement orientés dans la page. Dans ce cas, l'élève ne peut plus déplacer les figures. Soit il tourne la feuille pour reprendre une vérification perceptive soit il utilise sa règle pour une vérification instrumentée.

Toujours à propos de position prototypique, dans l'exercice 1.2.2 (question b), peu importe le côté que l'on trace en premier ou dans une position privilégiée dans la page, tous les triangles produits seront superposables les uns aux autres. Il suffit pour s'en convaincre de les découper, et on pourra constater qu'ils se superposent parfaitement, quelle que soit la position dans laquelle ils ont été construits.

1.4 Activités didactiques (productions d'élèves)

1.4.1 Un exercice

L'exercice suivant a été donné à des élèves de 6e année. Sur le document distribué aux élèves, la distance entre les quatre points et le point *P* était de 4 cm. Avant d'étudier quelques réponses d'élèves, il est nécessaire de répondre à ces premières questions.

Paul a placé des points à 4 cm du point P.
Il affirme que ces points sont sur une même droite.

Es-tu d'accord avec Paul? ....
Explique ta réponse

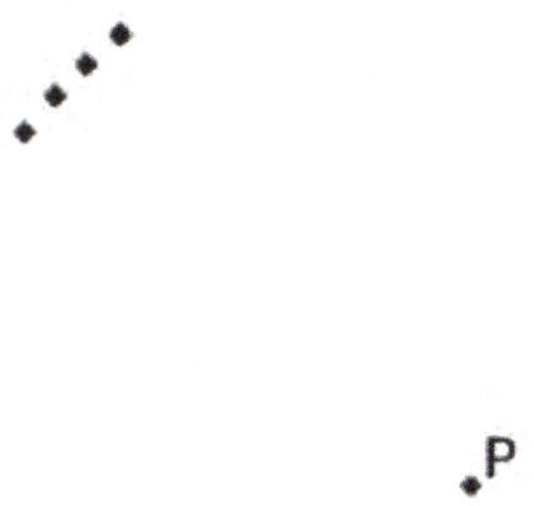

a) Que pensez-vous de la réponse de Paul? Est-elle juste ou fausse et pourquoi?

b) Quels peuvent être les arguments avancés par les élèves qui seront d'accord avec Paul?

c) Quels peuvent être les arguments avancés par les élèves qui ne seront pas d'accord avec Paul?

d) Quelle notion mathématique est abordée dans cet exercice?

1.4.2 Analyse de réponses d'élèves

On a proposé à des élèves de 6e année le même exercice, c'est-à-dire de réagir à la proposition de Paul. Les élèves disposaient du même document que vous, où l'on voit le point *P* et les quatre points placés par Paul. Ils ont ajouté leurs propres constructions et leurs commentaires. Voici les réponses de sept d'entre eux. Essayez de décrire ce qu'elles révèlent des conceptions du cercle, de la droite et de l'alignement des points chez ces élèves.

a) Production d'Alex

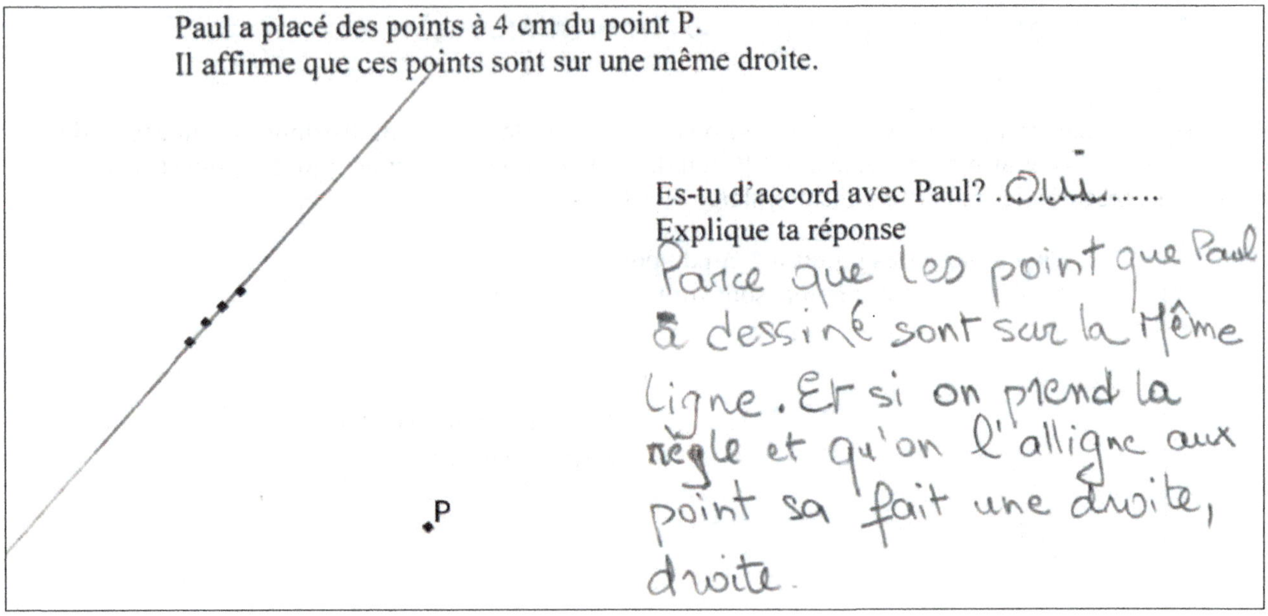

b) Production de Béa

Paul a placé des points à 4 cm du point P.
Il affirme que ces points sont sur une même droite.

Es-tu d'accord avec Paul? ..Faux...
Explique ta réponse

car si l'on trace d'autre point a 4 cm il est impossible de former une droite.

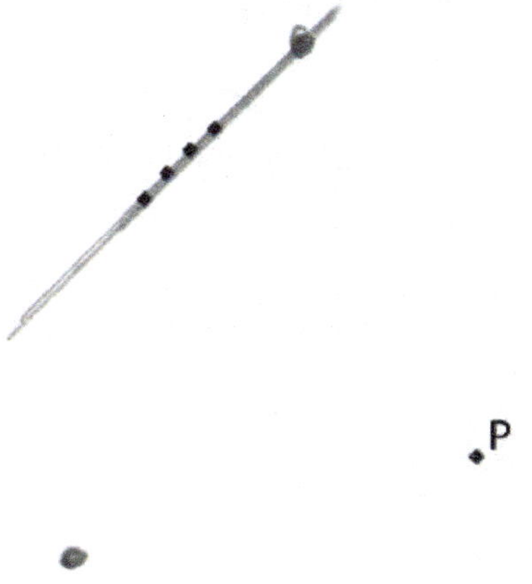

← exemple

c) Production de Bob

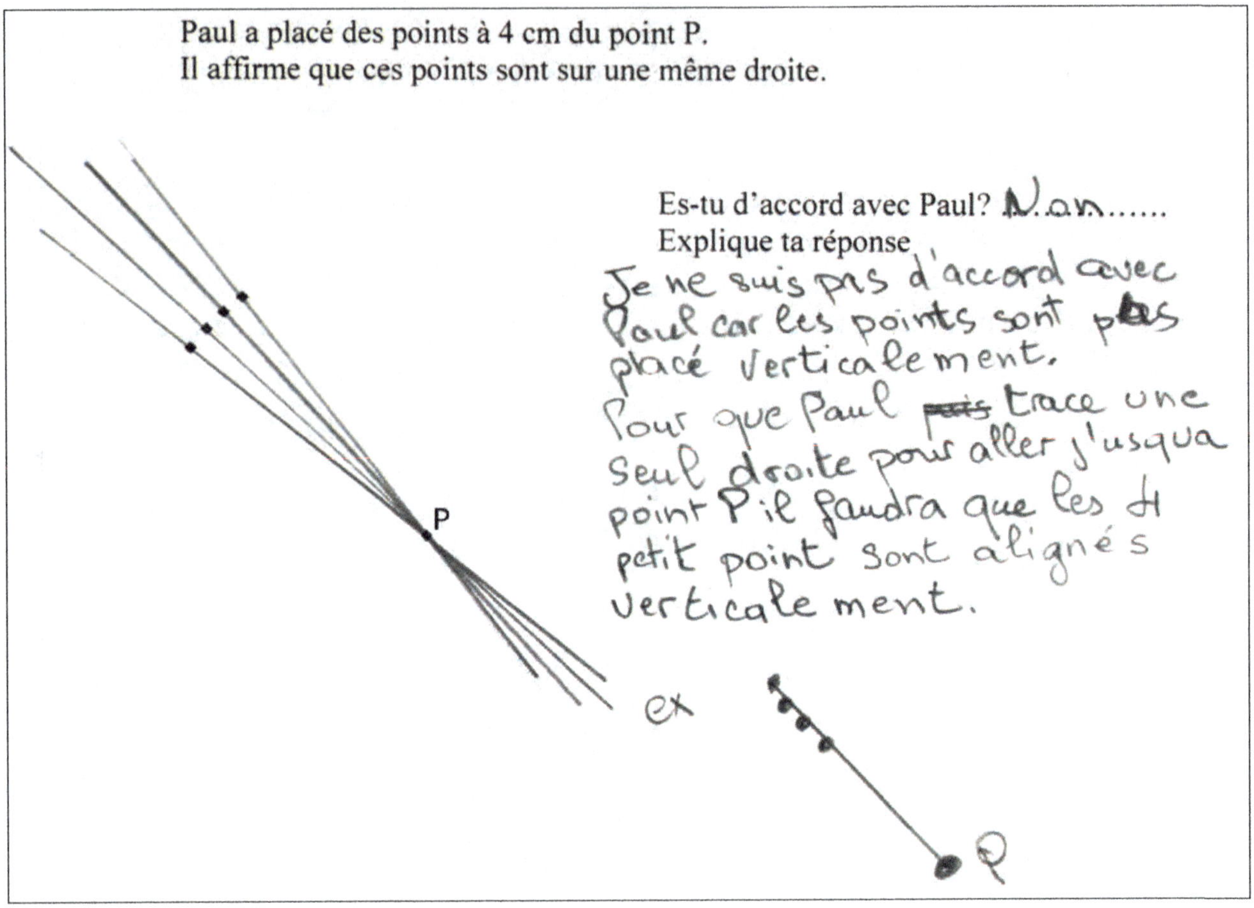

d) Production de Chloé

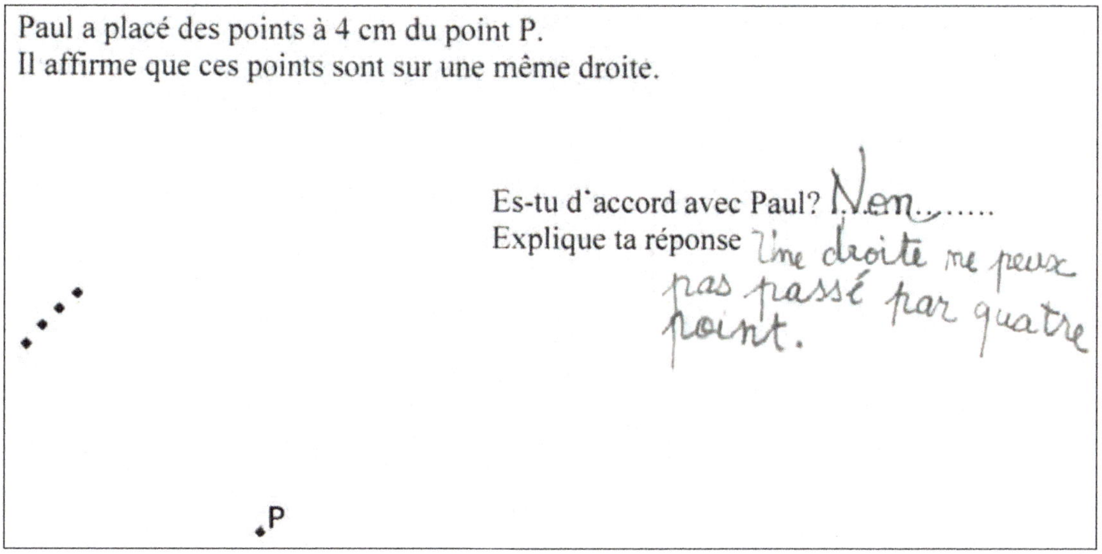
Paul a placé des points à 4 cm du point P.
Il affirme que ces points sont sur une même droite.

Es-tu d'accord avec Paul? Non......
Explique ta réponse Une droite ne peux pas passé par quatre point.

e) Production de Dan

Paul a placé des points à 4 cm du point P.
Il affirme que ces points sont sur une même droite.

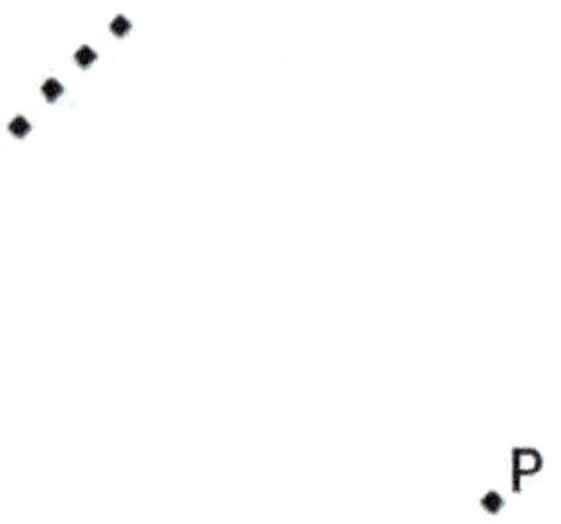

Es-tu d'accord avec Paul? …non…
Explique ta réponse

J'ai mis non parce que j'ai vu que 2 petits points était plus haut que les deux autre.

f) Production de Dom

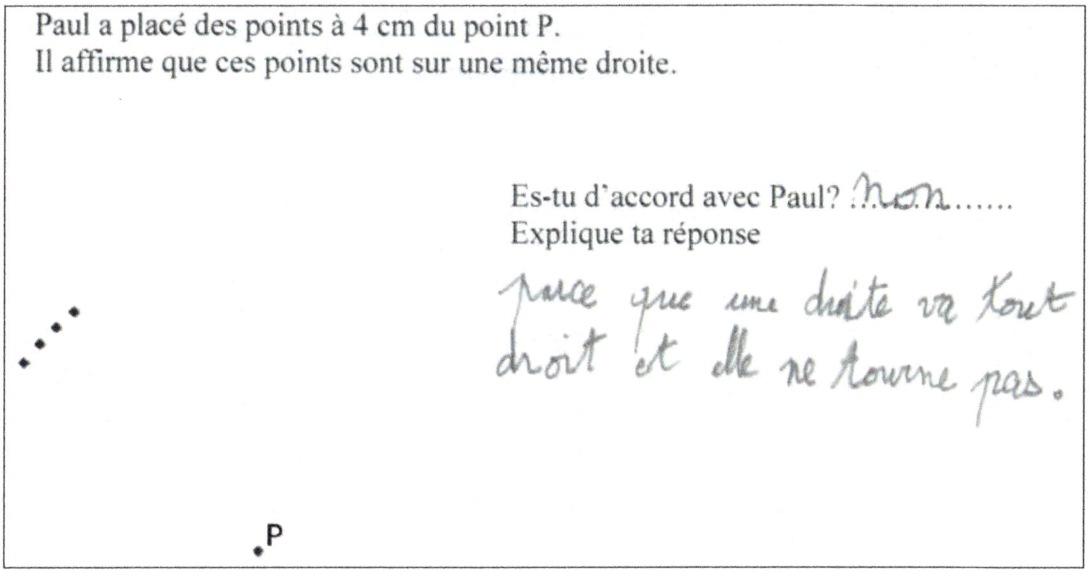
Paul a placé des points à 4 cm du point P.
Il affirme que ces points sont sur une même droite.

Es-tu d'accord avec Paul? ...non......
Explique ta réponse
parce que une droite va tout droit et elle ne tourne pas.

g) Production d'Elia

Paul a placé des points à 4 cm du point P.
Il affirme que ces points sont sur une même droite.

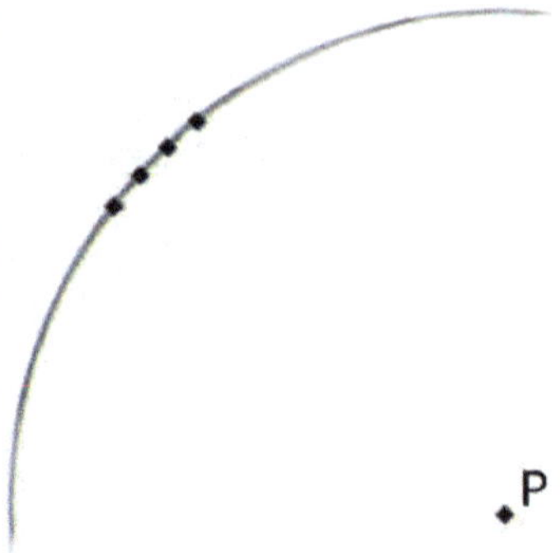

Es-tu d'accord avec Paul? oui.........
Explique ta réponse
parce qu'en traçant un arc de cercle tout ces point sont sur cet arc ce qui affirme que ces points sont bien alignés

2 | Quadrilatères

Ce deuxième chapitre[1] de géométrie plane sera consacré à l'étude des quadrilatères d'un point de vue théorique et d'un point de vue didactique à partir d'extraits de manuels, manuels approuvés par le Ministère ou disponibles en librairie.

Dans ce chapitre, à nouveau, les propriétés étudiées ne relèvent pas toutes de l'école primaire; certaines sont au programme du premier cycle du secondaire. C'est dans une perspective d'arrimage entre les différents ordres d'enseignement que nous les présentons.

Aussi, dans les compléments didactiques nous reviendrons sur les différentes justifications (ou démonstrations) que l'on peut attendre d'un élève au primaire.

2.1 Rappels théoriques

2.1.1 Polygones

Étymologiquement, le mot « polygone » vient du grec « *polus* » qui signifie « nombreux », et « *gônia* » qui signifie « angle ».

Un polygone est une figure géométrique fermée, formée par une ligne brisée fermée, c'est-à-dire une suite de segments ayant des extrémités communes.

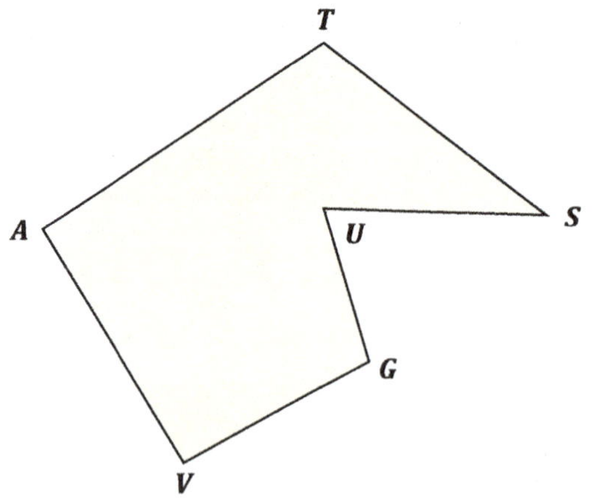

Les segments s'appellent les **côtés** du polygone. Les extrémités des segments sont les **sommets** du polygone.

Dans la figure ci-dessus, le polygone s'appelle *GUSTAV*, ou *VATSUG* ou… (L'important est de donner le nom des sommets dans l'ordre où on les rencontre quand on suit le contour du polygone.)

Les points A et T sont les extrémités d'un côté du polygone. Ce sont aussi deux **sommets consécutifs**.

Les sommets A et U ne sont pas consécutifs; ce sont des **sommets opposés** et le segment $\overline{AU}$ est une **diagonale** du polygone.

[1] À partir de ce chapitre, pour ne plus surcharger les figures, seuls les points qui ne sont pas des sommets de figures seront repérés par des croix.

Polygones convexes et non convexes

Un polygone est **convexe** quand tous ses angles intérieurs sont des angles saillants. Toutes les diagonales sont alors à l'intérieur du polygone.

Un polygone **n'est pas convexe** (ou polygone concave) quand au moins l'un des angles intérieurs de ce polygone est un angle rentrant. Dans ce cas, il y a au moins une diagonale à l'extérieur du polygone.

<table>
<tr><th>Polygone convexe</th><th>Polygone non convexe</th></tr>
<tr><td>
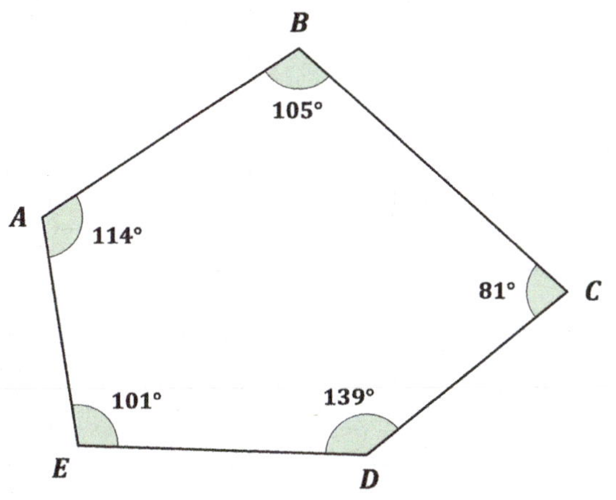

</td><td>
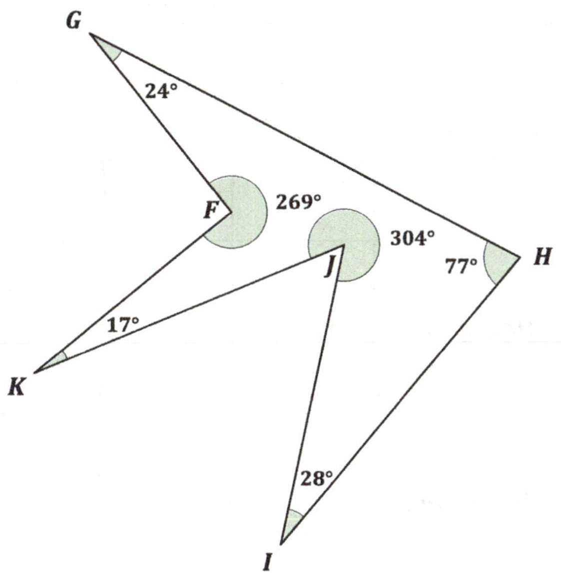

</td></tr>
<tr><td>Tous les angles sont des angles saillants : ils mesurent tous moins de 180°.

Les diagonales* $\overline{AC}$, $\overline{AD}$, $\overline{BD}$, $\overline{BE}$ et $\overline{CE}$ sont à l'intérieur du polygone.</td><td>Les angles $\angle GFK$ et $\angle IJK$ sont des angles rentrants : ils mesurent plus de 180°.

Les diagonales* $\overline{GK}$ et $\overline{KI}$ sont à l'extérieur du polygone.</td></tr>
</table>

* Pour ne pas surcharger les figures, les diagonales n'ont pas été tracées.

Nom des polygones

Le nom des différents polygones dépend exclusivement du nombre de leurs côtés, peu importe qu'ils soient convexes ou non.

Très souvent, dans les manuels, les polygones représentés sont des polygones réguliers, en position prototypique.

Par définition, un **polygone régulier** est un polygone dont tous les côtés sont isométriques (ont la même longueur), et tous les angles intérieurs sont isométriques (ont la même mesure).

Nom du polygone	Nombre de côtés	Exemples de polygones	Exemples de polygones réguliers
Triangle	3	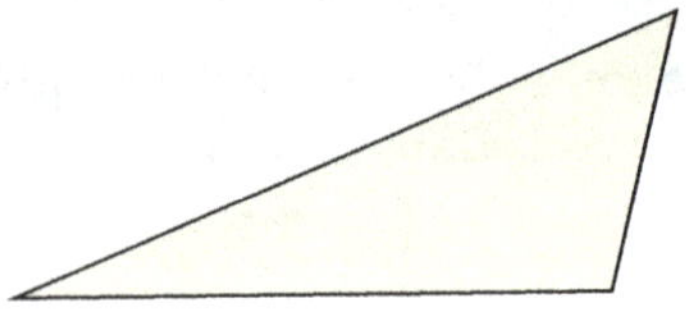	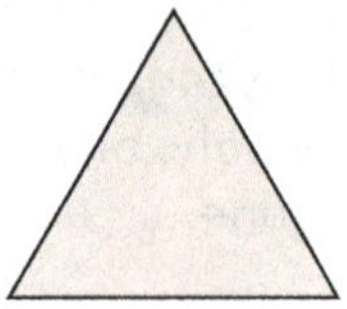
Quadrilatère	4	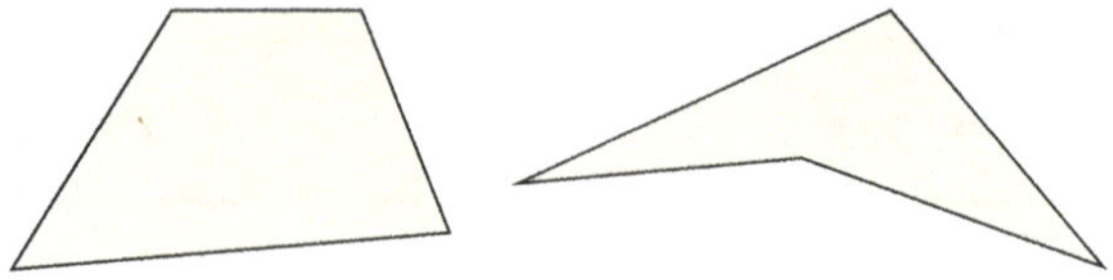	
Pentagone	5	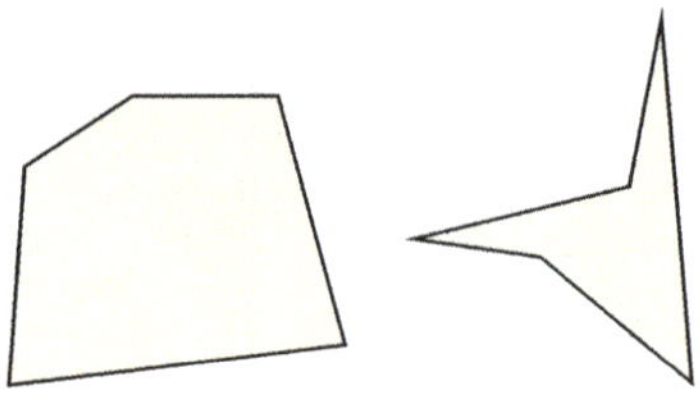	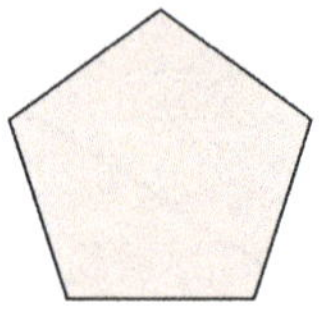
Hexagone	6	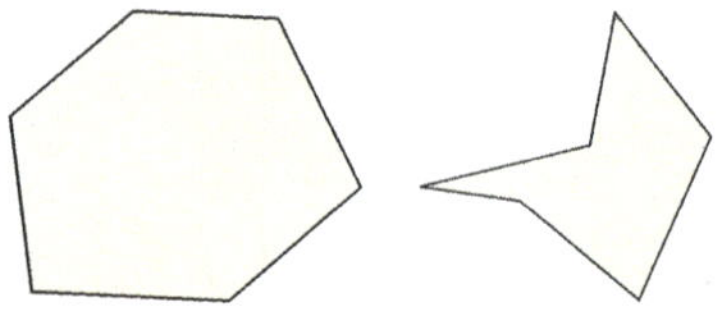	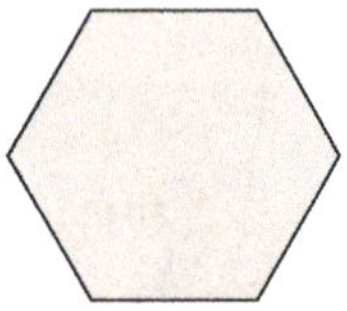
Heptagone	7	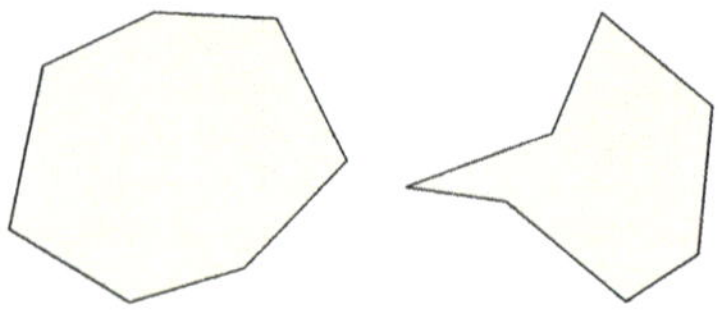	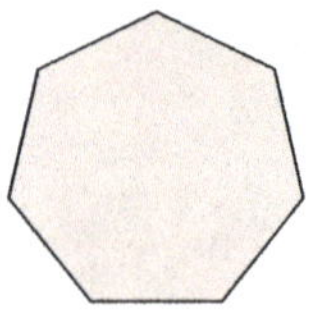
Octogone	8	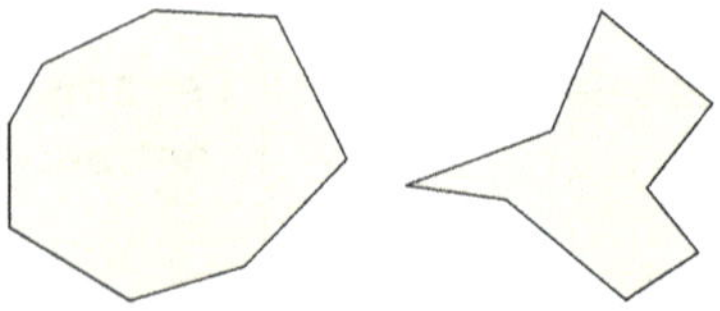	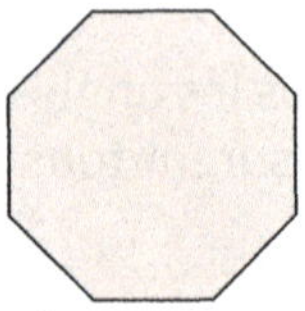
Ennéagone	9	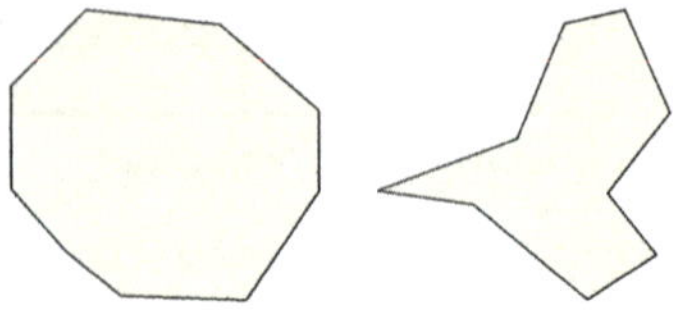	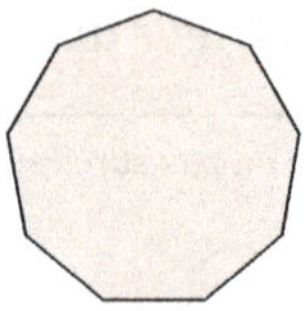
Décagone	10	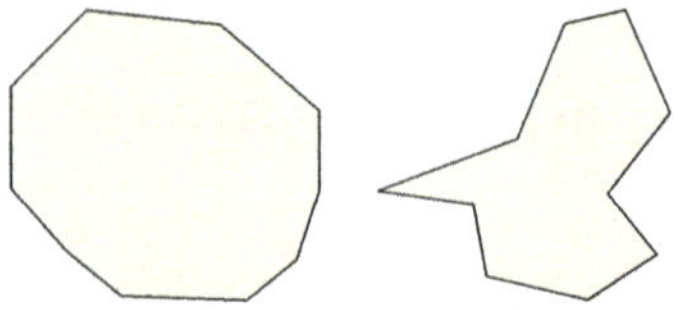	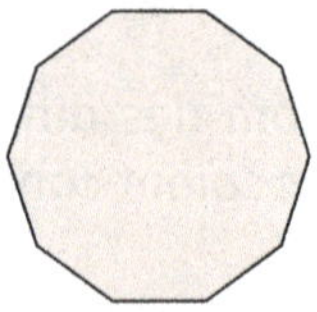
Dodécagone	12	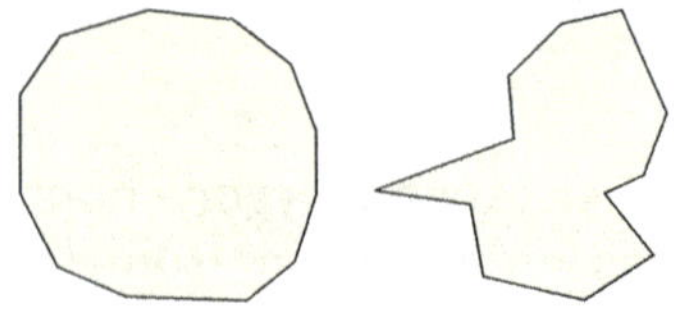	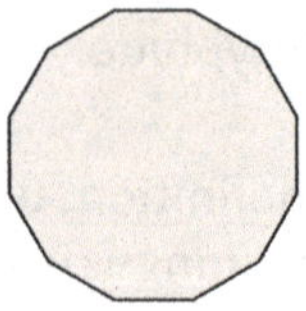

2.1.2 Quadrilatères

Vocabulaire

Dans un quadrilatère $FGPT$, les sommets F et G sont **deux sommets consécutifs** : ils sont aussi les extrémités d'un côté du quadrilatère. Les sommets F et P sont **deux sommets opposés** : ils ne sont pas les extrémités d'un même côté du quadrilatère (voir « diagonale »).

Une telle description convient pour les deux situations suivantes que le quadrilatère soit convexe ou non.

Quadrilatère convexe	Quadrilatère non convexe
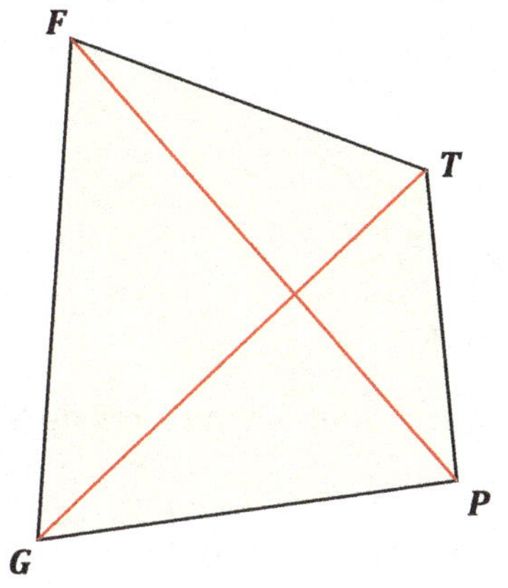	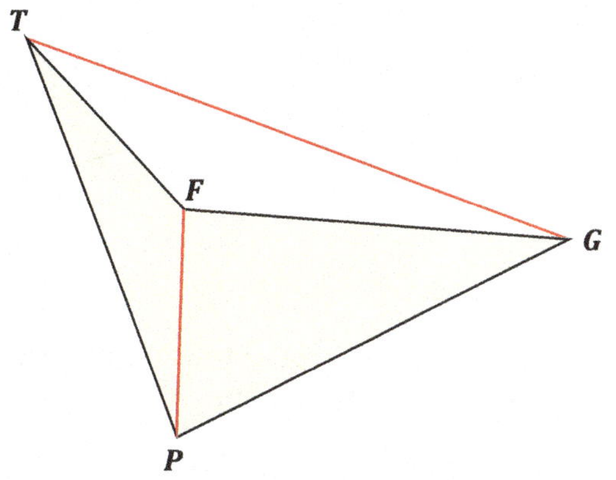

Les côtés $\overline{FG}$ et $\overline{PG}$ sont **deux côtés consécutifs (ou adjacents)** : le sommet G est une extrémité commune aux deux côtés. Les côtés $\overline{FG}$ et $\overline{PT}$ sont **des côtés opposés** : ils n'ont pas d'extrémité commune. Les segments $\overline{FP}$ et $\overline{TG}$ sont les **deux diagonales** du quadrilatère $FGPT$: leurs extrémités sont deux sommets opposés du quadrilatère.

On remarquera que, dans le cas du quadrilatère non convexe, l'une des diagonales (ici $\overline{TG}$) est à l'extérieur du quadrilatère.

Les angles $\angle GFT$ et $\angle FTP$ sont **des angles consécutifs** : leurs sommets sont les extrémités d'un même côté du quadrilatère. Les angles $\angle GFT$ et $\angle TPG$ sont des **angles opposés** : leurs sommets sont les extrémités d'une diagonale du quadrilatère.

Somme des angles d'un quadrilatère

La somme des angles d'un quadrilatère est de **360°**.

Cette propriété se démontre ainsi : comme nous le montre la figure suivante, tout quadrilatère peut être découpé en deux triangles adjacents; leur côté commun étant une des deux diagonales.

Il suffit d'utiliser deux fois la propriété de la somme des angles du triangle : celle-ci est toujours égale à 180°.

Dans le quadrilatère *ABCD*, nous avons mis en évidence les triangles *ABC* et *ADC*.

- $m\angle BAC + m\angle ABC + m\angle BCA = 65° + 69° + 46° = 180°$
- $m\angle CAD + \angle ADC + \angle DCA = 36° + 84° + 60° = 180°$
- $m\angle ABC + \angle BCD + m\angle CDA + m\angle DAB = 69° + 46° + 60° + 84° + 36° + 65° = 180° + 180° = 360°$

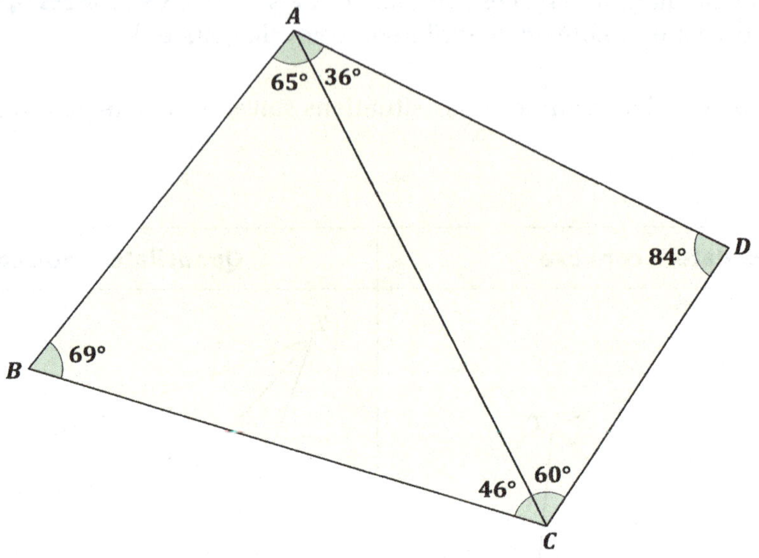

Cette propriété est vraie pour tous les quadrilatères, quelles que soient les mesures de leurs angles et qu'ils soient convexes ou non.

Classification des quadrilatères

Comme les triangles, les quadrilatères sont des figures très importantes en géométrie. Ils portent des noms différents selon qu'ils possèdent (ou non) les caractéristiques suivantes :

- Les côtés opposés sont parallèles;
- Les côtés sont isométriques;
- Les angles opposés sont isométriques;
- Certains angles sont des angles droits;
- Il existe un ou des axes de symétrie (ou aucun);
- Les diagonales sont isométriques;
- Les diagonales ont le même milieu;
- Les diagonales sont perpendiculaires.

On peut alors obtenir une classification des quadrilatères selon qu'ils possèdent (ou non) l'une ou l'autre ou plusieurs des caractéristiques ci-dessus.

Au secondaire, les élèves démontrent que certaines de ces caractéristiques sont liées les unes aux autres. Par exemple, si dans un quadrilatère les diagonales ont le même milieu, alors les côtés opposés sont parallèles et sont isométriques deux à deux, les angles opposés sont isométriques : c'est un parallélogramme. Dans ce manuel, nous nous limiterons à un rappel de ces caractéristiques et des quadrilatères qui les possèdent.

Dans les classifications qui suivent, nous donnons les noms des quadrilatères qui ont au moins la caractéristique envisagée (condition minimale d'existence). Quand le quadrilatère n'a pas de nom particulier, la case reste vide.

2.1.3 Classification des quadrilatères selon les côtés

Paires de côtés isométriques

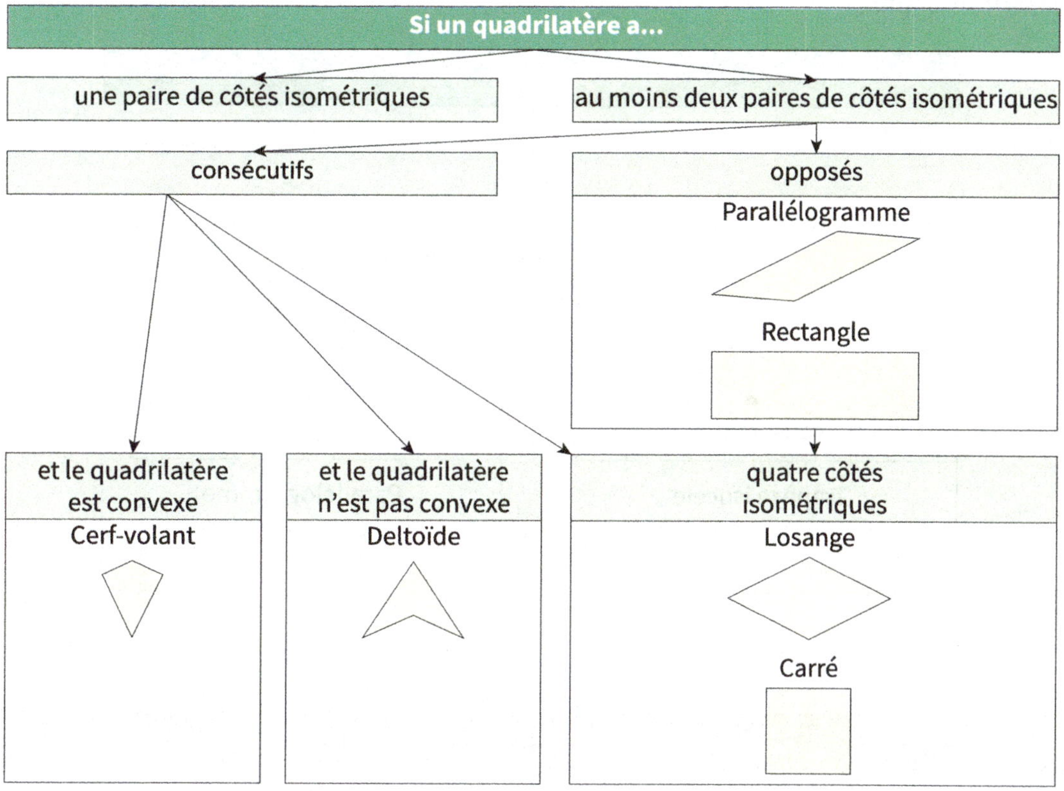

Côtés parallèles

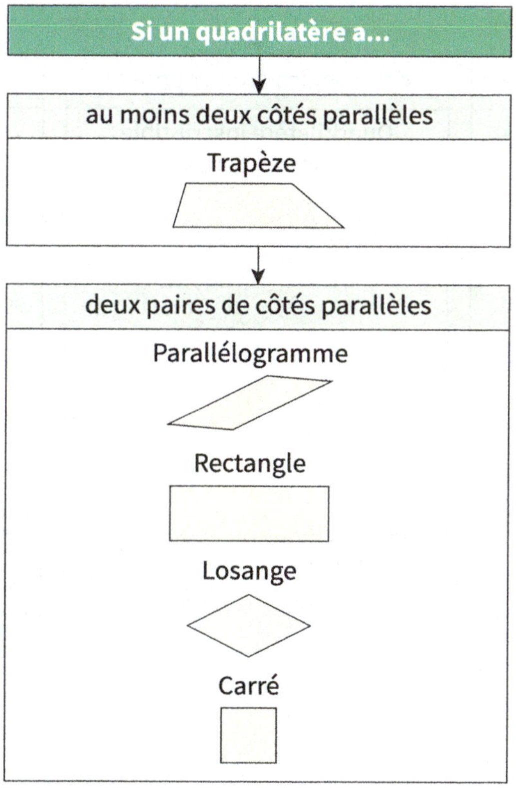

2.1.4 Classification des quadrilatères selon les angles

Angles isométriques

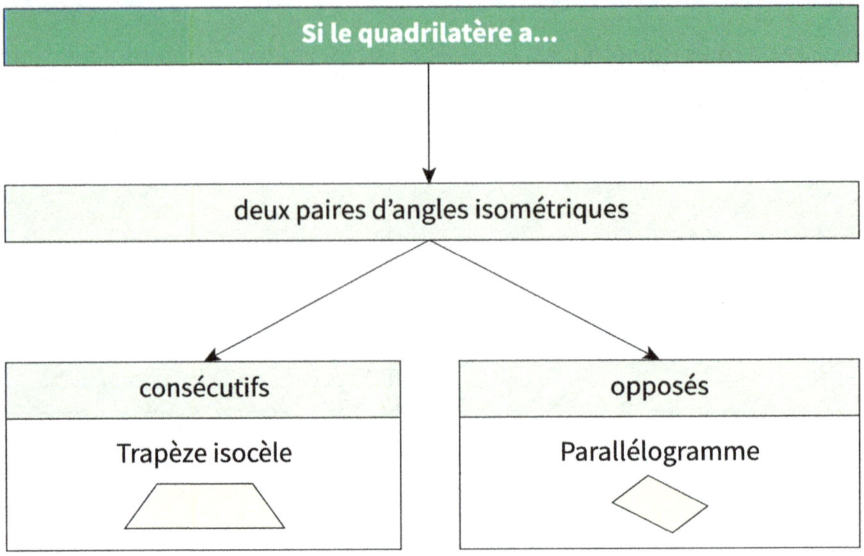

Angles droits

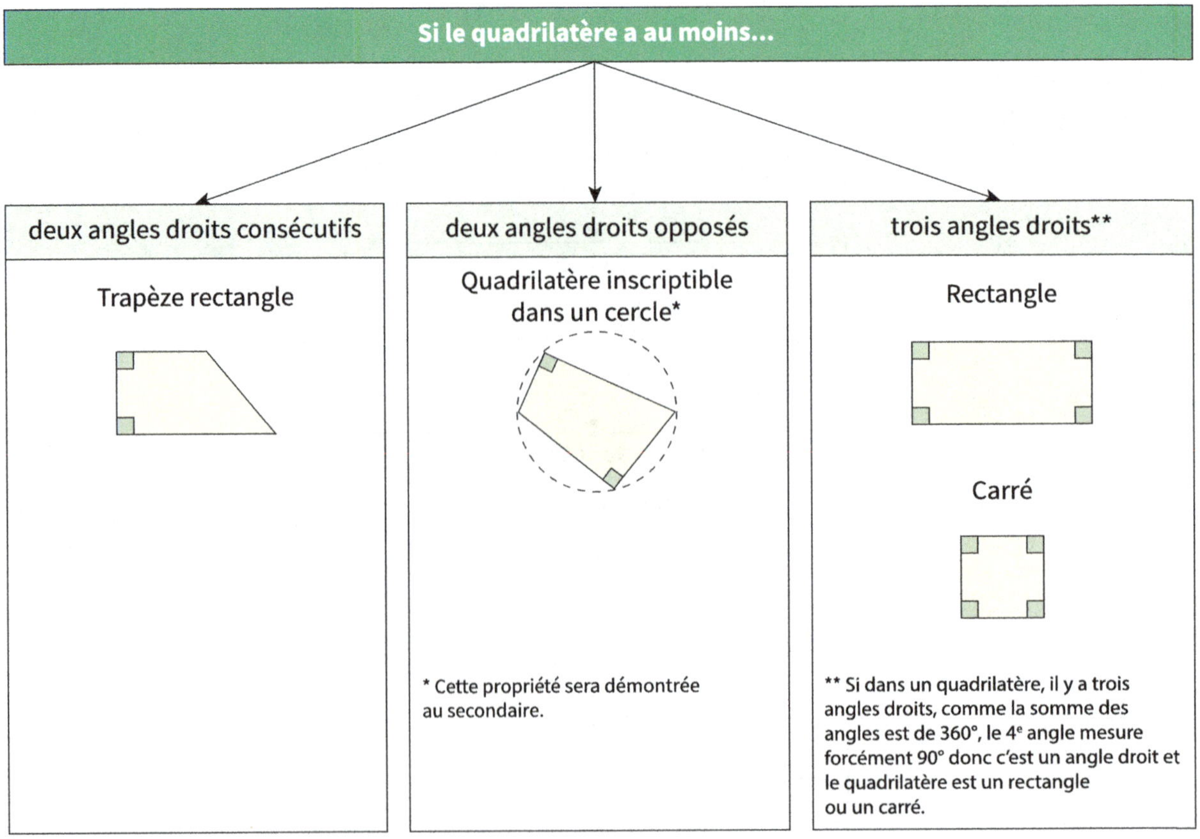

2.1.5 Classification selon les diagonales

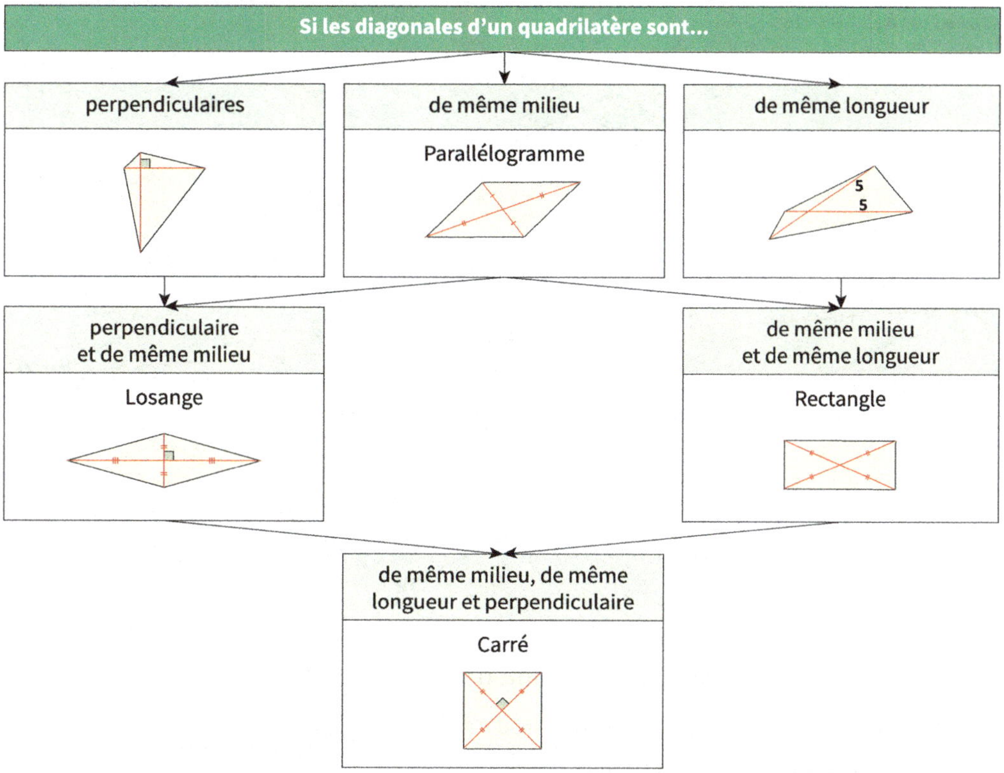

2.1.6 Classification selon les axes de symétrie

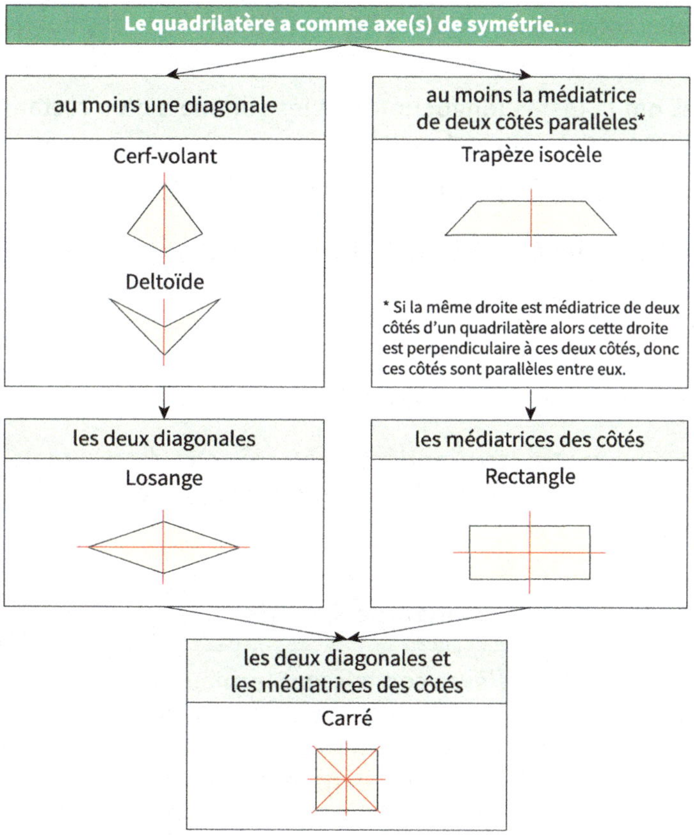

2.1.7 En résumé

Dans un **parallélogramme**,

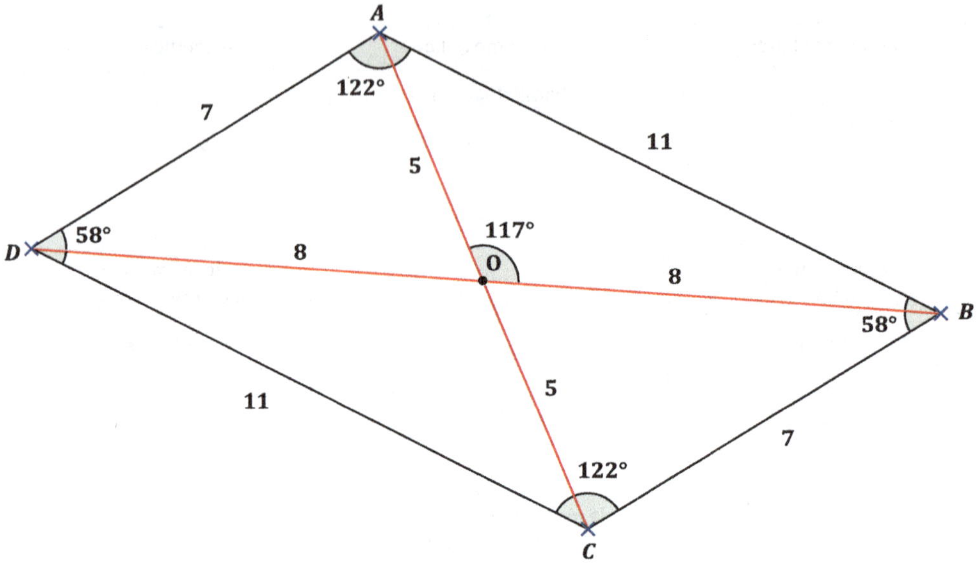

- Les côtés opposés sont parallèles et isométriques deux à deux;
- Les angles opposés sont isométriques deux à deux;
- Les diagonales ont le même milieu.

Dans un **rectangle**, on retrouve toutes les propriétés du parallélogramme et,

- Les quatre angles sont droits (mais il suffit d'en construire trois pour que le quadrilatère soit un rectangle);
- Les diagonales ont la même longueur (donc les sommets d'un rectangle sont sur un cercle qui a pour centre le centre du rectangle);
- Les médiatrices des côtés opposés sont les axes de symétrie.

Dans un **losange**, on retrouve toutes les propriétés du parallélogramme et,

- Les quatre côtés sont isométriques;
- Les diagonales sont perpendiculaires;
- Les diagonales sont aussi les axes de symétrie.

Dans un **carré**, on retrouve toutes les propriétés du losange et du rectangle. Le carré est donc le quadrilatère qui a le plus de propriétés : c'est un rectangle particulier, un losange particulier, un parallélogramme particulier.

Remarque didactique

Le carré est le quadrilatère que les élèves connaissent le mieux, ou celui avec lequel ils se sont le plus familiarisés, donc ils ont tendance à croire que c'est celui qui a le moins de particularités. La classification que l'on vient d'établir (classification inclusive des quadrilatères) est donc contrintuitive pour les élèves, et source de difficultés dans les classes.

2.1.8 Dans les manuels

Toutes les propriétés des quadrilatères ne sont pas explicitement au programme du primaire, en particulier les propriétés relatives aux diagonales (le mot « diagonale » n'apparaît pas dans le programme).

Les définitions des quadrilatères les plus utilisées par les auteurs de manuels sont les suivantes :

- **un trapèze** est un quadrilatère qui a une paire de côtés parallèles;
- **un parallélogramme** est un quadrilatère qui a deux paires de côtés parallèles;
- **un losange** est un quadrilatère qui a quatre côtés isométriques (ou de la même longueur);
- **un rectangle** est un quadrilatère qui a quatre angles droits;
- **un carré** est un quadrilatère qui a quatre côtés de la même longueur et quatre angles droits.

Diverses activités à propos du parallélogramme, du rectangle, du losange et du carré permettront aux élèves de constater un certain nombre de propriétés comme les égalités d'angles opposés, l'isométrie des côtés opposés ou la présence d'axes de symétrie. Les démonstrations de ces propriétés relèvent du secondaire. Mais certaines propriétés seront plus rarement rencontrées comme le parallélisme des côtés opposés du losange.

C'est pourquoi la classification inclusive des quadrilatères, telle que proposée au paragraphe 2.1.7 de la page précédente, est difficile à établir dans les classes au primaire.

2.2 Activités personnelles

2.2.1 Construction d'un quadrilatère

Vous devez reproduire exactement le quadrilatère $ABCD$ suivant. (*Votre production et un calque du modèle devront parfaitement coïncider par superposition.*)

Quel est le nombre minimal d'informations (mesures) que vous devez prendre sur le modèle pour être certain que le quadrilatère que vous construirez sera superposable au modèle?

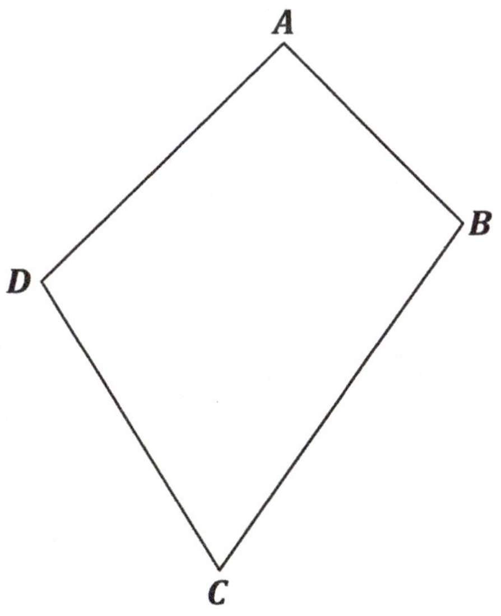

2.2.2 Constructions particulières

Parallélogramme

Construisez un parallélogramme dont les diagonales mesurent 5 cm pour l'une et 8 cm pour l'autre.

a) Combien de parallélogrammes non superposables pouvez-vous construire qui auront cette propriété? Si vous pouvez en construire plusieurs, construisez-en trois.

b) Quelle est l'information manquante ou quelles sont les informations manquantes pour que le parallélogramme construit soit unique, ou que tous les parallélogrammes que vous construisez soient superposables les uns aux autres?

Rectangle

Construisez un rectangle dont un côté mesure 6 cm et la diagonale mesure 10 cm.

a) Pouvez-vous construire plusieurs rectangles non superposables qui ont cette propriété?

____

b) Donnez un exemple de mesures qui rendent la construction du rectangle impossible.

____

Losange

Construisez un losange dont les diagonales mesurent 6 cm et 8 cm.

a) Pouvez-vous construire plusieurs losanges qui ont cette propriété?

b) Pouvez-vous construire plusieurs losanges dont le côté mesure 5 cm? Si oui, construisez-en au moins trois.

c) Quelle est l'information manquante ou quelles sont les informations manquantes pour que le losange de 5 cm de côté soit unique?

Carré

Construisez un carré dont la diagonale mesure 8 cm.

a) Pouvez-vous construire plusieurs carrés non superposables qui ont cette propriété?

____

b) Y a-t-il une longueur de diagonale qui rende la construction du carré impossible?

____

Bilan

Quel lien pouvez-vous faire entre le nombre d'informations nécessaires et la construction d'un quadrilatère (particulier) unique?

____

____

____

____

2.3 Compléments didactiques

Dans ce chapitre, nous avons rencontré diverses classifications des quadrilatères. Qu'en est-il pour l'apprentissage des élèves de ces notions? Diverses constructions ont été demandées dans le paragraphe précédent. Qu'en est-il pour les élèves? Que proposent les manuels? Comment organiser de telles activités en classe pour qu'elles soient source d'apprentissage? C'est l'objet de ce paragraphe.

Mais avant toute chose, il nous faut préciser la distinction entre « nature » et « nom » d'un quadrilatère. En effet, la nature d'une figure est ce qu'elle est, avec les caractéristiques qui sont les siennes. Le nom d'une figure est donné par le nom de ses sommets, cités dans l'ordre qui correspond au contour, en suivant ses côtés consécutivement les uns aux autres. Ainsi, « rectangle, losange » sont des natures de quadrilatères, « *ABCD*, *FHIK* » sont des noms de quadrilatères. Il arrive néanmoins que dans les manuels ou dans les cahiers d'activités, le mot « nom » soit utilisé dans le sens de « nature ». Cet abus de langage n'entraîne que rarement des confusions dans la compréhension de la tâche par les élèves parce qu'il est assez rare que les noms des sommets soient affichés sur les figures proposées à l'école primaire.

2.3.1 Classifications des quadrilatères

Nous l'avons montré dans le 1er paragraphe de chapitre, du point de vue théorique (les propriétés), le carré est à la fois un losange et un rectangle : c'est le quadrilatère qui a le plus de propriétés géométriques. C'est pour cette raison que l'on parle de classification inclusive des quadrilatères. Il en est de même pour les triangles (voir schémas du chapitre 1, p. 26). À cette fin, on utilise souvent les diagrammes de Venn pour représenter la situation : les carrés étant à l'intersection des losanges et des rectangles.

Mais, le carré est le premier quadrilatère que les élèves apprennent à connaître et à reconnaître, et ce, dès leur plus jeune âge, souvent avant même d'arriver à la maternelle. De la même façon, le premier triangle qu'ils rencontrent est le triangle équilatéral. Aussi, lorsqu'on demande à des élèves de l'école primaire (tous cycles confondus) de trier des figures, spontanément, ils les regroupent de manière exclusive les unes par rapport aux autres (classification exclusive) en séparant les carrés des losanges et des rectangles. Dans ces conditions, un carré n'est pas un rectangle ni un losange : il constitue une classe particulière. Si un carré est présenté « sur la pointe », un élève pourra en dire qu'il s'agit d'un losange. On est alors au niveau d'identification-visualisation de la théorie des niveaux de pensée en géométrie de P.M. van Hiele. Autrement dit, les classifications issues de la géométrie théorique (classifications inclusives) sont contre-intuitives pour les élèves puisqu'elles sont contraires à l'ordre dans lequel ils apprennent à identifier et reconnaître chacune de ces figures. Pour autant, au secondaire, les élèves devront maîtriser ces classifications pour réussir les démonstrations qui leur seront demandées. À l'école primaire, il faut donc faire travailler les élèves sur des figures qui ne sont pas en position prototypique pour amener la reconnaissance à partir des propriétés (géométrie instrumentée) et commencer à mettre en œuvre le niveau d'analyse de la théorie de van Hiele. Mais, se donner comme objectif, en 4e année par exemple, de convaincre tous les élèves d'une même classe qu'un carré est un losange particulier nous semble particulièrement ambitieux, voire vain. Il se peut que, dans une classe, quelques élèves y parviennent; il ne faudra alors surtout pas les décourager (ils ont raison!). Dans le même temps, la plupart d'entre eux resteront persuadés du contraire et seule la maturation et des activités variées (constructions, justifications, etc.) pourront les amener à changer d'avis sur la classification. Gérer la situation en classe pourra se révéler délicat parce qu'il faudra accepter les deux réponses alors qu'elles sont en contradiction l'une avec l'autre. On pourra prévenir les situations embarrassantes en posant les questions sous la forme : « Parmi les quadrilatères ci-dessous, quels sont ceux qui ont tous leurs côtés isométriques? Quels sont ceux qui ont au moins 3 angles droits? Parmi ces triangles, quels sont ceux qui ont au moins deux côtés de la même longueur? », etc. L'expression « au moins » devra être utilisée aussi souvent que possible pour que, par exemple, l'exclusion entre les trapèzes qui ont deux côtés parallèles et les parallélogrammes qui en ont deux paires ne soit pas figée à la fin de l'école primaire.

2.3.2 Constructions de figures

Dans les manuels ou les cahiers d'exercices, on trouve beaucoup d'activités qui demandent à l'élève de reconnaître les figures (géométrie perceptive et/ou géométrie instrumentée) et de dresser (ou retrouver) la liste de leurs propriétés géométriques. Plus rarement, on lui demande de faire des constructions. C'est sans doute regrettable. En effet quelle est l'activité de l'élève au cours d'une construction ou d'une reproduction de figures? Celle-ci pourra être très variée selon les conditions dans lesquelles la construction est proposée. Prenons quelques exemples, à propos de **la construction d'un carré de 6 cm de côté** sur différents supports et dans différentes conditions :

- Si on lui donne du papier quadrillé au centimètre, on peut s'attendre à ce qu'il produise un carré dont les côtés suivent les lignes du quadrillage et il n'a d'autre activité que de contrôler que les côtés dessinés mesurent exactement 6 cm.
- Si on lui donne du papier blanc, il devra utiliser successivement sa règle et son équerre et mettre en œuvre les propriétés du carré qu'il connaît : côtés isométriques et angles droits. On peut s'attendre à ce que le carré produit soit en position prototypique.
- Si on lui donne en amorce un segment de 6 cm orienté en biais dans la feuille de papier blanc, l'élève devra mettre en œuvre les mêmes compétences que précédemment mais l'utilisation de l'équerre pourra se révéler plus délicate dans la mesure où il faudra appuyer l'un de ses côtés sur le segment proposé dans une position inhabituelle.
- Si l'on donne en amorce un segment dont la longueur n'est pas 6 cm, il faudra en avertir l'élève et il devra ajuster cette longueur avant d'utiliser les démarches évoquées plus haut. Il ne servira à rien de donner du papier quadrillé au centimètre pour cette construction dans une position non prototypique puisque les extrémités du segment ne seront jamais sur des nœuds du quadrillage; le support est alors une source de difficultés et non pas une aide apportée à l'élève.

Afin de favoriser chez les élèves l'appropriation des propriétés géométriques des figures, on pourra avoir recours aux reproductions, aux constructions d'après un modèle ou une description de figures plus complexes. Dans tous les cas, à l'école primaire, les modèles et les reproductions (complètes ou amorcées) seront à la même échelle : échelle 1.

Quelques exemples de figures à reproduire dès la 3e année, à agrandir pour les élèves en leur donnant des mesures en nombres entiers de centimètres autant que possible :

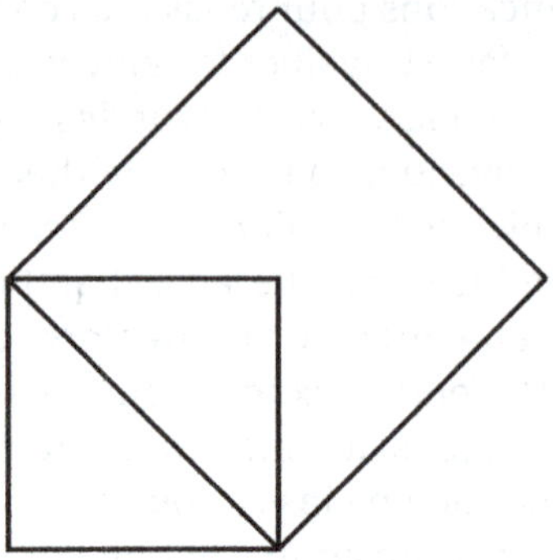
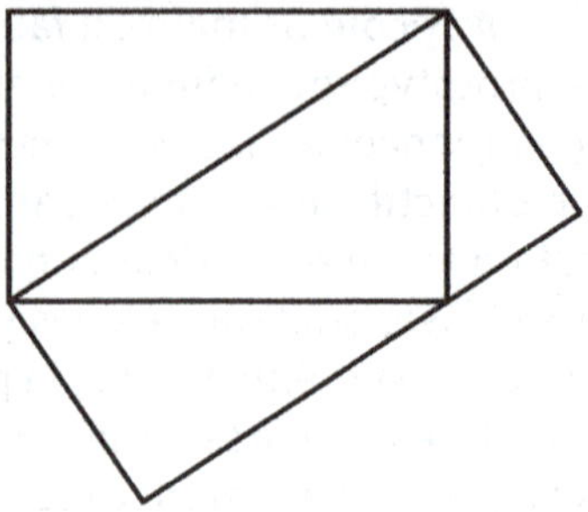
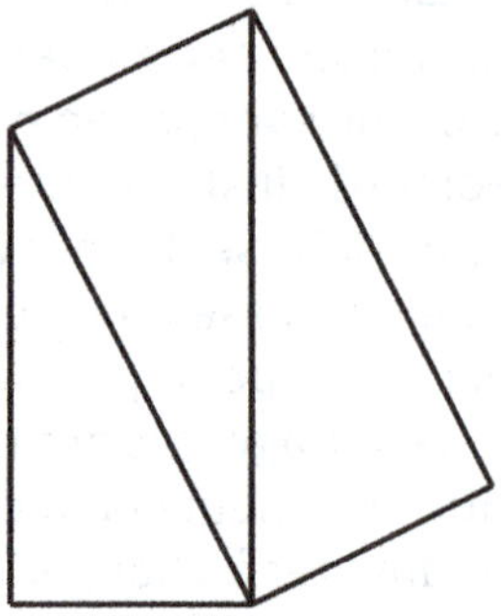

De telles situations pourront être l'occasion de questionnements complémentaires à propos des droites parallèles et des droites perpendiculaires. Les justifications des réponses proposées par les élèves ne pourront pas avoir une structure très élaborée comme on l'attendra au secondaire dans le cadre d'un raisonnement hypothético-déductif complet (niveau de déduction informelle de van Hiele). Dans des situations telles que présentées ci-dessus, on pourra demander à l'élève de ne pas se limiter à répondre : « ça se voit » ou « je le sais » mais d'être plus précis en lui suggérant de citer les propriétés théoriques des figures ou des droites qu'il connaît : « c'est un rectangle donc tous ses angles sont droits »; « les deux droites sont toutes les deux perpendiculaires à la largeur du rectangle », etc., en restant au niveau d'analyse de la théorie des niveaux de pensée de van Hiele. Les enseignants doivent être bien convaincus que les élèves seront d'autant plus habiles (et heureux) dans leurs constructions qu'ils en feront souvent et que celles-ci représenteront des défis toujours plus intéressants à leurs yeux. Au 3e cycle, on pourra enrichir ces figures avec des quarts ou des demi-cercles pour amener les élèves à utiliser le compas, instrument qu'ils devront maîtriser dès leur arrivée au secondaire.

2.4 Activités didactiques (analyses de manuels)

2.4.1 Document 1 : Clicmaths 4e année

a) Faites les constructions telles que demandé aux élèves.

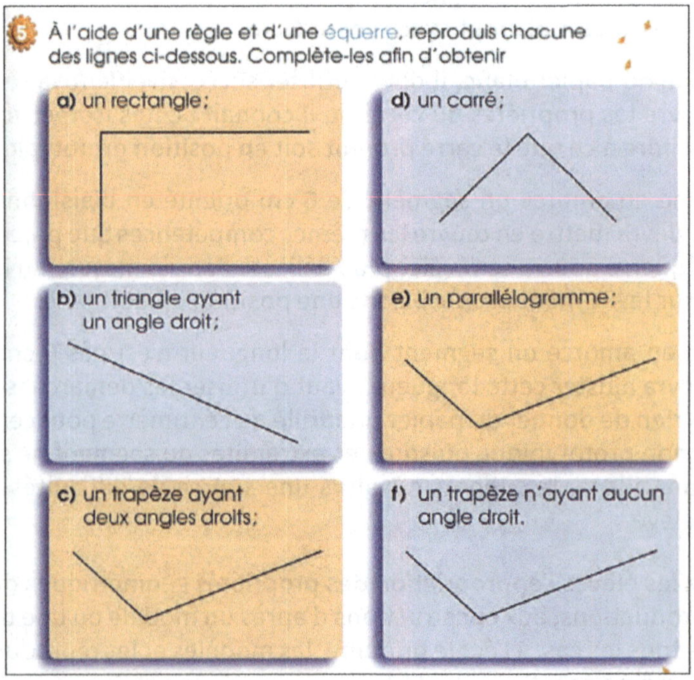

5 À l'aide d'une règle et d'une équerre, reproduis chacune des lignes ci-dessous. Complète-les afin d'obtenir

a) un rectangle;

d) un carré;

b) un triangle ayant un angle droit;

e) un parallélogramme;

c) un trapèze ayant deux angles droits;

f) un trapèze n'ayant aucun angle droit.

b) À quelles difficultés l'élève peut-il être confronté au cours de la reproduction « de chacune des lignes »?

c) Quelles sont les propriétés des quadrilatères mises en œuvre dans ces constructions?

d) Les figures sont-elles en position prototypique?

e) Les constructions sont-elles demandées dans un ordre croissant de difficultés : difficultés conceptuelles (figure plus ou moins familière); difficultés techniques (utilisation des instruments, étapes de construction, etc.)?

f) Si l'enseignant distribue aux élèves une feuille semblable au tableau suivant et dans laquelle certaines amorces des figures sont présentées comme dans le tableau de la page 62, à quelles réponses fausses peut-il s'attendre? Aussi, comment procéder pour essayer d'en éviter quelques-unes?

Un rectangle	**Un carré**
	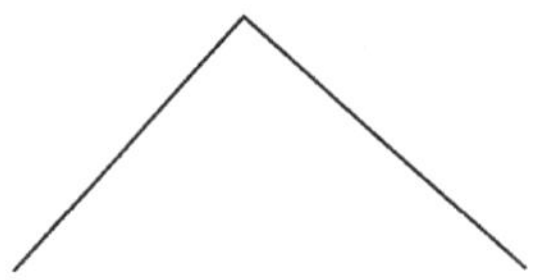
Un triangle ayant un angle droit	**Un parallélogramme**
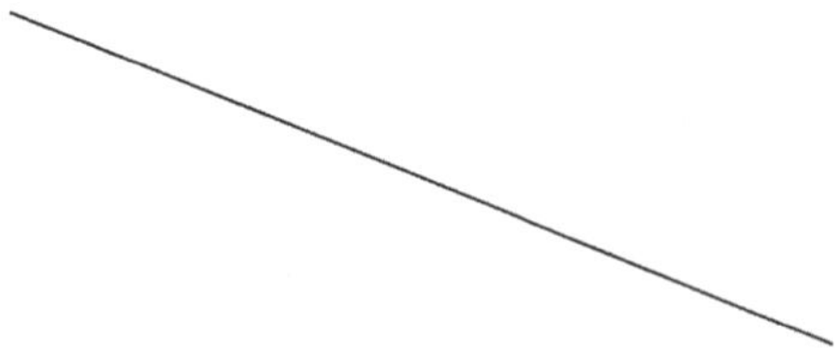	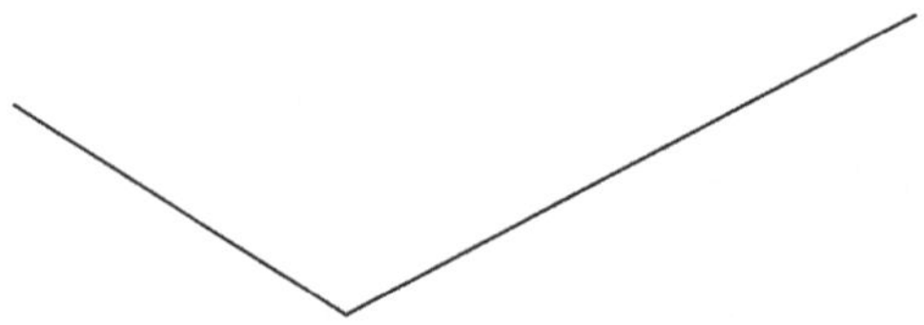
Un trapèze ayant deux angles droits	**Un trapèze n'ayant aucun angle droit**
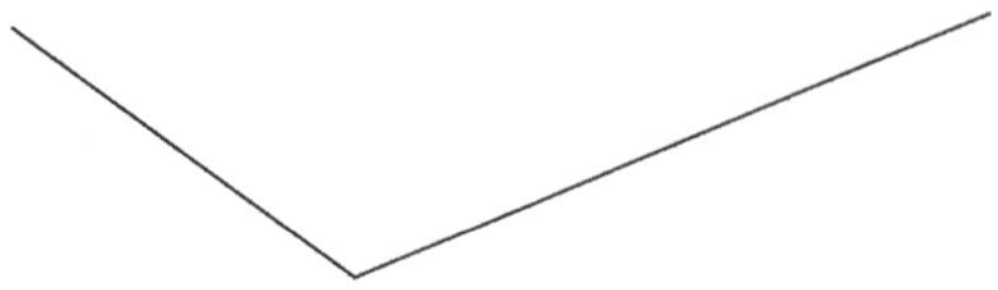	

2.4.2 Document 2 : Presto 5e année

Les quadrilatères ont été étudiés au deuxième cycle (3e et 4e années) et cette page est extraite du manuel de 5e année. C'est la mise en situation de la leçon de réactivation des connaissances sur les quadrilatères.

a) Faites l'activité demandée aux élèves, en remplaçant au besoin les cure-dents par des stylos ou des bâtonnets à café. Décrivez la réponse que vous avez trouvée.

b) À quelle définition du losange une telle activité peut-elle conduire? Justifiez votre réponse.

c) Proposez une consigne plus ouverte pour cette activité avec les cure-dents.

2.4.3 Document 3 : Presto 5e année

Faites l'exercice tel qu'il se présente dans le manuel de l'élève, le quadrillage ci-dessous étant une reproduction réduite de la feuille proposée aux élèves.

3 Reproduis 3 fois le segment de droite ci-contre sur la feuille qu'on te remettra. Utilise une règle. Chaque segment sera l'un des côtés d'un quadrilatère.

A À partir du premier segment, trace un losange.

B À partir du deuxième segment, trace un parallélogramme.

C À partir du troisième segment, trace un trapèze.

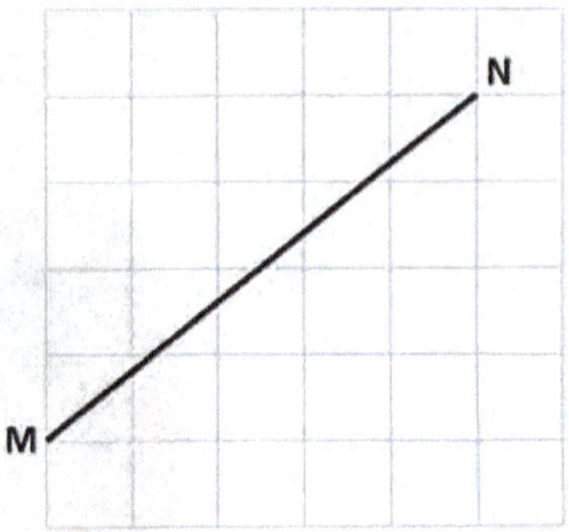

a) Quelles sont les propriétés géométriques des quadrilatères que vous avez utilisées dans la réalisation de cet exercice?

b) Si vous vous référez aux définitions couramment présentées dans les manuels, pensez-vous que cette activité en soit une application directe?

c) Dans le cas où un élève travaille seul, à quelles difficultés peut-on s'attendre dans la reproduction du segment $\overline{MN}$? Pourquoi?

d) En tant qu'enseignant, comment pouvez-vous essayer de les contourner?

e) Toujours dans le cas où un élève travaillerait seul, à quelles erreurs de sa part, pouvez-vous vous attendre dans la construction des quadrilatères? Justifiez votre réponse.

f) Parmi les erreurs prévisibles de la part des élèves, certaines devront être corrigées, d'autres pourront être ignorées. Donnez des exemples d'erreurs qui pourront être ignorées.

2.4.4 Document 4 : Presto 5e année

4 Repère 3 quadrilatères différents dans l'illustration ci-dessous.
Identifie chacun de ces quadrilatères à l'aide des lettres qui sont près des sommets.
Indique les différences entre ces quadrilatères.

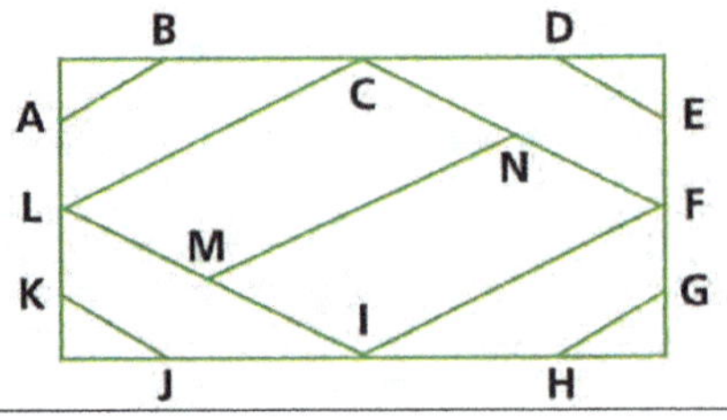

a) Faites l'exercice tel qu'il est demandé aux élèves.

b) Comment avez-vous validé vos réponses : de manière perceptive? Instrumentée? Autre?

c) Les élèves vont-ils faire comme vous? Justifiez votre réponse.

d) Voici la réponse d'un élève, Louis : « *Il y a un rectangle, des triangles, des trapèzes et des parallélogrammes.* »

- Quels sont les éléments justes de la réponse de Louis? Où sont ses erreurs?
- Comment Louis a-t-il vraisemblablement interprété l'adjectif « différents » dans la phrase « 3 quadrilatères différents »?

e) Un autre élève, Gino, répond : « *ABLC, CDFE, FGIH et LIKJ sont des trapèzes isocèles.* »

- Quels sont les éléments justes de la réponse de Gino? Où sont ses erreurs?
- Comment Gino a-t-il vraisemblablement interprété l'adjectif « différents » dans la phrase « 3 quadrilatères différents »?

f) On peut prévoir que certains élèves auront des difficultés à reconnaître le losange *CLIF*. Pourquoi?

2.4.5 Document 5 : Presto 5e année (feuilles reproductibles)

Facultatif — Feuille reproductible 8.5

Leçon 8 — Prénom : ______________________

1 Indique si chaque énoncé est vrai ou faux.
Illustre ta réponse à l'aide d'un exemple dans le quadrillage.

A Il n'y a aucun angle droit dans un trapèze.

VRAI FAUX

B Un parallélogramme possède au moins un angle droit.

VRAI FAUX

C Dans un losange, il peut y avoir des angles aigus et des angles obtus.

VRAI FAUX

D Un trapèze peut être formé de 2 côtés ayant la même longueur.

VRAI FAUX

a) Faites l'exercice tel que demandé aux élèves.

b) Telles que formulées, certaines propositions sont à la fois vraies et fausses. Choisissez-en une et reformulez-la de telle sorte qu'elle n'admette qu'une seule valeur de vérité : « vrai » ou « faux ».

____

____

____

____

c) Dans quel cas la proposition contenue dans la question c) est-elle fausse?

____

____

____

2.4.6 Document 6 : Défi mathématique 4e année

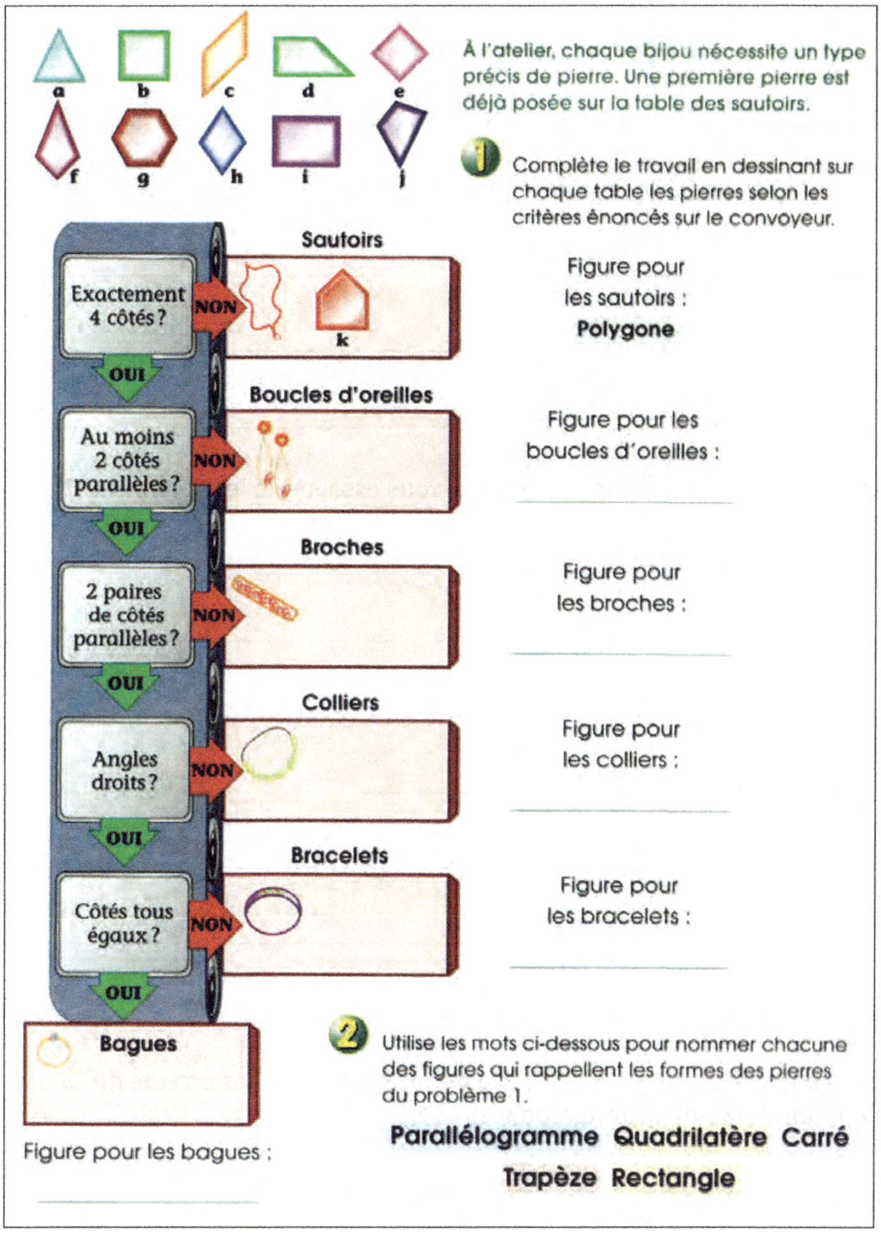

a) Faites l'exercice tel qu'il se présente dans le manuel de l'élève.

b) Quelles sont les propriétés des quadrilatères travaillées dans cet exercice?

c) Dans le cas où un élève travaille seul, quelles difficultés peut-il rencontrer? Pourquoi?

d) En tant qu'enseignant, comment pouvez-vous essayer de les contourner?

e) Toujours dans le cas où un élève travaillerait seul, à quelles erreurs de sa part pouvez-vous vous attendre? Justifiez votre réponse.

f) Dans le guide de l'enseignant, il est précisé qu'avant de donner l'exercice du manuel aux élèves, ceux-ci doivent pratiquer l'activité en groupe, en simulant le tri des « bijoux » sur un convoyeur installé dans la classe avec des polygones en carton, nombreux, variés et de taille suffisamment grande pour que la perception mais aussi la mesure soient nécessaires à la validation. De plus, l'enseignant est invité à ne donner l'exercice du manuel que lorsqu'il est certain que tous les élèves en ont compris le principe.

- Quel est l'intérêt de cette mise en œuvre préalable à la réalisation individuelle de l'exercice?

- Quelles sont les erreurs évoquées à la question e) qui pourront alors être évitées?

- Quelles précautions faut-il prendre pour que la mise en œuvre du travail en groupe ne soit pas source d'un biais d'apprentissage qui se révélera dans le travail individuel?

3 Transformations

Ce troisième, et dernier, chapitre de géométrie plane sera consacré à l'étude des transformations d'un point de vue théorique et d'un point de vue didactique, à partir d'extraits de manuels, manuels approuvés par le Ministère ou autres.

Dans ce chapitre, toujours avec une perspective d'arrimage entre les différents ordres d'enseignement, les rappels théoriques aborderont non seulement les transformations qui sont aux programmes du primaire, mais aussi celles qui sont au programme du secondaire. La translation et la symétrie qui sont au programme du primaire seront présentées telles qu'elles le sont pour les mathématiciens et telles qu'on les enseigne au primaire.

En complément didactique, nous aborderons les difficultés que les élèves peuvent rencontrer dans leur apprentissage de la symétrie et de la translation et les problèmes que pose l'évaluation des élèves aux enseignants.

3.1 Rappels théoriques

3.1.1 Transformations géométriques

Par définition, une transformation géométrique est une correspondance biunivoque du plan sur lui-même qui, à chaque point du plan, associe un point unique du plan selon une règle bien définie. Le point obtenu s'appelle l'image du premier. Souvent, on désigne par A' l'image du point A, B' l'image du point B, etc.

Quand le point initial et son image sont confondus, on dit que le point est **invariant**.

Si une figure et son image sont confondues l'une avec l'autre, on dit que la figure est globalement invariante.

Les transformations à l'étude au primaire sont la translation et la symétrie orthogonale ou réflexion. Au programme du premier cycle du secondaire, on aborde la rotation et l'homothétie.

Isométries

Étymologiquement, « isométrie » vient du grec « *isos* » qui signifie « égal » et « *metron* » qui signifie « mesure ». Donc, par définition, les isométries sont les transformations du plan dans lesquelles les mesures (les distances entre les points, les angles) de la figure initiale sont conservées sur la figure image.

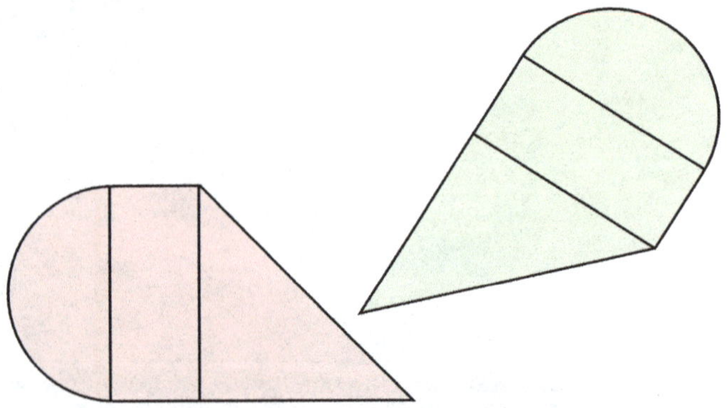

Les figures vertes et roses sont isométriques : elles sont composées de figures ayant les mêmes mesures (longueur des segments, égalité des angles, etc.). Si on les découpe, elles coïncideront. On dit aussi qu'elles sont **superposables**.

Au programme de l'école primaire, on étudie la symétrie orthogonale par rapport à une droite (ou encore réflexion) et la translation. Les élèves travaillent presque toujours sur du papier quadrillé. Une autre isométrie est au programme du premier cycle du secondaire : la rotation. Mais il existe d'autres isométries, comme la symétrie glissée. De plus, il est important de savoir la composition de deux isométries (l'application successive de deux isométries sur une figure) est encore une isométrie. Les artistes comme Escher ou Vasarely ont utilisé ce principe dans la création de certaines de leurs œuvres.

Homothétie

Une homothétie est définie par un point appelé centre de l'homothétie et un rapport qui est un nombre réel[1], k. Par définition, le point M a pour image le point M' dans l'homothétie de centre O et de rapport positif k quand les points O, M et M' sont alignés, que M et M' sont du même côté de O et que l'on a l'égalité $m\overline{OM'} = k \times m\overline{OM}$.

Si $k < 1$, M' est entre O et M parce que la longueur de $\overline{OM'}$ est plus petite que celle de $\overline{OM}$.

Si $k > 1$, M est entre O et M' parce que la longueur de $\overline{OM'}$ est plus grande que celle de $\overline{OM}$.

Dans les illustrations suivantes, la figure initiale est la figure verte composée d'un triangle ABC et du demi-cercle de diamètre $\overline{CB}$. La figure rose est l'image de la figure verte dans l'homothétie de centre O.

Illustration 1

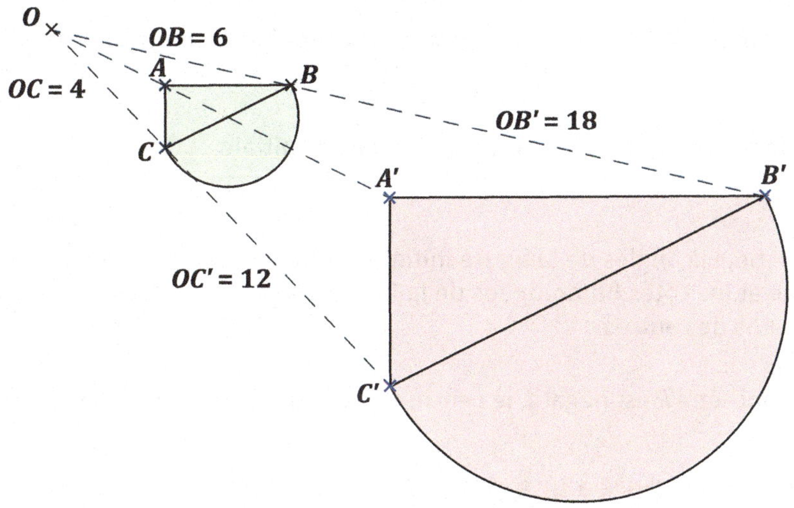

$m\overline{OC} = 4$; $m\overline{OC'} = 3 \times m\overline{OC} = 12$

$m\overline{OB} = 6$; $m\overline{OB'} = 3 \times m\overline{OB} = 18$

Le rapport d'homothétie est 3.

La figure image a des mesures de longueurs trois fois plus grandes que la figure initiale.

La figure image (figure rose) est plus grande que la figure initiale.

[1] L'ensemble des nombres réels ($\mathbb{R}$) est l'ensemble de tous les nombres qui existent : entiers, non entiers, rationnels, irrationnels, transcendants, positifs, négatifs, etc. sauf les nombres complexes.

Illustration 2

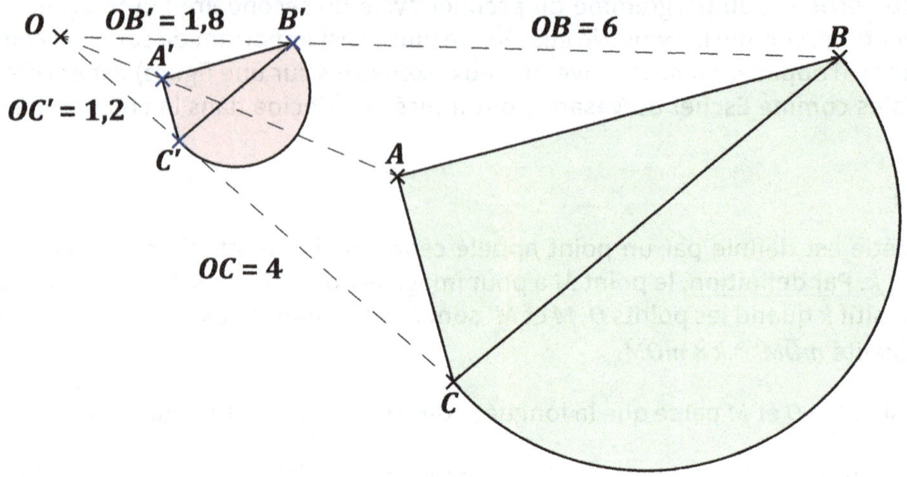

$m\overline{OC} = 4;$ $\quad m\overline{OC'} = 0{,}3 \times m\overline{OC} = 1{,}2$

$m\overline{OB} = 6;$ $\quad m\overline{OB'} = 0{,}3 \times m\overline{OB} = 1{,}8$

Le rapport d'homothétie est 0,3.

Les mesures de longueurs de la figure image ont été obtenues en multipliant celles de la figure initiale par 0,3.

La figure image (figure rose) est plus petite que la figure initiale.

Dans une homothétie, les angles de la figure initiale sont conservés dans la figure image. Les côtés de la figure initiale et les côtés homologues de la figure image sont parallèles entre eux, ou dans le prolongement les uns des autres.

Si le rapport d'homothétie k est négatif, le centre O est entre le point M et son image M'.

3.1.2 Symétrie par rapport à une droite (ou réflexion)

Définition mathématique

Étant donné une droite d du plan, par définition, la symétrie orthogonale d'axe d est l'application qui à tout point M associe le point M' tel que la droite d soit la médiatrice du segment $\overline{MM'}$.

Dire que la droite d est la médiatrice du segment $\overline{MM'}$, c'est dire que la droite d coupe le segment $\overline{MM'}$ perpendiculairement en son milieu.

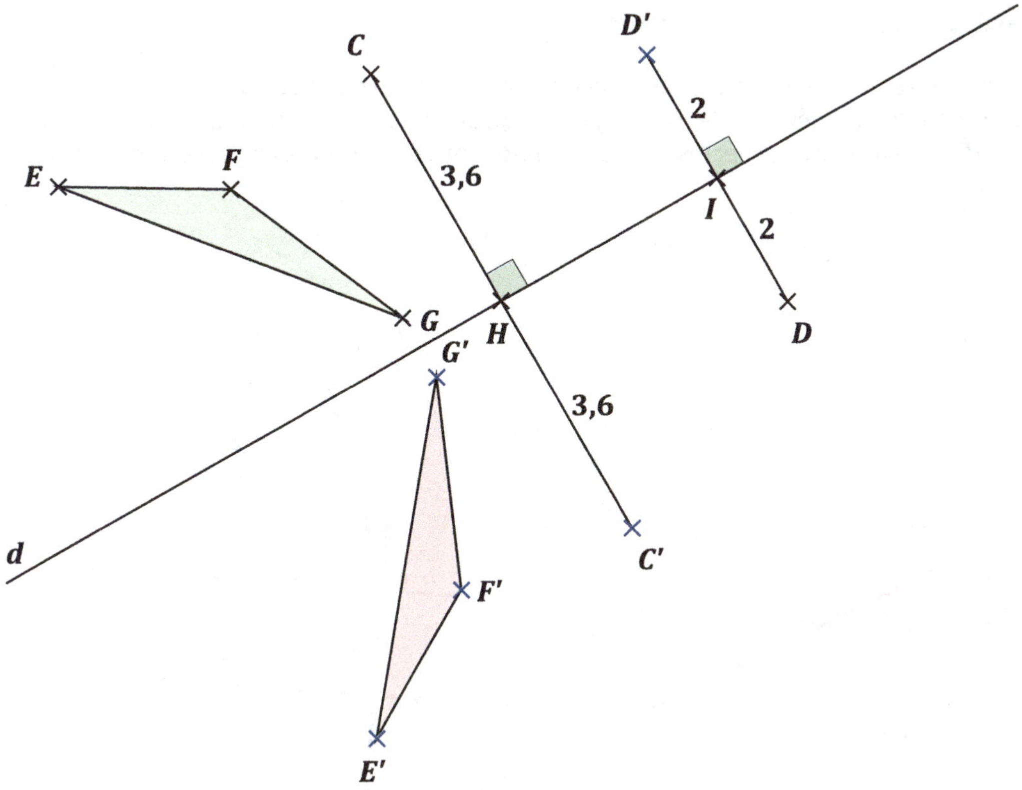

$m\overline{CH} = m\overline{HC'} = 3{,}6$

$m\overline{DI} = m\overline{ID'} = 2$

Le point C' est l'image du point C : la droite d est perpendiculaire au segment $\overline{CC'}$ et elle le coupe en son milieu H. On dit aussi que :

- le point C' est le symétrique du point C par rapport à la droite d;
- **les points C et C' sont symétriques l'un de l'autre** par rapport à la droite d;
- les points C et C' sont images l'un de l'autre dans la symétrie d'axe d.

On peut constater que si un point est d'un côté de la droite, son image est de l'autre côté.

Ainsi, dans l'illustration ci-dessus, on peut observer que C et D, étant de chaque côté de la droite d, leurs images C' et D' sont elles aussi de chaque côté de la droite d.

On démontrera au secondaire que la symétrie par rapport à une droite est une isométrie.

Le triangle $E'F'G'$ est l'image dans la symétrie par rapport à la droite d du triangle EFG. Le triangle $E'F'G'$ a les mêmes mesures (longueurs des côtés et mesures d'angles) et donc les mêmes caractéristiques que le triangle EFG.

Propriétés géométriques de la symétrie[2]

La symétrie par rapport à une droite est une isométrie du plan qui a des propriétés particulières, que n'ont pas les autres isométries. L'ensemble de ces propriétés est illustré dans la figure ci-dessous où la droite *AB* est l'axe de symétrie; les droites initiales sont en vert et les droites images sont en rouge.

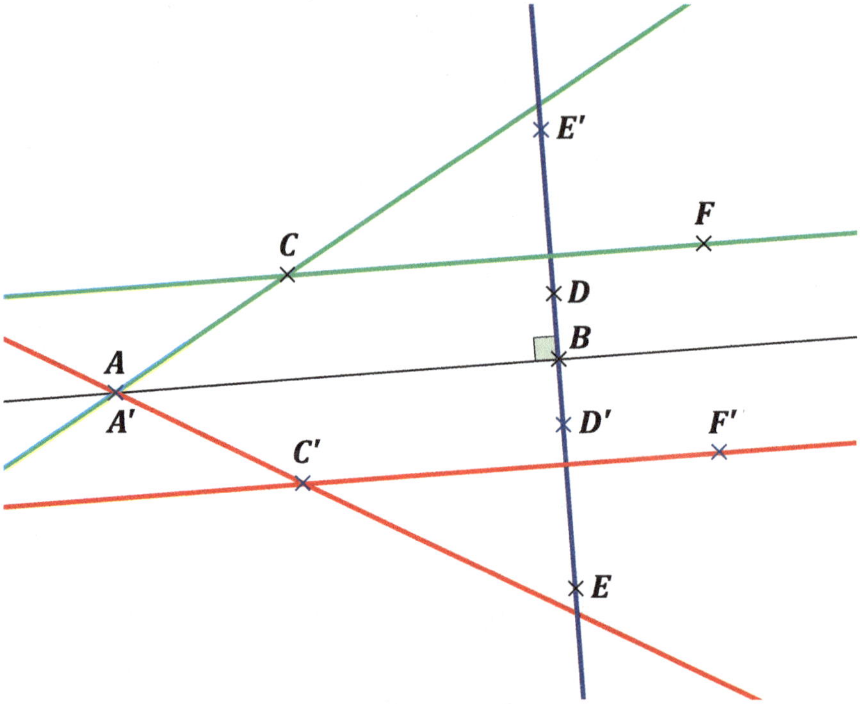

a) Si une droite est sécante à l'axe, alors la droite symétrique coupe l'axe au même point. On dit aussi que deux droites symétriques l'une de l'autre se coupent sur l'axe de symétrie. *Les droites AC et A'C' sont symétriques l'une de l'autre par rapport à la droite AB. Elles se croisent en A qui est sur l'axe de symétrie; le point A', image de A, est confondu avec A.*

b) Chaque point de l'axe est symétrique de lui-même. On dit que les points de l'axe sont invariants. *Les points A et B qui sont deux points de l'axe de symétrie sont confondus avec leurs symétriques A' et B'.*

c) Toute droite perpendiculaire à l'axe est symétrique d'elle-même : elle est globalement invariante. Chaque point de la droite a un point image unique situé de l'autre côté par rapport à l'axe mais sur toujours la droite. *La droite ED est perpendiculaire à l'axe AB. Dans la symétrie par rapport à l'axe AB, l'image de la droite ED est la droite E'D' mais les points E' et D' sont sur la droite ED. Donc, la droite ED et son image par symétrie, la droite E'D', sont globalement confondues.*

d) Si une droite est parallèle à l'axe de symétrie, alors son image est une droite parallèle aux deux précédentes. *La droite CF est parallèle à la droite AB. La droite C'F', image de la droite CF dans la symétrie par rapport à la droite AB, est aussi parallèle aux droites CF et AB.*

---

[2] Ces propriétés sont démontrées au secondaire.

Définition à l'école primaire

Deux figures sont symétriques par rapport à une droite si elles coïncident par pliage le long de cette droite.

Situation 1	Situation 2

Ainsi, dans la situation 1, on peut faire coïncider les figures rose et verte en pliant selon une droite inclinée vers la gauche. Dans la situation 2, c'est impossible. Les deux figures sont isométriques mais ne sont pas symétriques l'une de l'autre.

À l'école primaire, quand les élèves n'ont pas à reconnaître que des figures sont symétriques, ils doivent compléter une figure par symétrie. Le support est alors le papier quadrillé et l'axe de symétrie suit l'une des lignes du quadrillage, horizontale ou verticale dans la feuille de travail.

3.1.3 Translation

Définition mathématique

Étant donné un vecteur $\overrightarrow{AB}$ (les points A et B n'étant pas confondus), on appelle translation de vecteur $\overrightarrow{AB}$ l'application qui, à tout point M du plan, associe le point M' tel que $\overrightarrow{MM'} = \overrightarrow{AB}$, ou encore tel que le quadrilatère $MABM'$ soit un parallélogramme.

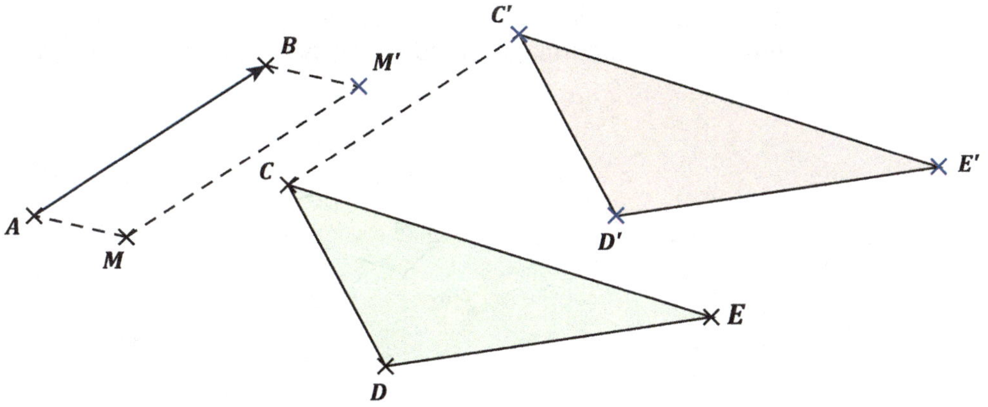

$$m\overline{CD} = m\overline{C'D'}$$

$$m\overline{DE} = m\overline{D'E'}$$

Les quadrilatères *CABC'*, *DABD'*, *EABE'* sont tous des parallélogrammes, peu importe la position du représentant du vecteur $\overrightarrow{AR}$ dans la page.

Les côtés d'un parallélogramme ayant la même mesure, une figure et son image auront les mêmes mesures. La translation est une isométrie.

Propriétés géométriques de la translation

La translation est une isométrie tout à fait particulière au sens où aucun point n'est invariant : chaque point a une image distincte de lui-même.

La seule propriété qui soit remarquable dans cette transformation est qu'une droite et son image par translation sont parallèles entre elles. Les côtés de la figure initiale et ceux de la figure image par translation sont parallèles entre eux. Mais la réciproque n'est pas vraie : ce n'est pas parce que deux figures ont leurs côtés isométriques parallèles qu'elles sont images l'une de l'autre par translation.

Situation 1	**Situation 2**
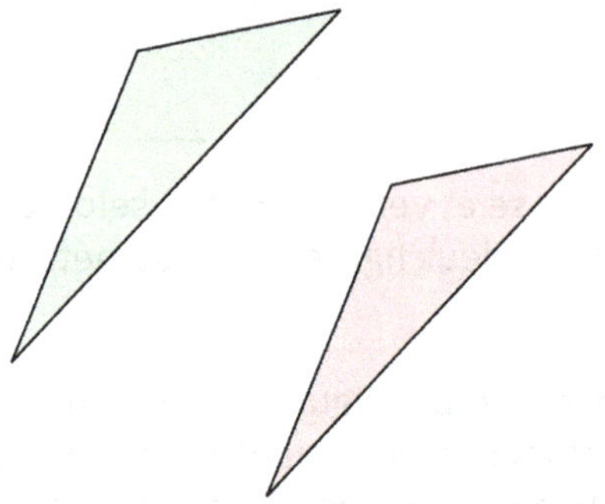	

Dans la situation 1, les deux triangles sont images l'un de l'autre par translation : les segments qui ont pour extrémités les sommets homologues sont parallèles et de même longueur. Dans la situation 2, les côtés isométriques des triangles sont parallèles les uns aux autres, mais les segments joignant les sommets homologues ne sont pas parallèles ni de même longueur. Donc, dans la situation 2, les deux triangles ne sont pas l'image l'un de l'autre par translation.

Définition à l'école primaire

L'image de la figure *F* dans la translation de flèche *t* est la figure *F'*, telle que *F'* a subi le glissement proposé par la flèche *t* définie dans le quadrillage par son sens, sa longueur et sa direction.

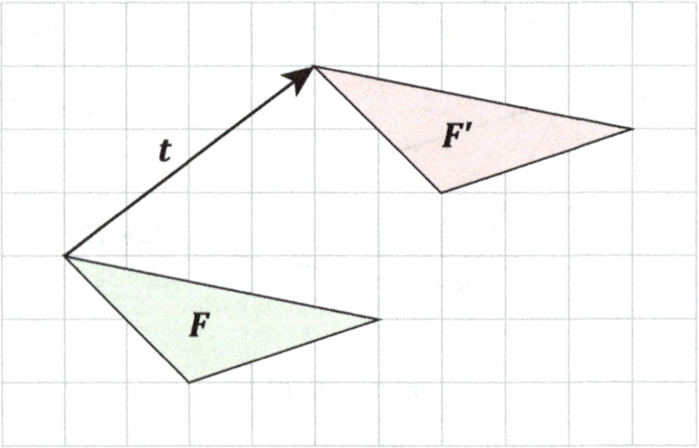

La démarche de l'élève attendue à l'école primaire est qu'il caractérise la translation (sens, longueur et direction de la flèche de translation) et qu'il applique cette caractérisation à chacun des sommets de la figure initiale. Ainsi, de la situation illustrée précédemment, un élève pourra dire qu'il s'agit d'une translation de 4 carreaux vers la droite et de 3 carreaux vers le haut.

On doit remarquer que, dans la plupart des cas, la flèche qui définit la translation est dessinée à partir d'un des sommets de la figure initiale. Ceci ne sera pas sans conséquence sur les apprentissages des élèves.

3.1.4 Rotation

Définition mathématique

Une rotation est définie à partir d'un point, le centre de rotation (en général O), d'un angle (en général α, en °) et d'un sens de rotation (sens horaire ou sens antihoraire). Par définition, on appelle rotation de centre O, d'angle α et de sens horaire (ou antihoraire), la transformation du plan qui, à tout point M associe le point M', tel que l'angle $\angle MOM'$ mesure α dans le sens horaire (ou antihoraire) et que les longueurs des segments $m\overline{OM}$ et $m\overline{OM'}$ soient égales.

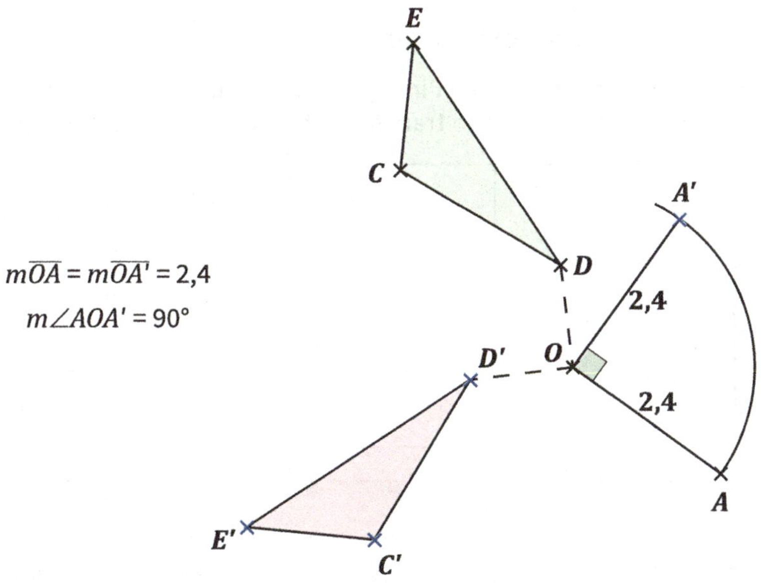

Dans la figure ci-dessus, le point A' est l'image du point A dans la rotation de centre O, d'angle 90° dans le sens antihoraire : $m\overline{OA} = m\overline{OA'}$, et $m\angle AOA' = 90°$ dans le sens antihoraire de A vers A'.

Le triangle $C'D'E'$ est image du triangle CDE dans la même rotation.

Le sens antihoraire s'appelle aussi le sens positif, et le sens horaire s'appelle le sens négatif. On peut alors définir l'angle et le sens d'une rotation par un nombre relatif.

Ainsi, dire d'une rotation qu'elle est d'angle +90°, c'est dire qu'elle est de 90° dans le sens antihoraire.

Propriétés géométriques

Dans une rotation d'angle non nul, le seul point invariant est le centre de rotation.

La rotation d'angle 180° (le demi-tour) est la rotation particulière où les côtés de la figure initiale et les côtés de la figure finale sont parallèles entre eux.

On appelle aussi cette rotation particulière la symétrie centrale.

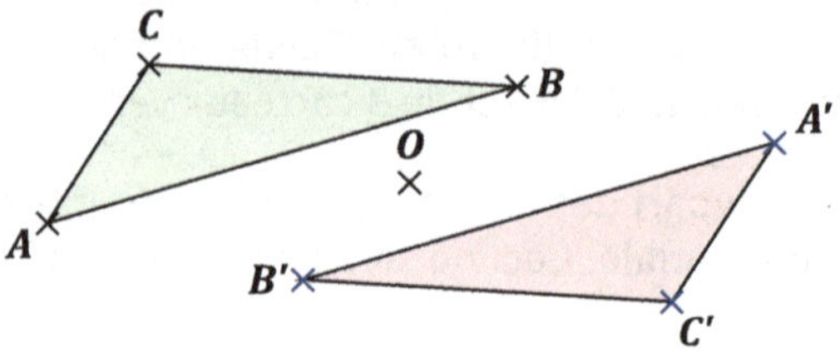

Sur la figure ci-dessus, les angles $\angle AOA'$, $\angle BOB'$ et $\angle COC'$ sont des angles plats (180°) et on a les égalités de longueurs suivantes : $m\overline{OA} = m\overline{OA'}$, $m\overline{OB} = m\overline{OB'}$, $m\overline{OC} = m\overline{OC'}$.

Donc le point O est le milieu des segments $\overline{AA'}$, $\overline{BB'}$ et $\overline{CC'}$ et les droites images les unes des autres sont parallèles :

$$AC \,//\, A'C', \quad AB \,//\, A'B' \quad \text{et} \quad BC \,//\, B'C'.$$

3.2 Activités personnelles

3.2.1 Reconnaissance de transformations

Dans certaines situations, le fanion rose est l'image du fanion bleu par une transformation géométrique. Précisez lesquelles. Décrivez alors la transformation dans la case à droite de la figure.

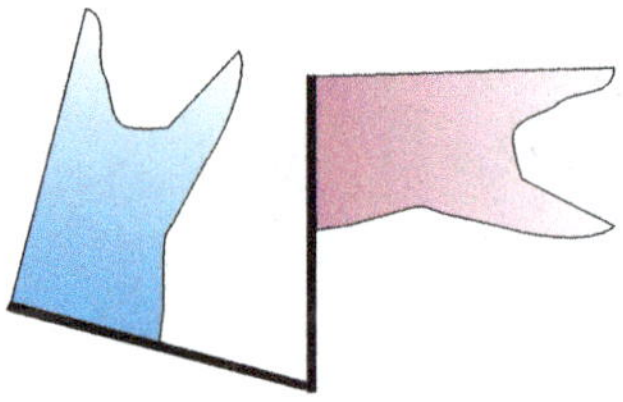	
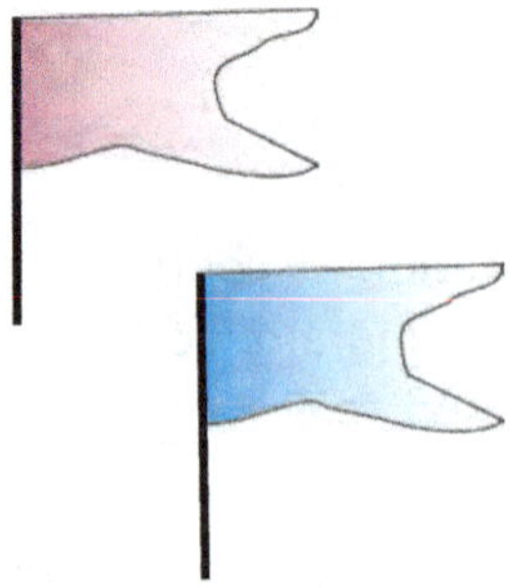	
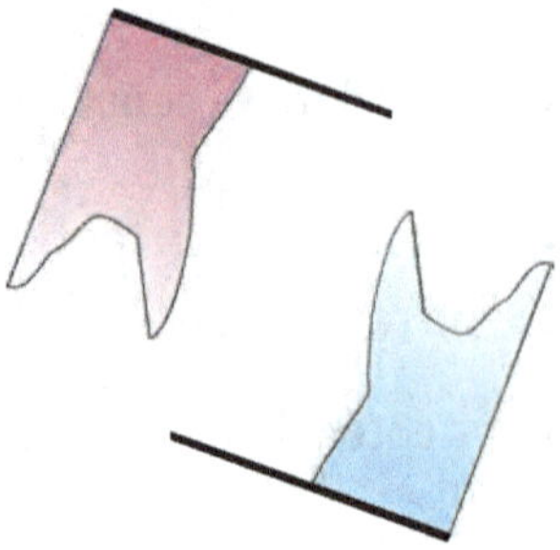	

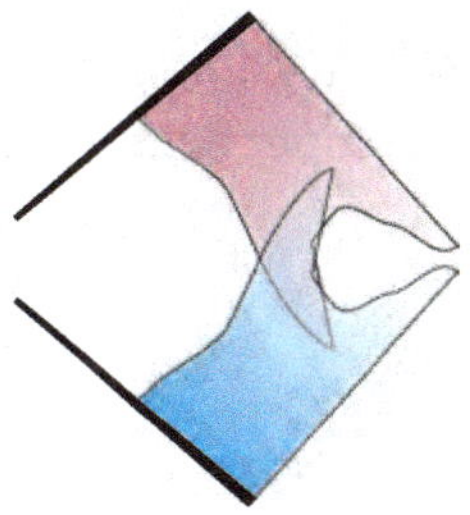	
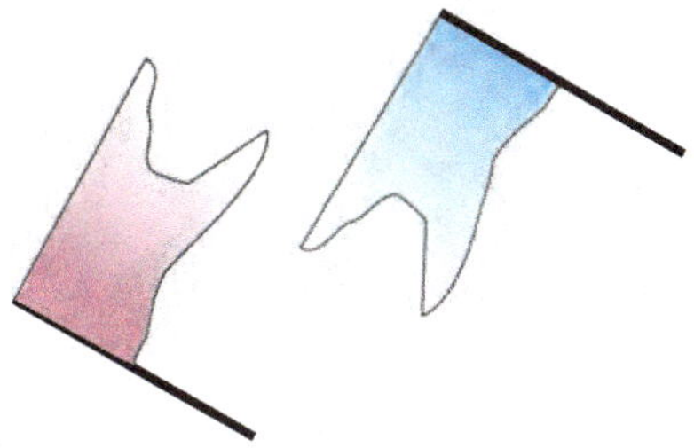	

3.2.2 Construction de l'image d'une figure par une transformation donnée

Symétrie par rapport à la droite d

Construisez, à l'aide de vos instruments de géométrie, les points A', B', C', D' et E' symétriques respectifs des points A, B, C, D et E par rapport à la droite d.

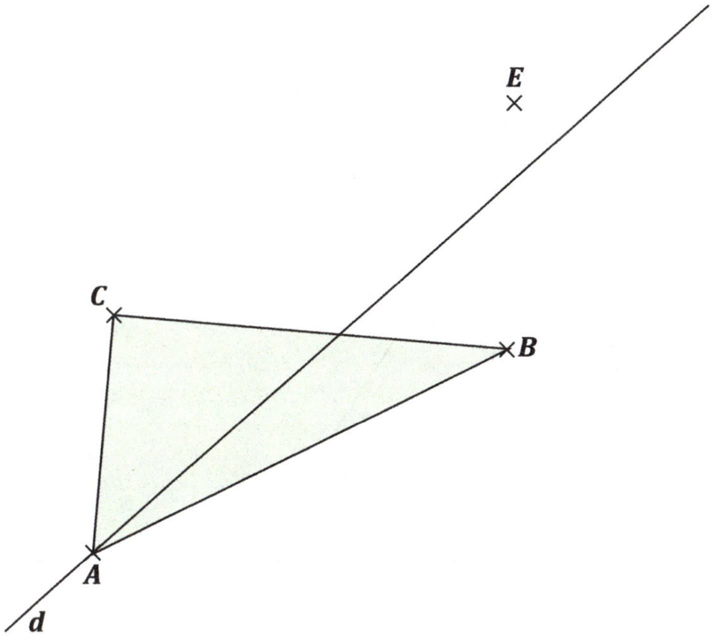

Translations de vecteur $\vec{u}$ et de vecteur $\vec{v}$

Construisez, à l'aide de vos instruments de géométrie, les points $A1$, $B1$ et $C1$, images des points A, B et C dans la translation de vecteur $\vec{u}$, et les points $A2$, $B2$ et $C2$, images respectives des points A, B et C dans la translation de vecteur $\vec{v}$.

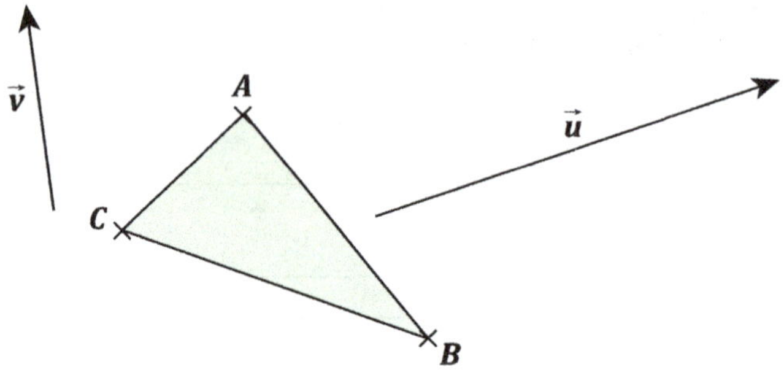

Rotation de centre O et d'angle 60° (sens antihoraire)

Construisez le triangle $A'B'C'$, image du triangle ABC dans la rotation de centre O et d'angle 60° dans le sens antihoraire.

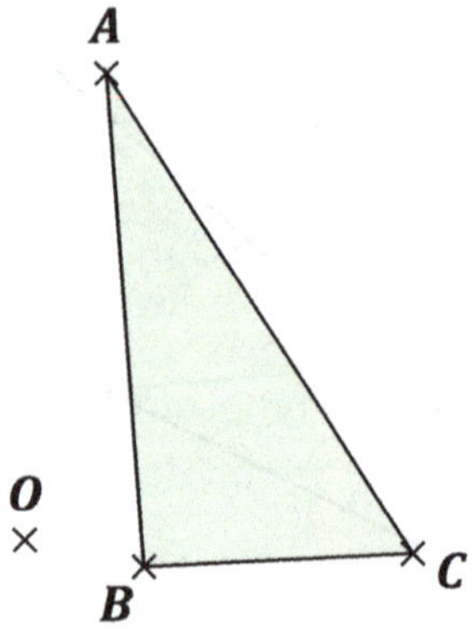

3.2.3 Analyse d'un dallage

Dans l'illustration ci-dessous, les figures A, B, C, D, etc. sont isométriques. Leur juxtaposition permet de recouvrir complètement le plan, sans chevauchement ni espace non recouvert. Elles composent alors un dallage du plan (ou un pavage du plan) et chaque figure s'appelle une dalle.

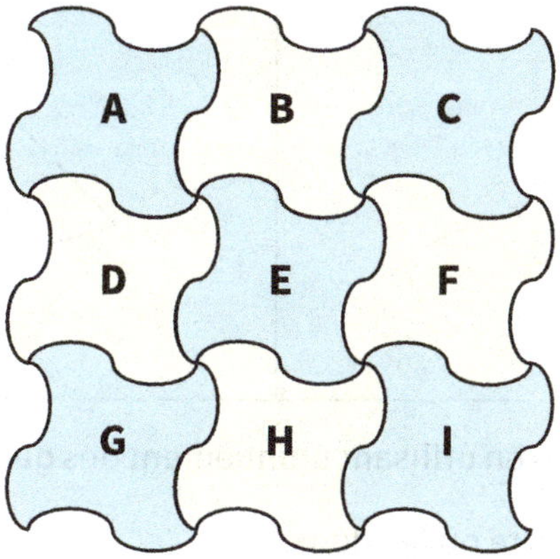

a) Par quelles transformations la dalle A a-t-elle pour image la dalle E?

____

____

____

b) Par quelles transformations la dalle B a-t-elle pour image la dalle C?

____

____

____

c) Par quelles transformations la dalle C a-t-elle pour image la dalle G?

____

____

____

d) Par quelles transformations la dalle D a-t-elle pour image la dalle I?

____

____

____

3.2.4 Problème de dallage

On donne deux types de dalles, les dalles A (triangle scalène) et les dalles B (quadrilatère quelconque).

Dalle A	**Dalle B**
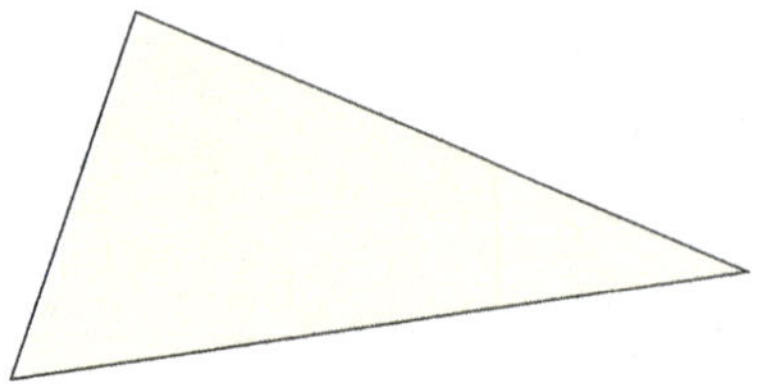	

Peut-on réaliser un dallage du plan en utilisant uniquement des dalles A ou uniquement des dalles B?

a) Si oui, réalisez l'un ou l'autre ou les deux.

b) Si non, expliquez pourquoi c'est impossible.

3.3 Compléments didactiques

Au primaire, on travaille toujours sur quadrillage ou on utilise du papier calque. Mais les constructions telles que demandé dans le paragraphe précédent ne relèvent pas du tout des activités de l'école primaire.

3.3.1 Les difficultés d'apprentissage à propos de la symétrie et de la translation

La symétrie

D'après les travaux de Piaget et de Lurçat, il semble que la symétrie d'axe vertical soit acquise très tôt chez les jeunes enfants, en référence avec la position debout de l'être humain (Lurçat 1982, p. 128). C'est donc par rapport à cet axe que les élèves vont travailler spontanément pour aborder les diverses propriétés de la symétrie orthogonale. Aussi on aura intérêt à varier les positions de l'axe pour éviter que la situation de l'axe « vertical » devienne un unique critère de symétrie.

En effet, les différentes variables didactiques à prendre en compte sont les suivantes : la position de l'axe par rapport à la figure (ou de la figure par rapport à l'axe), la position de l'axe dans la feuille de papier, le support sur lequel les élèves travaillent, etc. Différentes classes de problèmes sont associées à ces variables didactiques selon que l'axe de symétrie touche la figure, qu'il la coupe, qu'il est complètement extérieur à la figure ou qu'il la coupe partiellement. On peut demander aux élèves de vérifier si la droite (ou les droites) proposée est axe de symétrie pour la figure, de rechercher l'axe (ou les axes) de symétrie éventuel, de compléter la figure par symétrie, de construire la figure symétrique de la figure donnée.

Pour ce faire, dans un premier temps, les élèves travailleront de manière perceptive, puis, à l'aide du pliage et du papier calque, ils pourront valider leurs réponses. Le découpage sera aussi une procédure utilisée en primaire, tout comme le miroir avec ou sans tain, mais le découpage ne pourra pas être utilisé dans le cas où l'axe coupe la figure.

Enfin, les élèves travailleront sur papier quadrillé où ils pourront reprendre les procédures précédentes mais où ils auront intérêt à appliquer les propriétés de la symétrie orthogonale : deux points symétriques sont équidistants de l'axe et tout point de l'axe est invariant.

Parmi les activités sur papier quadrillé, il faudra distinguer plusieurs situations. Prenons le cas d'une figure à compléter par rapport à l'axe de symétrie. La position de l'axe et des côtés de la figure à compléter sont autant de variables didactiques :

- L'axe et les côtés de la moitié de figure suivent les lignes du quadrillage;
- L'axe suit les lignes du quadrillage mais tous les côtés de la moitié de figure suivent les diagonales du quadrillage;
- L'axe et les côtés de la moitié de figure suivent les diagonales du quadrillage;
- L'axe suit une diagonale du quadrillage et les côtés de la moitié de figure suivent les lignes du quadrillage. (Fénichel, 2004)

Dans le cas de la construction de l'image d'une figure par symétrie, la distance entre l'axe et la figure pourra être une source de difficulté, donc d'erreurs, surtout si les surfaces quadrillées sont assez petites, que l'axe de symétrie est toujours au milieu de cette surface quadrillée et que l'élève peut se référer aux bords du quadrillage.

La translation

À propos de la translation, l'enseignant devra procéder comme pour la symétrie, à savoir proposer aux élèves des activités dans lesquelles ceux-ci doivent trouver les figures qui sont des images les unes des autres par translation pour dégager la définition de la translation, retrouver la translation qui transforme une figure en une autre, construire l'image d'une figure par translation sur papier quadrillé. Les variables didactiques associées à la construction de l'image d'une figure par translation sont liées au vecteur de translation (la flèche) :

- Le départ de la flèche est placé sur un sommet de la figure et la construction se fait sans mouvement de recul ou sans cacher la flèche;
- Le départ de la flèche est sur un sommet de la figure et la construction de l'image amène à recouvrir la flèche ou à « reculer » dans le quadrillage;
- La figure image recouvre partiellement la figure initiale;
- La flèche ne touche pas la figure initiale.

3.3.2 L'évaluation

Au cours de la journée, l'enseignant peut évaluer ses élèves de différentes manières, sans qu'elles soient toutes chronophages, pour lui ou pour ses élèves.

- **L'évaluation diagnostique** permet de savoir, avant d'aborder une nouvelle notion, qui sait quoi sur les préalables nécessaires à l'étude de la notion. Cette évaluation peut prendre la forme d'un court questionnaire à choix multiple que l'on corrige en classe immédiatement après que les élèves l'ont complété. Quand l'enseignant connaît bien ses élèves, il peut proposer un questionnement à toute la classe auquel les élèves répondent à main levée. Au cours de la mise en commun, l'enseignant sera attentif aux commentaires des élèves qui auront donné des réponses fausses.
- **L'évaluation formative** est celle qu'il va donner en observant ses élèves pendant qu'ils travaillent au cours des séances d'entraînement, dans les phases d'intégration de la notion abordée. C'est à cette occasion qu'il pourra remarquer les élèves qui ont besoin d'une aide particulière et qui pourront, si nécessaire, bénéficier de mesures de différenciation voire d'adaptation.
- **L'évaluation sommative** est celle que l'enseignant donne à la fin de l'étude de la notion, à la fin de la période et qui peut se traduire par une note ou un commentaire dans le bulletin de l'élève. Assez souvent, ces évaluations sont élaborées par les équipes-cycles dans les écoles mais il se peut que l'enseignant en garde l'initiative. Dans tous les cas, une évaluation sommative doit être préparée avant l'enseignement de la notion ou au début de la période et ne doit pas reprendre exactement les activités qui ont été menées en classe sinon la seule chose que l'on évalue est la capacité de l'élève à mémoriser. Elle doit contenir plusieurs activités, ou questions, organisées de la plus simple à la plus complexe. C'est ainsi qu'il peut arriver que des activités particulièrement complexes ou à la limite des exigences du programme, menées en classe en phase d'intégration ou d'enrichissement, ne seront pas reprises en évaluation sommative.
- **L'évaluation normative** est celle qui échappe à l'enseignant puisqu'elle lui est imposée par l'institution, souvent à des fins d'évaluation du système éducatif. Les examens du Ministère ou les tests PISA sont des exemples d'évaluation normative.

3.4 Activités didactiques (analyses de manuels)

Les activités qui suivent seront analysées dans une perspective d'évaluation sommative sur les transformations (4e année pour la symétrie, 6e année pour la translation).

3.4.1 Retrouver une transformation

Extrait de Clicmaths 4e année

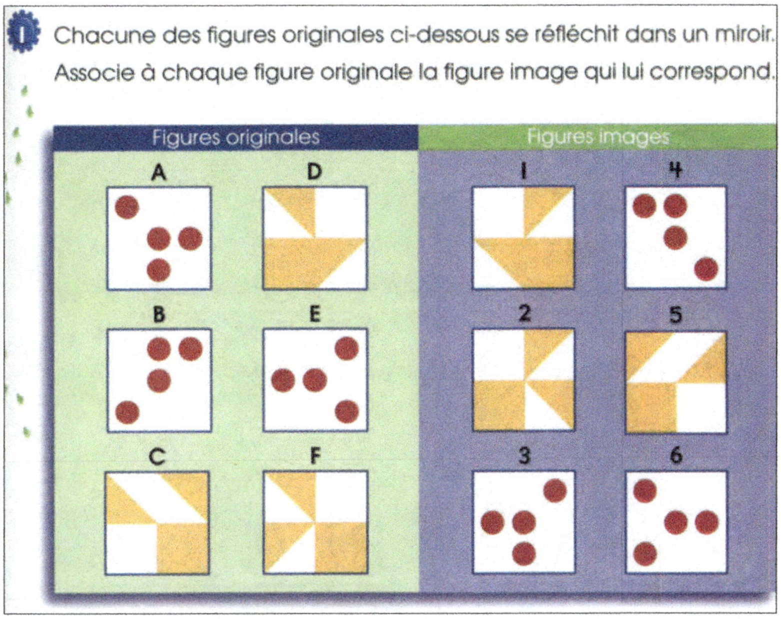

a) Faites l'exercice comme l'élève aura à le faire.

____

b) Comment avez-vous procédé pour reconnaître l'image de la figure D et l'image de la figure E?

____

____

____

____

c) Cet exercice contient un sous-entendu à propos du mot « miroir ». Lequel?

____

____

____

____

d) Proposez une nouvelle présentation de l'exercice de façon que l'élève puisse témoigner qu'il reconnaît l'image de la figure E (ou de la figure C) par symétrie.

Autre question

Dans les dallages suivants, colorie les dalles qui sont images de la dalle grise par translations.

N'oublie pas d'indiquer la flèche de translation de la même couleur.

Dallage A	**Dallage B**
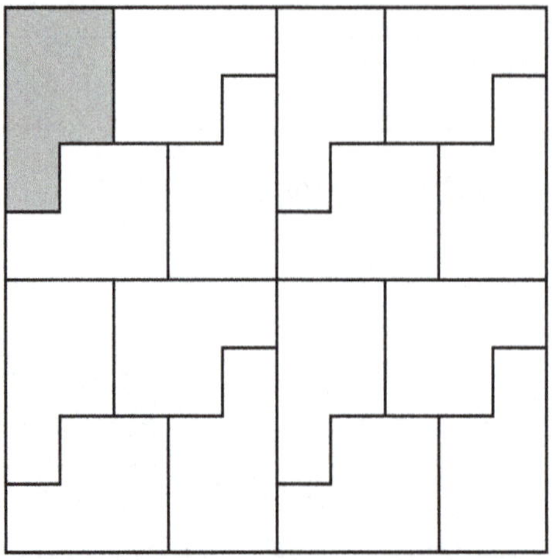	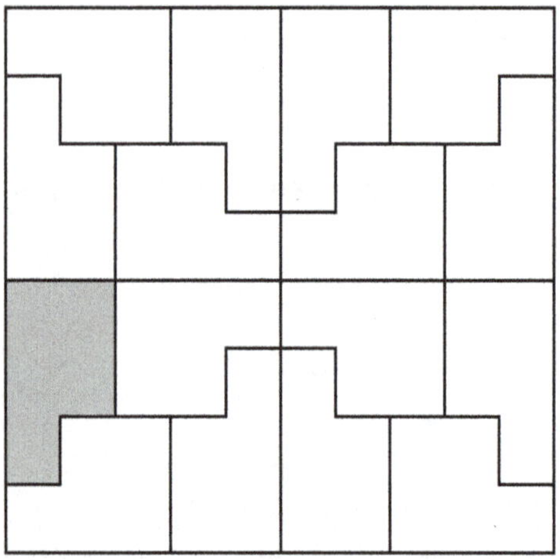

a) Faites l'exercice tel que demandé aux élèves.

b) Sur quel dallage les translations sont-elles les plus faciles à reconnaître? Pourquoi?

c) Est-il opportun de donner cet exercice tel quel dans une évaluation sommative? Si oui, pourquoi? Si non, comment pouvez-vous l'exploiter en classe?

Extrait de Clicmaths 6e année

2 **a)** Parmi toutes les figures représentées ci-dessous, lesquelles sont des images obtenues par des translations du triangle qui se trouve à gauche?

b) Explique dans tes mots comment on peut reconnaître des images obtenues par translation.

a) Faites l'exercice tel que demandé aux élèves.

b) Dans un contexte d'évaluation sommative, est-il pertinent de proposer tous ces triangles? Pourquoi?

c) Comment pouvez-vous modifier ce support pour l'exploiter dans une telle évaluation?

d) La question b) est-elle pertinente dans une évaluation? Pourquoi?

3.4.2 Compléter une figure par transformation

Extrait de Clicmaths 4e année

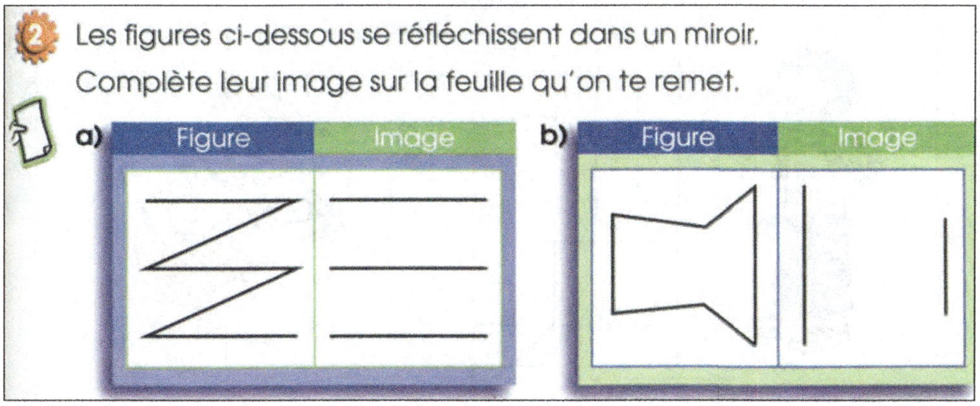

a) Faites l'exercice tel que demandé aux élèves, sachant que les dessins sur lesquels ils vont travailler sont sensiblement de la même taille que sur l'image proposée ci-dessus.

b) Quelles sont les propriétés de la symétrie que vous avez utilisées pour compléter chaque figure?

____

____

c) Y a-t-il une question qui soit plus facile que l'autre? Pourquoi?

____

____

d) Pouvez-vous utiliser ces deux questions dans un contexte d'évaluation sommative en 4e année? Pourquoi?

____

____

Extrait de *J'apprends les maths CE1*, Éditions Retz

Prends ton calque et plie-le suivant le trait rouge. *Qu'observe-t-on ?*
On dit que le trait rouge est un **axe de symétrie** de la figure.

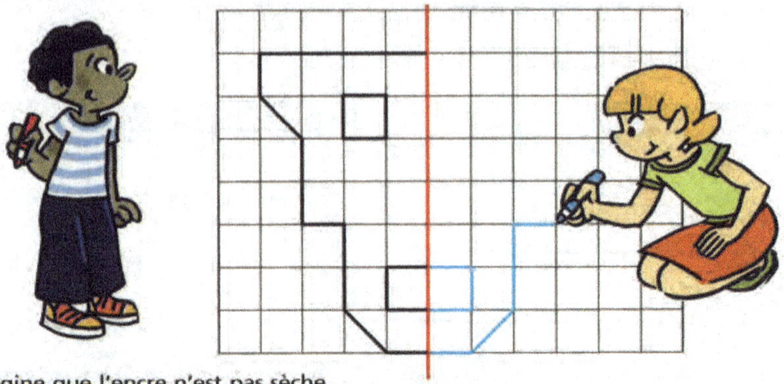

Imagine que l'encre n'est pas sèche…
Termine le travail de Nina et dessine les autres figures pour que le trait rouge soit un axe de symétrie.

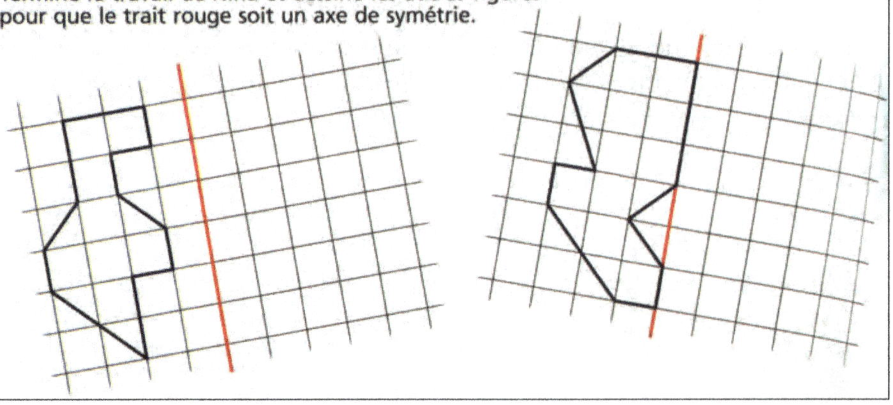

a) Faites l'exercice tel que demandé aux élèves.

b) Dans la première activité, la présence de Nina est-elle un obstacle ou, au contraire, une aide pour les élèves? Justifiez votre réponse.

____

____

c) Pensez-vous que l'activité en bas à gauche de la page soit plus simple que celle en bas à droite? Pourquoi?

____

____

d) La première activité est présentée dans un contexte de découverte de la symétrie. Est-il pertinent de reprendre une activité du même genre dans une évaluation? Justifiez votre réponse.

____

____

e) À quelles erreurs de la part des élèves peut-on s'attendre dans les deux activités du bas de la page?

____

____

____

3.4.3 Construire l'image d'une figure par transformation

Extrait de Clicmaths 6e année

a) Avec le motif **A** représenté ci-dessous, crée un dallage en respectant les consignes suivantes.

- Reproduis ce motif sur du papier quadrillé.
- Trace l'image du motif selon la première translation.
- Trace l'image du même motif selon la seconde translation.
- Continue le dallage en reproduisant le motif au moins trois autres fois par diverses translations.

Motif **A**

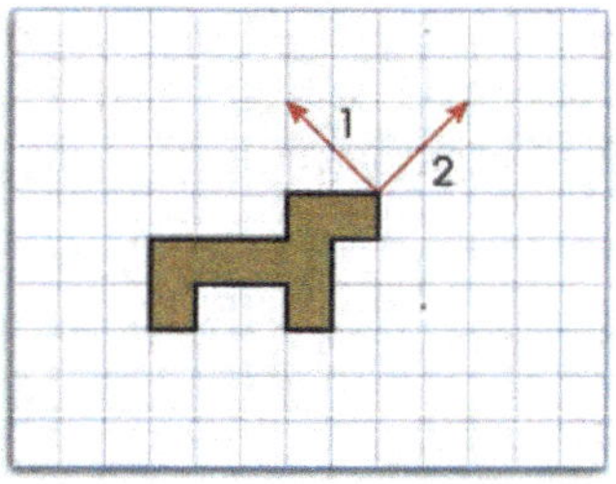

Motif **B**

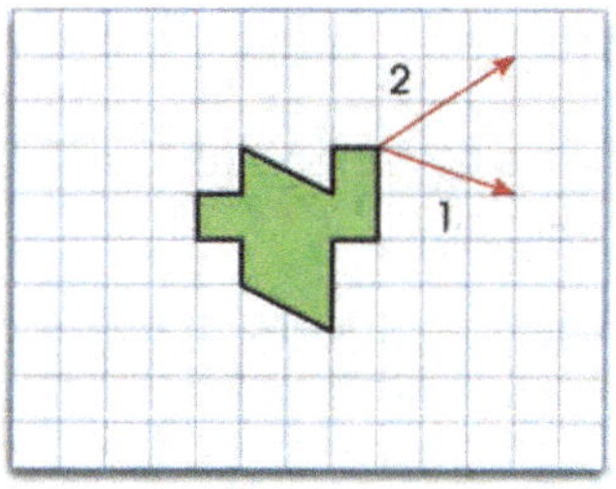

b) À l'aide du motif **B** représenté ci-dessus, crée un autre dallage.

a) Faites l'exercice tel que demandé aux élèves.

Motif A | **Motif B**

b) On considérera qu'en 6e année les élèves réussissent à reproduire les motifs sur leur feuille quadrillée (première question repérée par un point dans le manuel de l'élève). Pour répondre aux deux questions suivantes, l'élève doit construire l'image du motif A dans chacune des deux translations : translation 1 puis translation 2. Dans le cas de ce motif, à quelles erreurs peut-on s'attendre de sa part dans ses réponses? Pourquoi?

c) Quelles conséquences ces erreurs peuvent-elles avoir sur le dallage demandé dans la dernière question?

d) Quelle aide ou conseil peut-on donner aux élèves pour qu'ils gardent le contrôle sur l'élaboration du dallage?

e) Proposez une nouvelle présentation de cette activité qui soit compatible avec une évaluation de 6e année.

Cinq situations de symétrie

Les situations 1 et 2 sont extraites de *J'apprends les maths CE1*.

a) Faites les exercices tels que demandés aux élèves.

Dessine pour que le trait rouge soit un axe de symétrie.

Situation 1

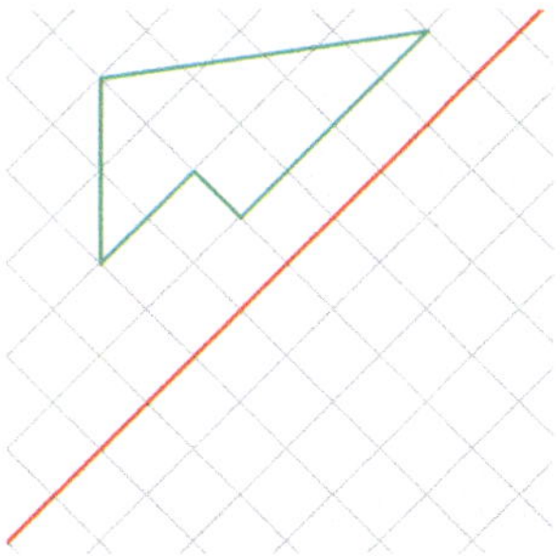

Situation 2

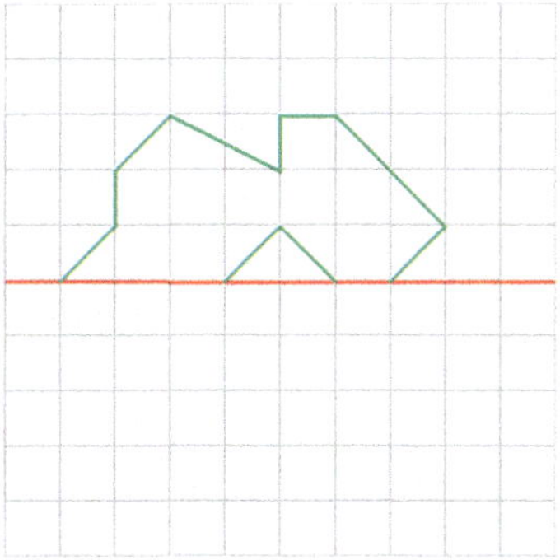

Construis la figure symétrique de la figure verte par rapport à la ligne rouge.

Situation 3

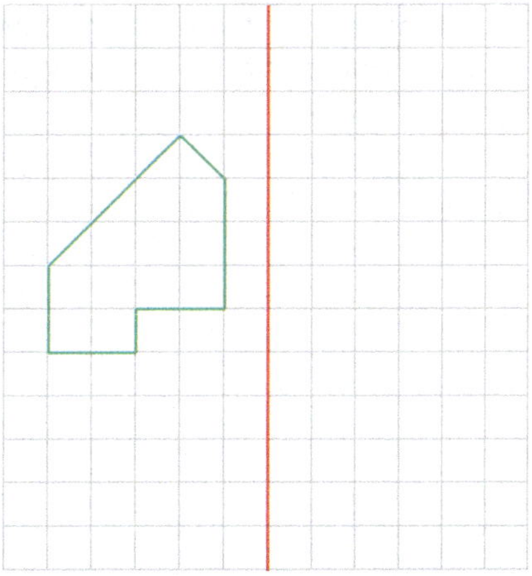

Construis la figure symétrique de la figure verte par rapport à la ligne rouge.

Situation 4

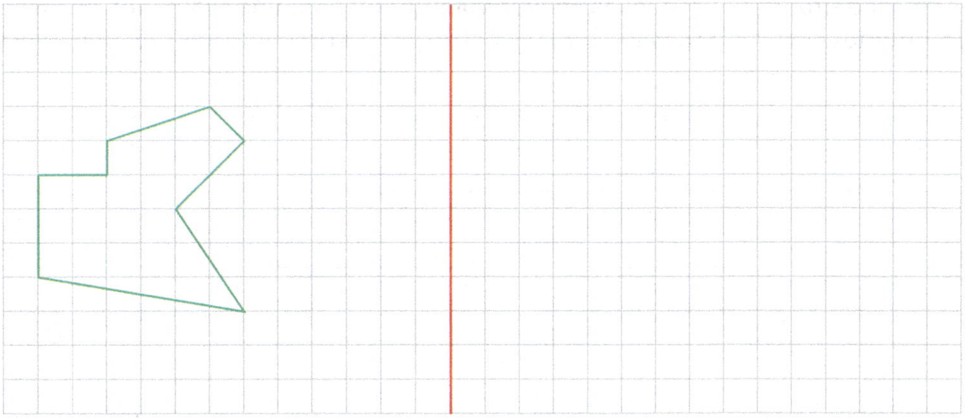

Construis la figure symétrique de la figure verte par rapport à la ligne rouge.

Situation 5

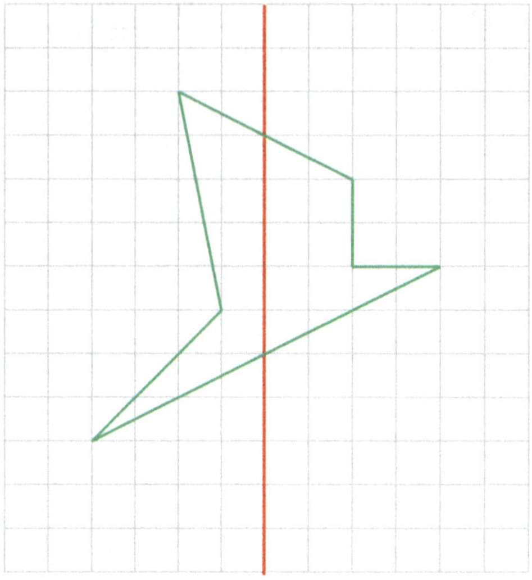

b) Ces cinq situations ne présentent pas toutes le même niveau de difficulté pour les élèves. Proposez un classement de ces situations de la plus simple à la plus complexe, en justifiant votre choix.

c) De ces cinq situations, lesquelles pouvez-vous garder pour une évaluation en fin de 5e année, alors que les élèves ont travaillé sur la symétrie pour la première fois? Justifiez votre réponse.

Une dernière question

Sur Internet, on trouve ce genre d'activité sur la symétrie pour l'école primaire.

Construis la figure symétrique de la figure F.

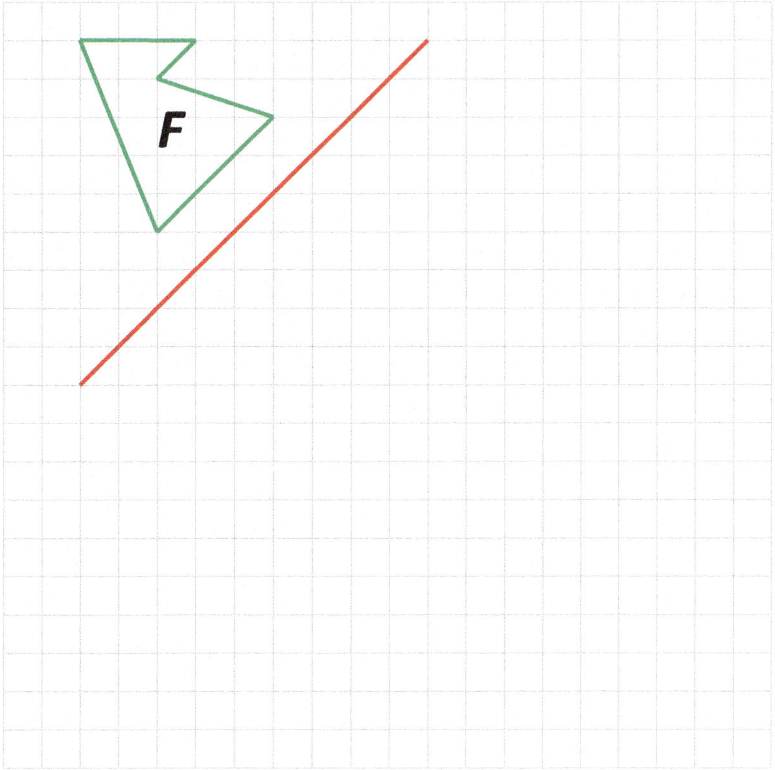

a) Faites l'exercice tel qu'il se présente à l'élève.

b) Quelle est la variable didactique en jeu dans cette activité et qui est déterminante pour la réussite de l'élève?

c) À quelles erreurs peut-on s'attendre de la part des élèves?

d) Quel moyen de validation pouvez-vous mettre à leur disposition pour qu'ils prennent conscience de leurs erreurs?

Partie B

Géométrie dans l'espace

4 | Repérage dans l'espace

Dans ce chapitre, nous aborderons un contenu qui s'adresse plutôt aux élèves de maternelle ou du premier cycle de l'école primaire, mais qui peut (ou même doit) être approfondi tout au long de la scolarité.

Le repérage dans l'espace relève autant du développement de l'enfant que de l'enseignement des mathématiques ou de l'éducation physique. C'est pourquoi il est très important que, dans le contexte de l'école, l'enseignant propose à ses élèves des activités diverses et variées pour favoriser leur développement. Or, on ne peut parler de repérage sans préciser l'origine du repère, qu'elle soit une personne, un objet ou un point géométrique. Le tout jeune enfant (jusque vers trois ans) repère les objets sur lui-même : « ma casquette est sur ma tête; mon nombril est sur mon ventre », puis par rapport à lui-même : « la lampe est au-dessus de ma tête; Paul est devant moi ». Dans ces deux cas, l'enfant est l'origine du repère. À partir de trois ans, l'enfant peut se décentrer, c'est-à-dire repérer des objets ou des personnes par rapport à d'autres, sans référence à lui-même : « le cube est devant Clémentine, à gauche du ballon, etc. ». L'origine du repère est alors en dehors de l'enfant.

La recherche en didactique a montré que la pratique d'activités de repérage et d'orientation dans l'espace permet aux élèves de passer progressivement d'une géométrie « concrète », où les objets et leurs propriétés sont contrôlés par la perception, à une géométrie « instrumentée » où les propriétés des objets sont contrôlées par la mesure. Plus tard (fin du primaire, début du secondaire), les élèves accèdent à une géométrie « théorique » où les propriétés des objets, devenus objets théoriques, sont structurées selon les règles du raisonnement hypothético-déductif.

4.1 Rappels théoriques

4.1.1 Repérage dans l'espace

Repérage dans l'espace réel

Le repérage dans l'espace réel renvoie à l'activité quotidienne de repérage de la position d'un objet dans un espace, d'un déplacement dans la ville, dans l'école, dans la salle de classe, etc. Le vocabulaire lié à l'espace est très complexe. Les apprentissages liés aux expressions comme « dessus », « au-dessus de », « vers le nord », « à droite », « devant », etc. sont longs et peuvent être difficiles pour certains élèves.

Par exemple, sur les trois photos ci-dessous, Clémentine, à la robe bleue, et Joséphine, à la robe rouge, sont dans différentes positions l'une par rapport à l'autre. Quelle est la photo qui permet à chacune de dire : « Tu es à ma gauche »?

Position A	**Position B**	**Position C**

C'est la position B qui satisfait à cette proposition.

Les premières activités géométriques de l'enfant, avant même de fréquenter l'école maternelle, relèvent du repérage dans l'espace : repérage de la position des objets dans l'espace, le déplacement des objets ou des personnes (lui-même ou quelqu'un d'autre).

Repérage dans l'espace représenté

Par opposition à l'espace réel où l'élève peut se déplacer, repérer physiquement la position d'un objet, décrire un mouvement, on appelle « espace représenté » toute forme de représentation de l'espace, sur une feuille de papier ou sur un écran d'ordinateur. Les représentations de l'espace sont des représentations planes. L'espace est représenté par un repère cartésien à trois axes. Chaque point est alors repéré par un triplet de coordonnées : abscisse, ordonnée, cote.

Les coordonnées du point M sont (3,2,4).[1]

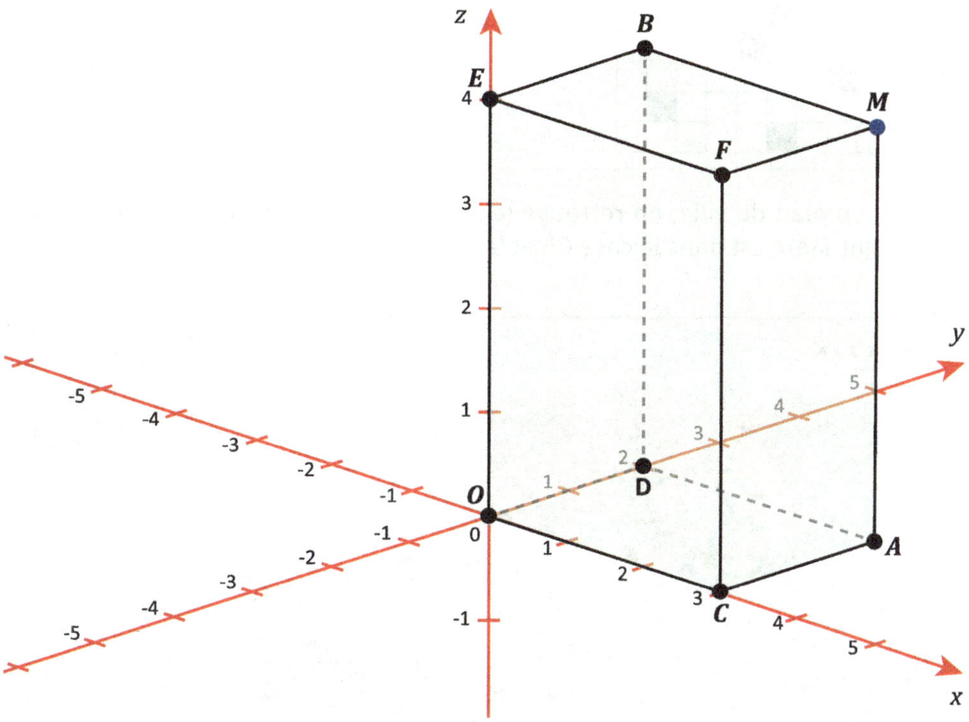

Attention : Les activités dans un repère cartésien de l'espace ne sont pas au programme de l'école primaire.

4.1.2 Repérage dans le plan

Les repérages dans le plan sont principalement de deux types : le repérage par cases et le repérage par nœuds de quadrillage.

[1] Au Québec, d'après le document d'information « Graphismes, notations et symboles utilisés en mathématiques » (1997, p. 24), les coordonnées d'un point sont séparées les unes des autres par une virgule. Dans d'autres pays ou dans certains logiciels de géométrie dynamique, ces nombres sont séparés par des points-virgules, mais l'ordre est toujours le même : (abscisse; ordonnée; cote).

Repérage par cases

Les exemples de repérage de ce type sont ceux que l'on utilise dans les jeux de bataille navale, de mots croisés, de dames ou d'échecs, etc. où les cases du tableau sont repérées à l'aide de nombres (écrits en chiffres arabes ou en chiffres romains) ou de lettres. On repère un lieu par la case qui est à l'intersection d'une ligne et d'une colonne.

Mots croisés

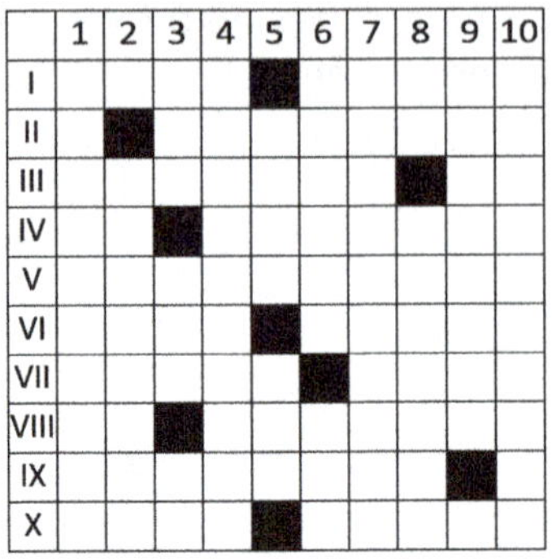

Bataille navale

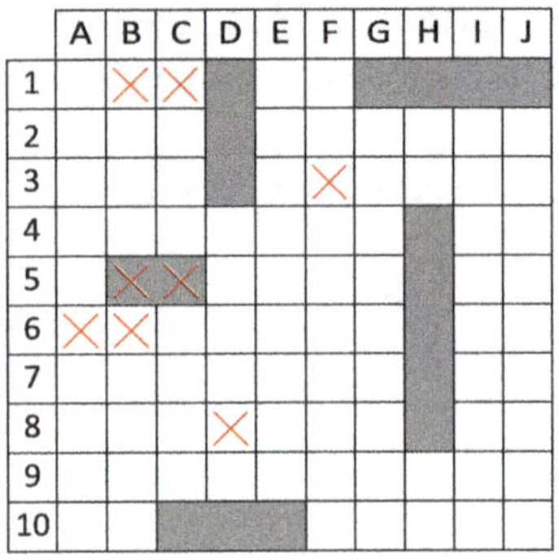

Sur une carte ou un plan de ville, on retrouve le même principe. D'après le plan de Venise ci-dessous[2], la place Saint-Marc est dans la case G5 et la gare est dans la case C3.

Dans tous les repérages de ce type, l'ordre dans lequel les coordonnées sont présentées n'a pas d'importance puisque ce sont des caractères distincts : chiffres arabes, chiffres romains, lettres majuscules, etc. Tacitement, l'origine de ces repères est en haut à gauche du quadrillage.

[2] http://www.maps-of-europe.net/maps/maps-of-italy/maps-of-venice/large-old-map-of-venice-city-1913.jpg

Repérage dans le plan cartésien

Le plan cartésien permet de repérer les points à l'intersection des lignes du quadrillage. À l'école primaire, les repères sur lesquels travaillent les élèves sont des repères orthonormés : les deux axes sont gradués, de même origine et perpendiculaires; l'unité de mesure est la même sur les deux axes. Les points du plan sont repérés par le couple de leurs coordonnées à l'intersection de deux lignes du quadrillage.

- L'abscisse est le nombre qui repère le point sur l'axe horizontal (dans la feuille).
- L'ordonnée est le nombre qui repère le point sur l'axe vertical (dans la feuille).

Attention : L'abscisse est toujours la première des deux coordonnées du point.

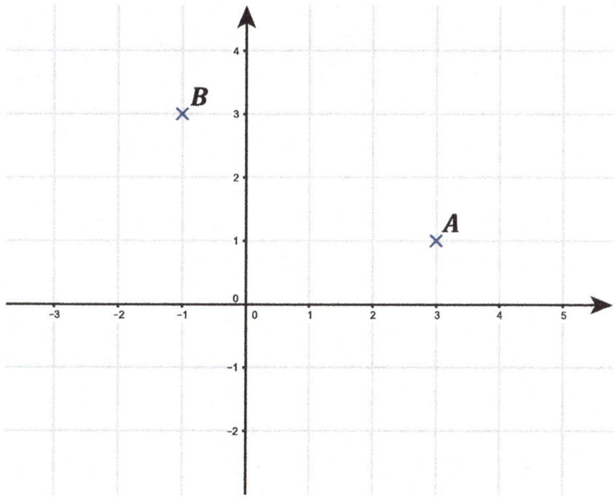

Dans le repère ci-dessus, les points A et B sont repérés par : A(3,1) et B(-1,3).

Certains élèves peuvent rencontrer des difficultés à distinguer les deux types de repérage dans le plan (repérage par cases, repérage par nœuds de quadrillage). En effet, très souvent, dans un repère par cases, l'ordre dans lequel on donne les indications n'a pas d'importance dans la mesure où les cases sont repérées par deux types de caractères (lettre et nombre, ou chiffre romain et chiffre arabe), alors que dans un repère cartésien l'ordre « abscisse-ordonnée » est déterminant. De plus, comme nous l'avons signalé dans le paragraphe précédent, dans un quadrillage par cases, l'origine du repère est en haut à gauche du quadrillage (comme dans un tableau cartésien), alors qu'elle est en bas et à gauche du 1er quadrant du repère cartésien (repérage selon les lignes du quadrillage) : l'ordre de lecture des nombres sur l'axe « vertical » est donc inversé.

Le repérage sur une droite

Le repérage des points sur une droite permet de retrouver les nombres négatifs introduits, par ailleurs, à l'école primaire.

4.1.3 Connaissances spatiales et connaissances géométriques

Le développement de la représentation de l'espace chez l'enfant

Pour cette étude, Piaget (1947) a observé les actions et les comportements d'enfants dans des conditions cliniques (un enfant à la fois).

Pour résumer à grands traits ses conclusions, nous dirons qu'il considère qu'un enfant avance dans l'acquisition de ses connaissances spatiales en passant par quatre stades de développement, stades qui sont hiérarchisés, mais où la frontière entre les uns et les autres n'est pas étanche. Les quatre stades sont : espace perceptif, espace topologique, espace projectif et espace euclidien.

a) **Espace perceptif** (à partir de 1 an environ) : c'est le stade où l'enfant perçoit les objets en les distinguant les uns des autres par la vue, le toucher, le déplacement et la perception. L'enfant développe alors des compétences de traitement de l'information sur les objets de son environnement en ce qui concerne les relations entre ces objets et avec lui-même. Ce stade est caractérisé, entre autres, par la permanence de l'objet. Dans ce test, on montre à l'enfant un objet puis, sous ses yeux, on cache ce même objet derrière un écran de carton. L'enfant ne réagit pas; il sait que l'objet existe toujours, qu'il est caché derrière l'écran de carton, et que, s'il se déplace, il pourra le retrouver. Jusqu'à ce que l'enfant n'ait pas acquis la permanence de l'objet, il sera persuadé que celui-ci a disparu.

b) **Espace topologique** (de 0 à 7 ou 8 ans) : à ce stade de développement, l'enfant perçoit les formes des objets (creux, ronds, etc.), prend en compte les relations de localisation, de voisinage, de séparation entre les objets, mais il n'est pas encore en mesure de décrire l'organisation de plusieurs objets les uns par rapport aux autres ni d'évoquer leurs dimensions. En particulier, l'enfant établit les relations entre les objets de son seul point de vue.

Les deux autres stades peuvent se développer simultanément chez l'enfant (de 7 ou 8 ans jusqu'à 11 ou 12 ans) : espace projectif et espace euclidien ou métrique.

a) **Espace projectif** : à ce stade, l'enfant est capable de se décentrer et de décrire une scène du point de vue de l'autre sans se déplacer (test des trois montagnes[3]), de lire un plan et d'interpréter la représentation d'un solide en perspective en en faisant la description. C'est à ce stade que l'enfant distingue sa droite et sa gauche de celle d'autrui, ou qu'il est capable d'inverser les relations entre les objets quand on prend le point de vue de l'autre, en particulier quand l'autre est placé en face de lui.

b) **Espace euclidien ou espace métrique** : à ce stade, l'enfant maîtrise les relations quantitatives (de mesure) entre les objets, en particulier la conservation des volumes[4]. C'est aussi l'espace tel qu'on se le représente en mathématiques où, à l'aide d'un système de coordonnées, on peut mesurer la distance entre deux points, préciser la position de deux objets l'un par rapport à l'autre.

Ces apprentissages s'inscrivent à la fois dans la durée (de la naissance à 11 ou 12 ans) et au travers des expériences proposées, qu'elles soient physiques, réelles, dessinées ou évoquées. Ils se font parallèlement au développement du langage. Pour construire toutes ces connaissances, l'enfant doit intérioriser ses actions, c'est-à-dire réussir à les penser sans les exécuter. Les élèves qui entrent à la maternelle n'en sont pas tous aux mêmes niveaux de développement.

---

[3] On montre à l'enfant une maquette d'un paysage de trois montagnes de hauteurs différentes (la plus haute, à l'arrière de la scène, est enneigée; la moyenne, sur la gauche, est surmontée d'un crucifix, et, au sommet de la plus petite montagne, à l'avant de la scène, se trouve une chapelle). Dans la situation initiale, l'enfant voit la scène telle que dans la situation initiale. On utilise ensuite une poupée pour la déplacer autour du massif des trois montagnes et l'enfant doit décrire ce que voit la poupée.

[4] Le test sur la conservation des volumes consiste à montrer à l'enfant deux verres, l'un très large et bas, l'autre plus étroit et haut. Devant l'enfant, on met de l'eau jusqu'à la mi-hauteur du verre le plus large et on verse le liquide dans le verre plus étroit. L'enfant qui ne maîtrise pas la conservation des volumes est convaincu qu'il y a plus de liquide dans le verre étroit parce que le niveau d'eau dans le verre est plus haut.

Connaissances spatiales et connaissances géométriques

Ainsi, l'élève qui entre à l'école a déjà des connaissances spatiales qui seront complétées par des connaissances géométriques. Par connaissances spatiales, nous entendons ce que l'élève connaît de son environnement : sa position, la position des personnes, des objets qui l'entourent et l'anticipation qu'il peut ou non faire quant aux déplacements des uns par rapport aux autres. Par connaissances géométriques, nous entendons la connaissance des figures géométriques, de leurs propriétés et des relations entre les unes et les autres.

Ces dernières sont davantage liées aux apprentissages réalisés à l'école maternelle ou primaire (voir la théorie des niveaux de pensée en géométrie de P.M. van Hiele présentée en introduction de cet ouvrage). Mais, trop souvent, on laisse à l'élève la responsabilité de faire le lien entre connaissances spatiales et connaissances géométriques. Ce fut le cas dans l'exercice 1.2.1 où l'on demandait de préciser si l'angle de sommet A était un angle droit ou un angle obtus.

Dans l'exemple suivant, nous illustrons le fait que les connaissances spatiales et géométriques sont souvent liées et que les questions posées aux élèves leur demandent très souvent de coordonner ces deux types de connaissances.

À partir d'une telle représentation, les questions qui sont fréquemment posées à l'élève sont :

1. Combien de cubes faut-il utiliser pour réaliser un tel empilement?

2. Combien de faces carrées sont visibles à l'extérieur de l'empilement?

À la 1re question, si l'élève connaît les codes de représentation en perspective et qu'il est capable de reconstruire l'empilement dans sa tête (s'en donner une image mentale), il peut donner la réponse attendue : 4 cubes. Dans le cas contraire, il dira qu'il faut 3 cubes parce que ce sont les seuls qui soient visibles dans cette représentation. Il se peut aussi qu'il réponde 9 (ou 3) parce qu'il confond « cube » et « carré » et qu'il est en train de dénombrer les faces visibles du point de vue du dessinateur.

Pour répondre à la 2e question, l'élève doit coordonner la connaissance géométrique du fait qu'un cube a 6 faces carrées avec la connaissance spatiale de cet empilement. En effet, à cause de la représentation en perspective, certaines faces sont cachées.

Pour répondre à la question, l'élève doit donc prendre en considération simultanément toutes ces informations pour arriver à la réponse attendue : 18 faces visibles. Il est tout à fait envisageable qu'un élève se limite à compter les faces représentées (9) voire se limiter aux faces représentées en vraie dimension (3 carrés), ou qu'il donne une réponse juste (18) à partir d'un raisonnement faux : 3 cubes visibles et 6 faces par cube donc 18 faces!

4.1.4 Le rôle du langage

La plupart des activités de repérage dans l'espace utilisent le vocabulaire courant. Mais les mêmes mots ayant des fonctions grammaticales différentes vont engendrer des sens différents.

Par exemple : « Le **dessus** de cette table est en verre. » et « Le tableau est au-**dessus** de la commode. » Dans la première phrase, le mot « dessus » désigne le plateau de la table et n'a pas de lien avec le repérage dans l'espace.

Autre exemple : « Je suis **devant** toi. » et « Je pars **devant**. » Dans la deuxième phrase, le locuteur sera le premier à se déplacer. Dans la première phrase, les deux personnages sont peut-être physiquement l'un derrière l'autre, mais il peut aussi s'agir d'un classement à l'issue d'une compétition; il n'y a alors pas de repérage dans l'espace.

L'acquisition de tous ces mots de vocabulaire dans différents contextes (spatiaux ou non), associés à leur contraire (droite-gauche, dessus-dessous, avant-arrière, etc.), peut être longue et particulièrement difficile pour certains élèves. Les activités demandant l'usage de ce vocabulaire sont donc à multiplier dès la maternelle et tout au long de l'école primaire.

Positions indépendantes du locuteur

Les relations intérieur/extérieur, haut/bas et latérales (entre/à côté de) sont indépendantes de celui qui s'exprime et sont donc plus faciles à établir. Si le ballon est entre Joséphine et Clémentine, il le sera pour tout le monde. Ce sont les premières relations spatiales acquises par les élèves.

Positions dépendantes du locuteur

Les repères frontaux (avant/arrière) et latéraux (droite/gauche) dépendent de celui qui s'exprime et de sa propre position. Les repères frontaux (ou dimension sagittale) sont acquis assez vite, en général, avant l'entrée à la maternelle : « ce qui est devant moi, je le vois; ce qui est derrière moi, je ne le vois pas. » Dire que le ballon est devant Clémentine convient pour toute personne qui se met à la place de Clémentine, qui se décentre. Mais si un élève se place derrière Clémentine, le ballon sera partiellement caché et il pourra dire que le ballon est derrière Clémentine. Un tel élève ne se décentre pas : il décrit ce qu'il voit. Les repères latéraux (droite/gauche) sont maîtrisés beaucoup plus tard, à la fin de l'école maternelle ou au début de l'école primaire (voir « espace projectif » p. 110).

Pour décrire les relations entre des objets non orientés, comme un cube ou un ballon, la description est celle qui est associée à la position du locuteur. Ainsi, sur la photo ci-dessus, on dira que le cube est à gauche du ballon (voir paragraphe 4.3 Compléments didactiques, p. 120).

4.1.5 Les trois espaces de Brousseau

Brousseau (2000) a défini trois espaces dans lesquels toute personne évolue : le macro-espace, le méso-espace et le micro-espace.

Le macro-espace

C'est l'espace du bloc de maisons, du bâtiment tellement grand qu'on ne peut le voir en entier d'un seul coup d'œil. En se déplaçant, l'observateur doit associer les diverses images de l'endroit, de l'objet, pour le reconstruire mentalement.

Le méso-espace

C'est l'espace de l'aréna, de la cour de récréation, de la salle de classe. L'élève peut voir tous les objets d'un seul regard. S'il se déplace, il pourra contrôler visuellement les positions relatives des objets les uns par rapport aux autres : le seau qui était derrière le ballon peut être maintenant devant le ballon ou à droite du ballon. Les objets qui relèvent de cet espace ont une dimension qui est approximativement comprise entre la moitié et 50 fois la taille de l'élève.

Le micro-espace

C'est l'espace qui est plus petit que l'élève. C'est l'espace des petits objets qu'il peut manipuler et voir dans leur totalité sans se déplacer. C'est l'espace du bureau de l'élève, de la feuille de papier sur laquelle il travaille.

La recherche en didactique des mathématiques (Berthelot, Salin; 1999-2000) a montré que, pour améliorer leurs compétences spatiales, les élèves devaient travailler dans les différents espaces et pratiquer des activités qui les amènent à passer d'un espace à l'autre. Ainsi, pour construire un rectangle sur une feuille de papier à la règle et à l'équerre ou dans la cour de l'école à l'aide d'une craie et d'une corde, les élèves mobiliseront des connaissances et compétences différentes, toutes liées au concept de rectangle.

4.1.6 Les classes de problèmes et les variables didactiques associées

Positionner ou déplacer un objet ou une personne selon une description donnée

Pour ces problèmes, la taille de l'espace (micro-espace, méso-espace, macro-espace) est une variable didactique importante, tout comme le fait que la description ou l'injonction demandent à l'élève de se décentrer ou non. « Place-toi devant Léo » est une consigne plus facile à respecter que « Assieds-toi à la gauche de Mia », surtout si Mia est face à l'élève concerné.

La présence ou non d'un plan ou d'une maquette du lieu où se déroulent les activités précédentes, que ce plan ou cette maquette soient donnés par l'enseignant ou qu'ils soient réalisés par les élèves, sont autant de variables didactiques qui amènent les élèves à utiliser des démarches différentes.

Décrire une position ou un déplacement

Comme pour l'application d'une consigne, la taille de l'espace est une variable didactique importante dans les problèmes où l'élève a l'initiative de la description d'une position ou d'un déplacement. Décrire la place d'un objet dans la classe sera sans doute plus accessible qu'élaborer un itinéraire dans le quartier de l'école. De plus, selon que la description sera faite par un élève pour lui-même ou pour un autre, le niveau de difficulté ne sera pas le même (problème de décentration).

En effet, demander à un élève de décrire sa propre position, celle d'un camarade de classe ou celle d'un objet non orienté dans la salle de classe, dans la cour, ou dans son quartier sont autant d'activités différentes parce que les tailles des espaces sont différentes et les systèmes de repérage doivent être adaptés.

La description d'un déplacement est aussi une activité qui présente plusieurs niveaux de complexité selon que l'élève décrit son propre déplacement tout en le réalisant ou par anticipation, rédige la description d'un déplacement en cours de réalisation (déplacement d'un élève ou d'un objet) ou qu'il la produise pour qu'un autre élève la mette en œuvre plus tard.

Dans le premier cas, il doit donner des repères que les autres pourront interpréter en se décentrant. Dans le deuxième cas, il doit se décentrer pour décrire les changements de position qu'il observe et donner les repères pertinents. Dans le troisième, il doit se décentrer et se mettre dans la position de celui qui devra se déplacer ou déplacer l'objet en donnant des points de repère fiables dans le temps.

4.2 Activités personnelles

4.2.1 Joséphine et Clémentine

Joséphine et Clémentine sont face à face, comme sur la photo ci-dessous : Joséphine porte une robe rouge et Clémentine une robe bleue. Les descriptions suivantes s'appuient sur cette situation.

Décrire une position

a) Marco est placé derrière Joséphine et dit : « Clémentine est derrière Joséphine. Le ballon est derrière Joséphine; le cube est à gauche. »

   Paolo est placé derrière Clémentine et dit : « Joséphine est devant Clémentine. Le ballon est devant Clémentine. Le cube est à la gauche de Joséphine. »

   Qui a raison?

   ____

   ____

   ____

b) Vasco dit : « Le ballon est entre Joséphine et Clémentine. Le cube est devant moi, à droite. »

Gama dit : « Le ballon est devant Joséphine et devant Clémentine. Le cube est derrière. »

Précisez autant que possible où se trouvent Vasco et Gama.

____

____

____

____

Décrire un déplacement

Dans le schéma ci-dessous, Clémentine et Joséphine se disent bonjour avec leurs mains droites.

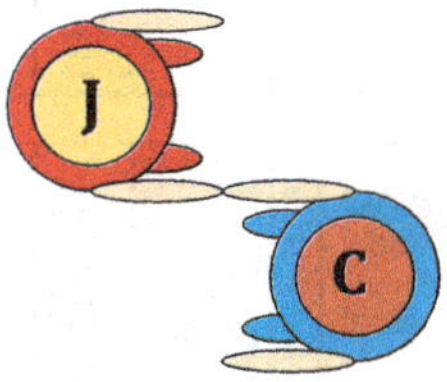

a) Pierre raconte : « J'étais à côté de Clémentine. Je suis allé tout droit vers Joséphine. Nous nous sommes dit "bonjour" avec nos mains droites. J'ai continué mon chemin en tournant autour de Joséphine et je suis revenu tout droit vers Clémentine. »

Pierre et Clémentine peuvent-ils se dire « bonjour » avec leurs mains droites?

____

____

____

b) Denis raconte : « J'étais à côté de Joséphine. Je suis passé entre Joséphine et Clémentine. J'ai tourné autour de Clémentine. Je suis allé tout droit vers Joséphine. J'ai tourné autour de Joséphine. Je suis repassé entre Joséphine et Clémentine. Avec Clémentine, nous nous sommes dit "bonjour" avec nos mains droites. »

Quand il a commencé son déplacement, Denis était-il à la gauche de Joséphine?

____

____

____

4.2.2 Itinéraires sur un plan

Paul va au centre d'achat

Paul doit aller au centre d'achat; il y entrera par la porte située sur la 4e Avenue. Mais avant, il doit s'arrêter à l'aréna sur la 2e Avenue.

Décrivez son itinéraire.

Marie va à l'école

Pour aller à l'école, Marie aime bien passer par le parc. Mais elle ne sait pas si elle doit emprunter la rue Adrienne ou la rue Bertrand pour que son itinéraire soit le plus court possible.

Décrivez son itinéraire dans les deux cas. Lequel est le plus court pour elle?

Comparaison des itinéraires

a) Des deux descriptions précédentes, l'une est plus facile que l'autre. Laquelle? Pourquoi?

b) Le nord est indiqué sur cette carte. L'utilisation des points cardinaux change-t-elle la description des itinéraires? De quelles manières?

4.2.3 Tours alignées

Ces jeux se jouent avec des « tours » faites de cubes empilables. Quand deux tours ont la même hauteur, on utilise des cubes de la même couleur. Deux tours de hauteurs différentes sont construites avec des cubes de couleurs différentes.

On dit qu'« on voit une tour » quand celle-ci est vue en entier ou qu'elle dépasse une tour plus basse placée entre elle et l'observateur.

Tours en ligne

On joue avec cinq tours de hauteurs (et de couleurs) différentes.

Placez les tours de façon que l'observateur de gauche en voie une, en même temps que l'observateur de droite en voie cinq.

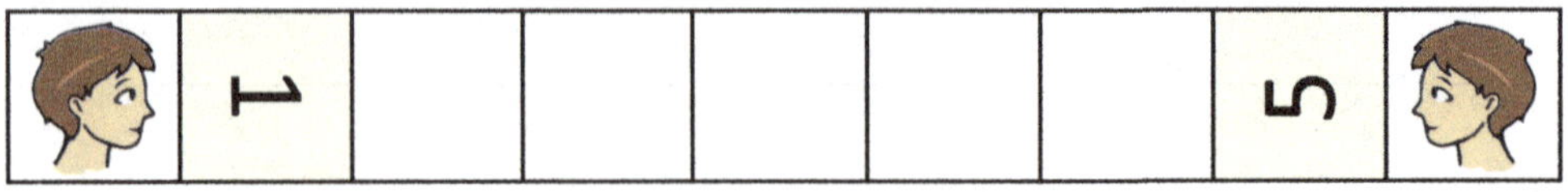

Recommencez avec l'alignement suivant :

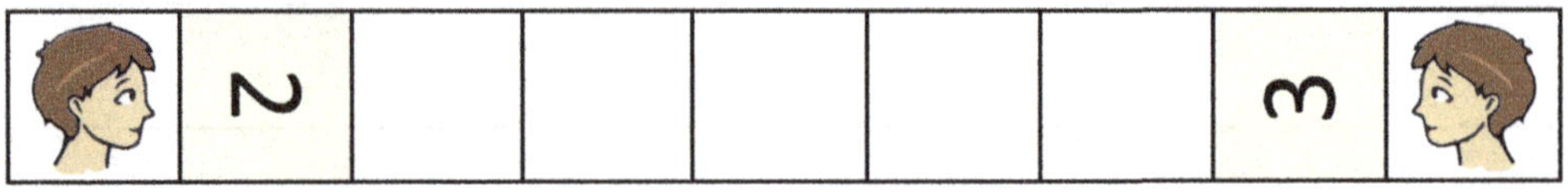

a) Y a-t-il plusieurs solutions à chacune de ces questions? Si oui, donnez-en au moins deux.

____

____

b) Y a-t-il des contraintes (des nombres de tours à chaque extrémité) qui sont impossibles à satisfaire? Si oui, donnez-en au moins deux.

____

____

Tours sur une grille

Quand on joue sur une grille, les nombres au bout des lignes et des colonnes indiquent le nombre de tours (ou de parties de tours) visibles. Il ne doit pas y avoir deux tours de la même hauteur sur la même ligne ou sur la même colonne. On pourrait appeler ce jeu « le sudoku des tours », mais cette comparaison ne sera pas pertinente en classe. On joue sur une grille de 9 cases et 9 tours de 3 hauteurs différentes : 3 petites, 3 moyennes et 3 grandes.

On joue sur une grille de 16 cases et 16 tours de 4 hauteurs différentes : 4 très petites, 4 petites, 4 moyennes et 4 grandes.

	4	2	2	1	
3					1
2					2
2					2
1					3
	1	3	2	3	

a) Dans chaque cas, y a-t-il plusieurs solutions?

____

____

b) Pensez-vous qu'il y ait des grilles impossibles? Que certaines grilles soient plus faciles que d'autres?

____

____

c) Les deux représentations ci-dessous permettent-elles de remplir les grilles de façon unique? Dans la négative, combien de solutions pouvez-vous imaginer?

Représentation A
(vue de face)

Représentation B
(la flèche indique la vue de face)

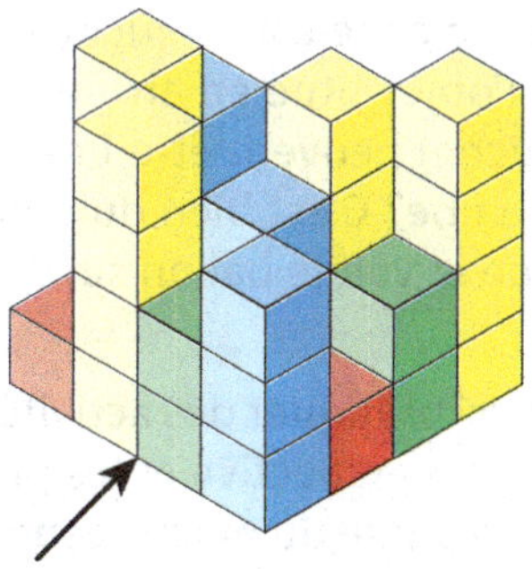

____

____

4.3 Compléments didactiques

Comme nous l'avons vu au paragraphe 4.1.3, l'enfant acquiert lentement les connaissances spatiales qui lui permettent de bien comprendre l'environnement dans lequel il évolue. Ces apprentissages peuvent être soutenus par les activités familiales, sociales ou à la garderie, mais ne seront pas aboutis à l'entrée à l'école primaire. En particulier si l'on se réfère au fait que Piaget & Inhelder considèrent que « l'âge moyen de 9 ans [...] marque un tournant décisif dans la construction de l'espace : celui de l'achèvement de l'ossature propre aux systèmes d'ensembles euclidien et projectif » (1947, p. 487), on peut considérer qu'il faudra continuer de développer des activités liées au repérage dans l'espace à la maternelle, au 1er cycle de l'école primaire, voire même jusqu'à l'entrée au secondaire. Il faudra aussi veiller à proposer des activités dans les contextes les plus variés, que ce soit dans le micro-espace, le méso-espace ou le macro-espace et passer souvent de l'un de ces espaces à l'autre. Qu'on songe par exemple aux efforts nécessaires à la compréhension du plan d'un centre d'achat où les boutiques sont réparties sur plusieurs niveaux : certains adultes ont parfois bien des difficultés à le décoder!

Ces activités devront être organisées de la plus accessible pour l'élève à la plus complexe, en suivant son évolution dans sa capacité à se décentrer et dans l'acquisition des trois dimensions du repérage dans l'espace : sagittale (devant-derrière), verticale (haut-bas) et latérale (droite-gauche).

En effet, dans les premières activités liées au repérage, l'élève ne se décentre pas; il est l'origine du repère, que ce soit pour exécuter un ordre comme « Place le ballon derrière toi » » ou pour décrire la position d'un objet, un déplacement « J'ai tourné à gauche pour aller vers l'aquarium ».

Dans un deuxième temps, on pourra lui demander de se décentrer en s'imaginant à la place de l'autre. Par exemple, on pourra lui demander de se placer par rapport à un autre « Va te placer devant Léo », de décrire la position d'un objet du point de vue d'un autre élève, de décrire le déplacement d'un élève du point de vue de cet élève ou décrire le parcours qu'un élève devra suivre pour aller d'un point à un autre dans la salle de classe, dans le gymnase ou dans la cour.

Enfin, on pourra aborder les activités de repérage par rapport à des objets, à la condition que ceux-ci soient orientés, comme un animal (chat, chien, etc.), une voiture, un bus en déplacement. Les activités de repérage entre objets non orientés sont les plus difficiles parce qu'elles sont implicitement organisées de telle sorte que les repères (l'avant ou l'arrière de l'objet, sa droite ou sa gauche) sont établis par rapport à un observateur situé en face de l'objet de référence. C'est ce qui se passe quand on dit que « le cube est à gauche du ballon ». Si les relations d'avant-arrière sont assez claires dans le sens où l'objet situé en arrière n'est pas entièrement visible, en revanche, les relations latérales (droite-gauche) peuvent être beaucoup plus ambigües : comment être certains que le ballon est à gauche du cube? C'est bien du point de vue de l'observateur que l'on aura la réponse : celui-ci est face au cube et voit le ballon sur sa gauche. (Fénichel, 2004)

Il faudra aussi pratiquer des activités dans l'espace représenté que sont les maquettes, les photos ou les dessins en perspective et les plans ou les cartes. Dans toutes ces activités, on a un changement d'espace : on passe du macro-espace ou méso-espace au micro-espace.

Dans le cas d'un repérage sur maquette (maquette de la salle de classe, de la cour de l'école, etc.), l'enseignant devra veiller à ce que tous les élèves aient bien compris que celle-ci avait (ou n'avait pas) la même orientation que l'espace réel qu'elle représente, avant de demander d'y placer un objet ou un élève : demander à Marco de retrouver son bureau dans la maquette de la salle de classe; décrire le chemin qui permet d'aller de la bibliothèque à la salle de Mme Zina sur le plan de l'école, etc. De telles activités sont assez semblables à celles que l'élève aura vécues dans l'espace réel si la maquette a la même orientation que l'espace réel mais elles sont très différentes (beaucoup plus difficiles) si la maquette a une autre orientation. C'est ainsi qu'il faudra multiplier les situations d'allers-retours entre les deux espaces : l'espace réel et l'espace représenté. Par exemple, avant de demander aux élèves de faire le plan de la classe, on pourra leur demander de faire le plan de l'installation présentée ci-dessous, comme s'ils étaient au-dessus de la table et de préciser sur ce plan quelle est leur position (ERMEL, 2006). Pour exploiter en termes de relations spatiales des photos d'installations, l'élève devra recomposer la situation et retrouver la position du photographe par rapport à cette installation. On pourra proposer une seule photo de l'installation et demander la position du photographe, ou proposer de retrouver, parmi plusieurs photos, celle qui correspond à une position donnée du photographe. Par exemple : « Où était le photographe quand il a pris cette photo? »

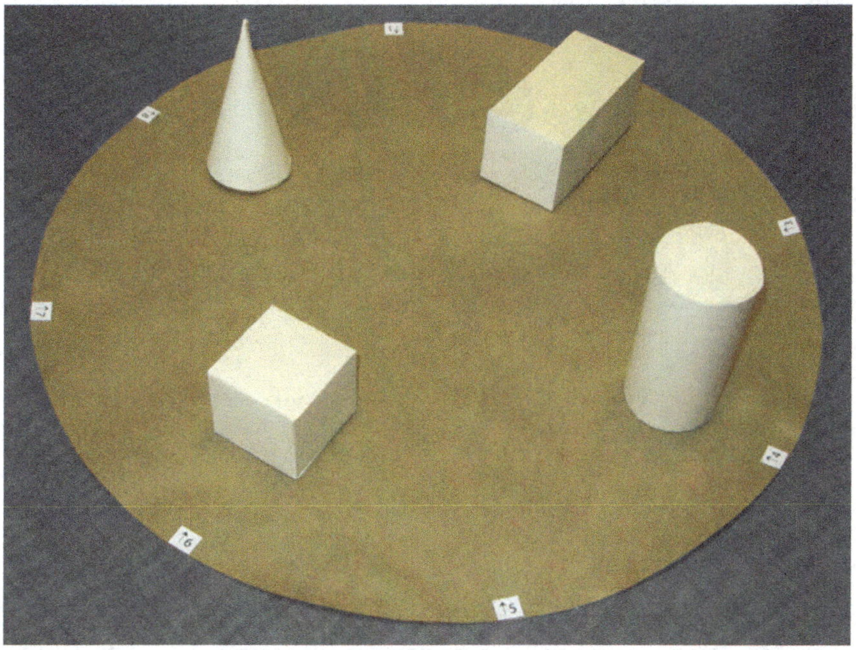

Enfin, pour résumer l'ensemble des activités liées au repérage dans l'espace, nous préciserons que pour les jeunes élèves, il est plus facile de répondre à une description de position ou de déplacement que d'avoir la responsabilité de la même description : la compréhension du vocabulaire précède son utilisation spontanée

4.4 Activités didactiques (analyses de manuels)

4.4.1 Logibul 1

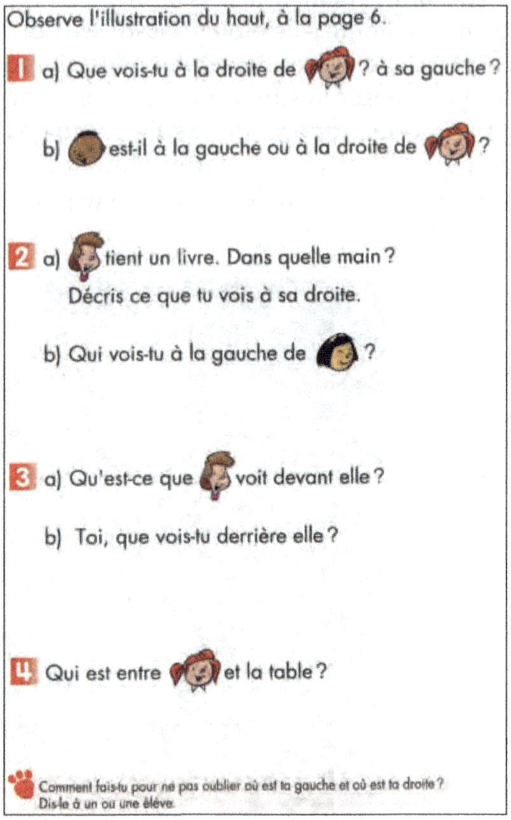
Observe l'illustration du haut, à la page 6.

1 a) Que vois-tu à la droite de ? à sa gauche ?

b) est-il à la gauche ou à la droite de ?

2 a) tient un livre. Dans quelle main ? Décris ce que tu vois à sa droite.

b) Qui vois-tu à la gauche de ?

3 a) Qu'est-ce que voit devant elle ?

b) Toi, que vois-tu derrière elle ?

4 Qui est entre et la table ?

Comment fais-tu pour ne pas oublier où est ta gauche et où est ta droite ? Dis-le à un ou une élève.

a) Dans la première question, l'élève doit répondre à deux questions concernant la gauche et la droite de Léa. Pourquoi Léa est-elle de dos dans l'image?

b) L'enseignante est de face dans l'image. Pourquoi pose-t-on la question concernant le livre avant la question concernant les objets qui sont à sa droite?

c) Quelles sont les réponses possibles à la question 3 a)?

d) Est-ce plus facile que la question b) qui concerne ce qui se trouve derrière l'enseignante?

e) Que proposeriez-vous comme réponse à la dernière question concernant l'oubli de la droite et de la gauche?

f) Dans le manuel de l'élève, la double page qui précède celle-ci aborde, avec les mêmes personnages, les relations « devant-derrière » et « entre ». Diriez-vous que, d'une page à l'autre, les questions sont proposées dans un ordre croissant d'entrée dans la difficulté? Pourquoi?

4.4.2 Défi mathématique 3e année

Les repères du magicien

Sans repères...

1 Le magicien Descartes se vante de sa prodigieuse puissance télépathique. Une personne, au hasard, se lève et regarde le numéro de son siège. Le magicien annonce aussitôt ce numéro :

- numéro 215 ;
- numéro 134 ;
- numéro 272 ;
- numéro 276 ;
- numéro ☐

Connaît-il vraiment tous les numéros par coeur ?

a) Quel est le système de codage de numérotation des sièges imaginé par le magicien?

____

____

____

____

____

b) Comment avez-vous procédé pour le trouver?

____

____

____

____

____

____

c) Pensez-vous qu'une telle activité soit facile d'accès pour des élèves de 3e année? Dans la négative, quel dispositif mettriez-vous en place pour les aider à mener cette activité en individuel?

____

____

____

____

____

____

Les tours de Prosperville

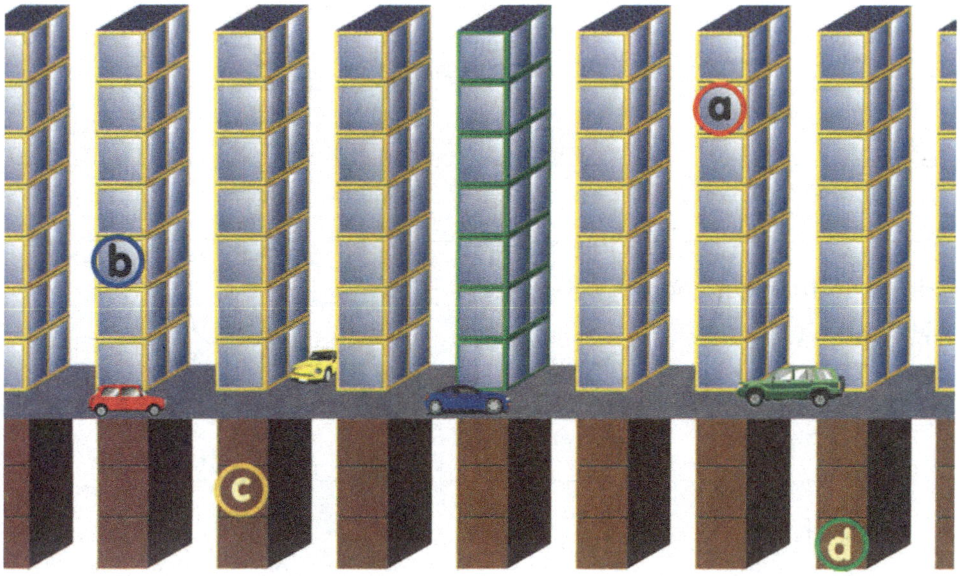

a) Pourquoi une tour est-elle verte quand les autres sont jaunes?

____

____

b) Décrire l'endroit où se trouve chaque voiture.

- Voiture rouge :

____

____

- Voiture jaune :
- Voiture bleue :
- Voiture verte :

c) Ces descriptions présentent-elles le même niveau de difficulté? Pourquoi?

d) Décrire la position des endroits a, b, c et d.
- Endroit a :
- Endroit b :
- Endroit c :
- Endroit d :

e) Ces descriptions présentent-elles toutes le même niveau de difficulté? Pourquoi?

f) Combien d'informations faut-il donner pour être certain de retrouver la position d'une voiture? S'agit-il d'un système de repérage dans le plan ou dans l'espace?

g) Dans le manuel de l'élève, cette activité est proposée après l'activité du magicien. Est-ce une organisation pertinente? Justifiez votre réponse.

4.4.3 Défi mathématique 4e année

En sortant de la gare

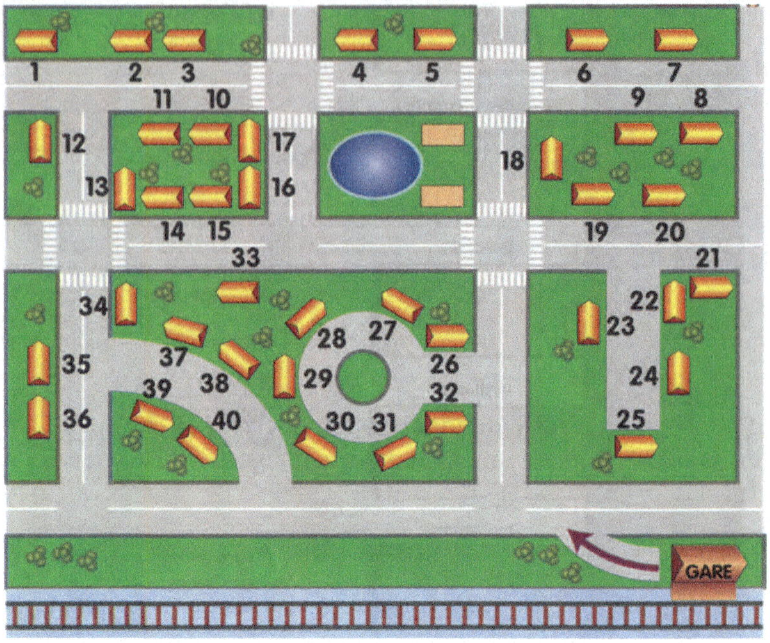

Les questions posées aux élèves sont les suivantes :

> 1. *Quelles seraient tes indications pour aller à la maison 6?*
> 2. *« Sors de la gare. Tourne à gauche. Première rue à droite. Deuxième rue à gauche. Première rue à droite. Deuxième maison à gauche. » À quelle maison conduisent ces indications?*

a) Répondez à la question n°1 comme pourra le faire un élève de 4e année puis comme vous le feriez vous-mêmes. Quelle différence constatez-vous? Pourquoi?

____

____

____

____

b) Répondez à la question n°2. Citez au moins une erreur à laquelle on peut s'attendre de la part des élèves.

____

____

____

____

c) La taille du plan est suffisamment restreinte pour que les élèves « ne se perdent pas », en particulier dans l'application de l'itinéraire n°2. Donnez au moins une erreur de parcours qui « sorte » du plan à propos de cet itinéraire. Cette erreur est-elle liée à une mauvaise orientation dans le plan ou à une mauvaise interprétation de celui-ci?

d) Donnez trois itinéraires pour aller de la maison 11 à la maison 29 en utilisant les entrées principales des maisons.

e) Quelle difficulté supplémentaire auraient introduit les auteurs en situant la gare à la place des maisons 4 et 5?

4.4.4 D'après un vieux manuel (*Vivre les mathématiques CE1*, Éditions Armand Colin, 1995)

a) En France, le CE1 est la 2e année du primaire. En référence à l'image précédente, les questions posées à l'élève sont les suivantes :

Complète les phrases en utilisant les mots : ***à droite de; à gauche de; devant; derrière****.*		
Le banc se trouve	____________________	*la fontaine.*
Le bac à sable est	____________________	*les rochers.*
La table géante est	____________________	*le petit bois.*
La statue est	____________________	*la balançoire.*

Répondez-y comme le fera un élève.

a) Quels sont les sous-entendus liés à cet exercice?

____

____

b) Des erreurs de représentation de l'espace sont présentes dans ce dessin. Décrivez-en quelques-unes.

____

____

c) Pensez-vous qu'elles soient une source de difficulté pour les élèves?

____

____

5 | Description et représentations des objets de l’espace

Dans ce chapitre seront abordées la description et les représentations des objets de l'espace. L'accent sera mis sur les polyèdres à l'étude à l'école primaire, en particulier le cube et le prisme droit à base rectangulaire.

Même si la perspective cavalière n'est pas au programme de l'école primaire, il nous paraît important que les enseignants en connaissent les règles pour être capables, le moment venu, de représenter quelque objet que ce soit.

Les vues planes des objets de l'espace ne sont pas explicitement au programme ou dans la progression des apprentissages mais, nous le verrons, elles sont d'un accès facile pour les élèves. L'enseignant peut y trouver là des sources d'activités où l'élève est amené à gérer des problèmes à contraintes multiples dans des situations nouvelles : ce ne sont pas des problèmes numériques!

5.1 Rappels théoriques

5.1.1 Classification des solides

Le schéma ci-dessous présente, de façon très simplifiée, une classification des solides telle qu'elle peut apparaître dans une classe d'école primaire.

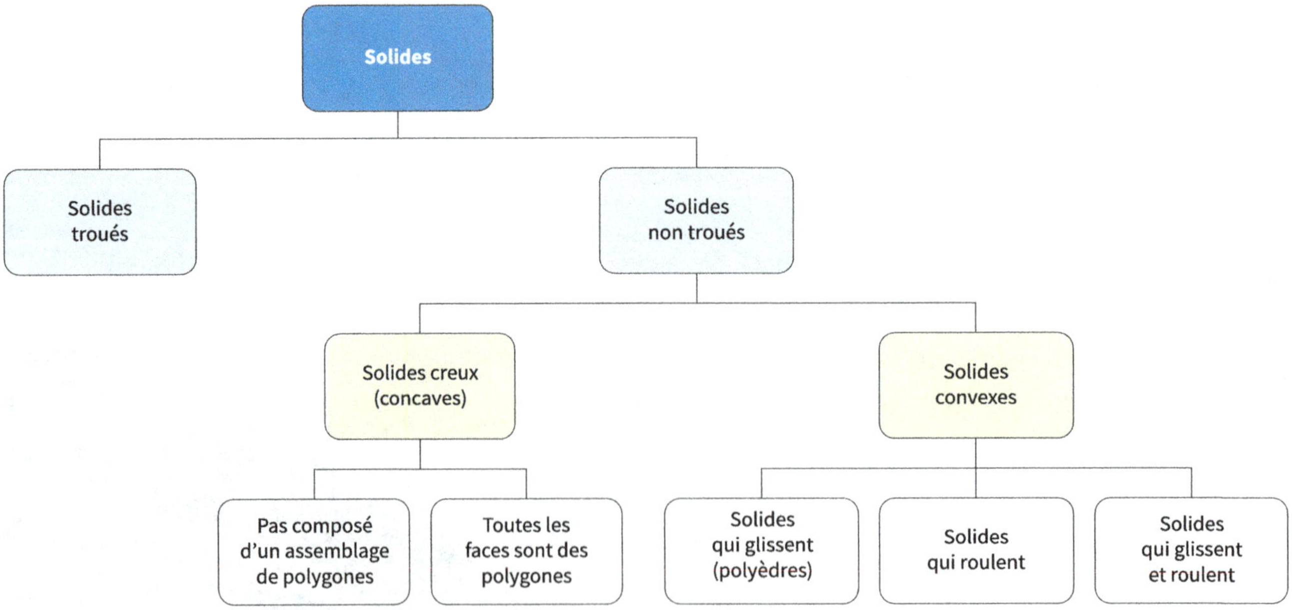

Les solides qui sont étudiés à l'école primaire sont essentiellement les solides que l'on pourra fabriquer et développer (les polyèdres) et les quelques solides courants qui ont des surfaces courbes comme le cylindre, sphère, cône.

5.1.2 Polyèdres et formule d'Euler

Caractérisation d'un polyèdre

Un polyèdre est un solide géométrique fermé par **des faces planes polygonales**.

Les côtés des faces polygonales s'appellent les **arêtes** du polyèdre. Les points communs entre les arêtes sont **les sommets** du polyèdre : ce sont aussi les sommets des faces polygonales.

Exemple : le solide ci-dessous est composé d'un cube surmonté d'une pyramide. Si l'on considère que le solide est taillé dans un seul bloc de bois, la face supérieure du cube et la base de la pyramide n'apparaissent pas. Si l'on envisage de construire ce solide à partir d'une feuille de carton ou de papier assez épais, le cube sera creux et sans face supérieure, la pyramide sera creuse, elle aussi, et sans base carrée.

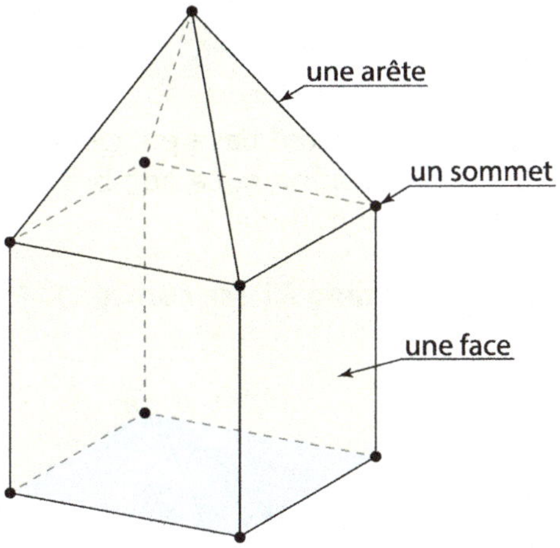

La description de ce solide nous amène à dénombrer :

- 9 sommets;
- 16 arêtes;
- 9 faces : 4 faces triangulaires et 5 faces carrées.

Une description plus précise de ce solide permet aussi dire que sa base (coloriée en bleu) est un carré et que les faces latérales sont 4 carrés et 4 triangles isocèles.

Les noms des polyèdres

Les polyèdres étudiés à l'école primaire se répartissent en deux grandes catégories :

a) **Les prismes droits** : ces polyèdres sont composés de deux faces polygonales parallèles isométriques (qui ont les mêmes dimensions, donc superposables et que l'on appelle les bases) et de faces latérales qui sont toutes des rectangles. Dans le cas du prisme droit dont toutes les faces sont des rectangles ou des carrés, celles-ci peuvent être tour à tour considérées comme bases ou comme faces latérales. Le choix sera déterminé par la situation ou le contexte du problème.

La base[1] est un rectangle

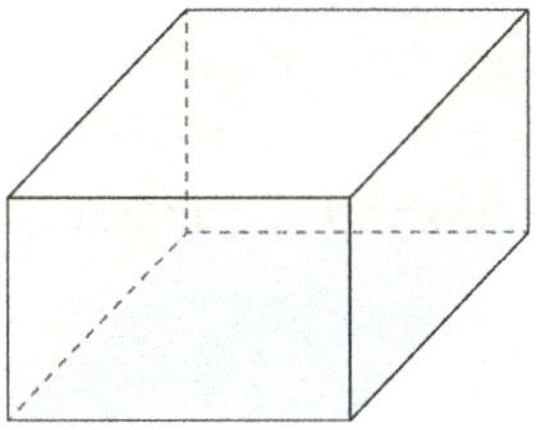

La base est un triangle

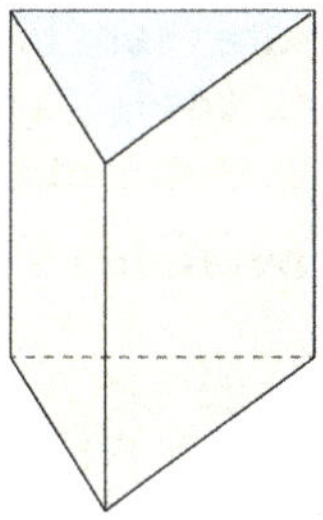

[1] Conformément aux habitudes, nous écrirons « la base » du prisme, alors qu'en fait chaque prisme droit a deux bases superposables. Pour alléger les illustrations, seule l'une des deux bases sera coloriée.

La base est un parallélogramme

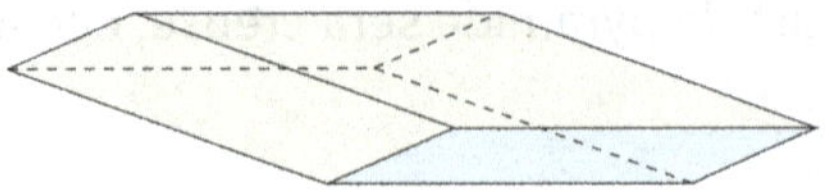

La base est un polygone convexe

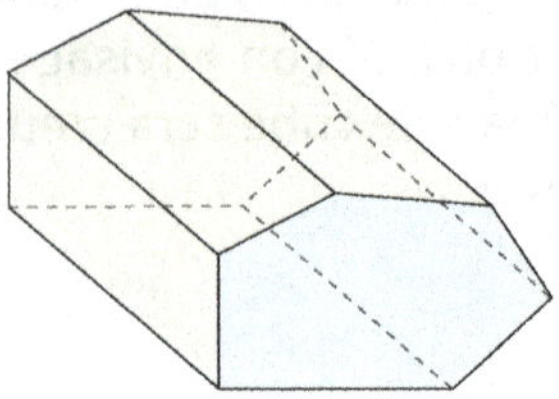

b) **Les pyramides** : ces polyèdres ont une seule base polygonale et des faces latérales qui sont toutes des triangles ayant un sommet commun. Le nombre de côtés du polygone de base est égal au nombre de faces latérales de la pyramide.

Pyramide à base triangulaire

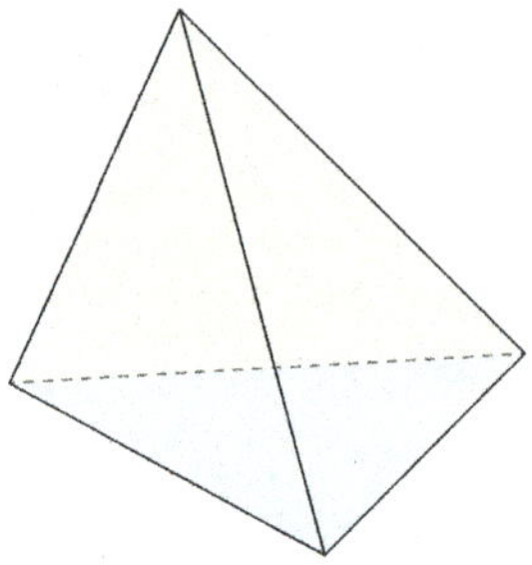

Pyramide à base carrée

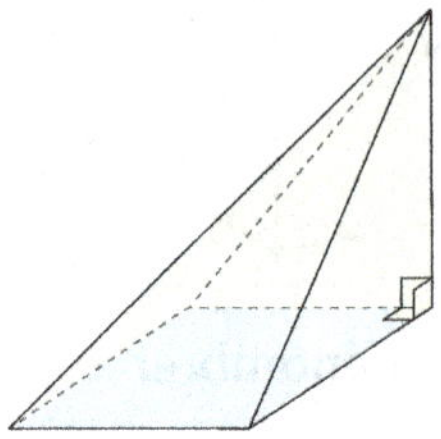

Pyramide à base hexagonale

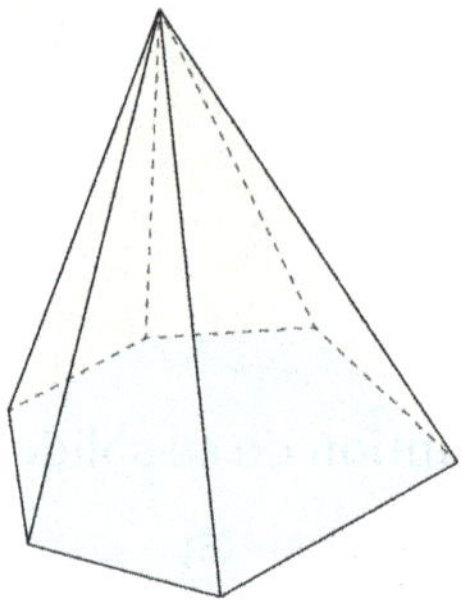

Dans une pyramide régulière, la base est un polygone régulier convexe et les faces latérales sont toutes des triangles isocèles isométriques. La hauteur d'une telle pyramide est non seulement perpendiculaire au plan de la base, mais elle passe par le centre de celle-ci puisque c'est un polygone régulier.

Pyramide régulière à base carrée

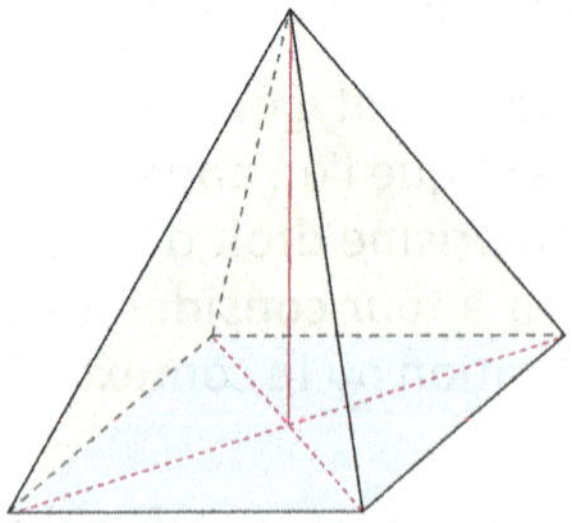

Pyramide régulière à base hexagonale

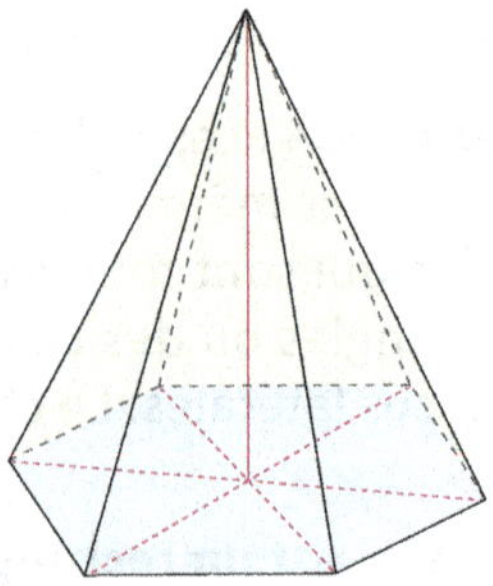

Les noms des polyèdres sont liés le plus souvent au nombre de faces. Par exemple, un hexaèdre est un polyèdre à 6 faces. Les faces peuvent être toutes de même nature (triangles, carrés) ou de natures différentes. Les quatre polyèdres ci-dessous sont des hexaèdres.

Un tronc de pyramide à base carrée

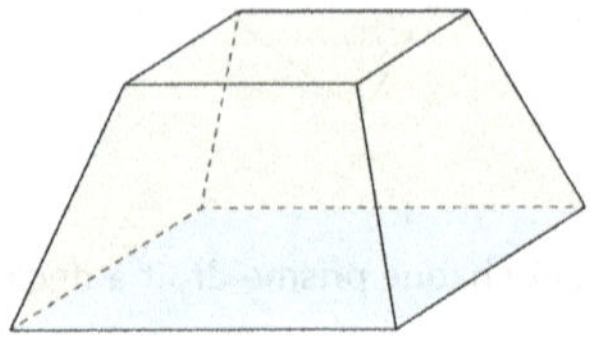

Un hexaèdre quelconque

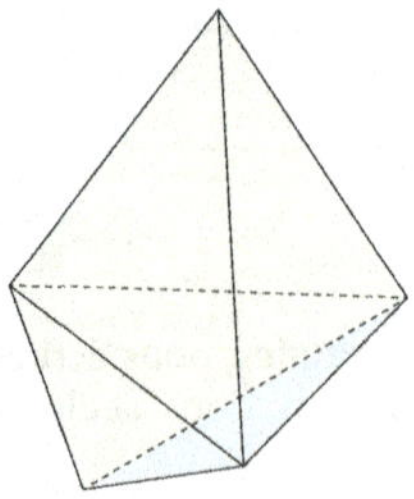

Une pyramide à base pentagonale

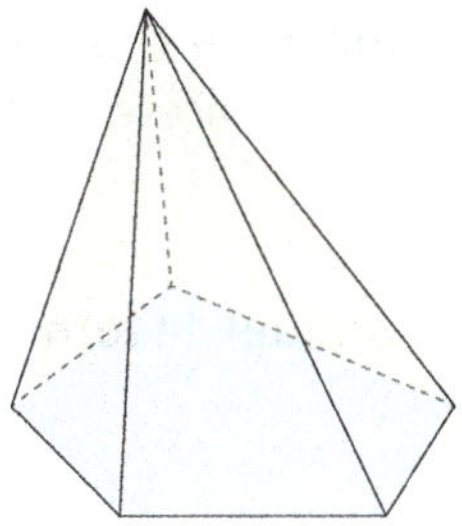

Un prisme droit à base carrée

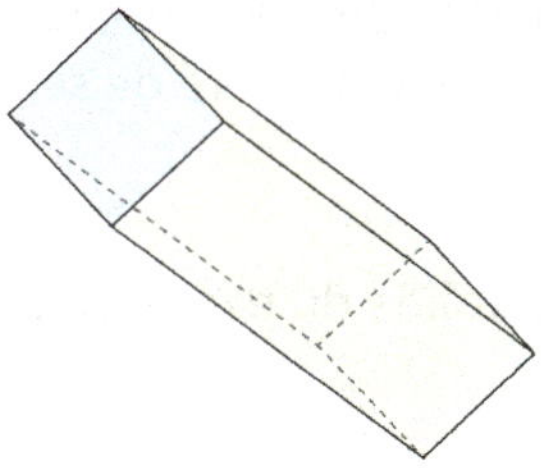

Solides de Platon

Les solides de Platon sont des polyèdres réguliers. Les faces sont des polygones réguliers isométriques (ou superposables) et tous les sommets sont de même degré (le même nombre d'arêtes arrivent à chaque sommet). Il y a cinq solides de Platon :

Le tétraèdre régulier
4 faces qui sont des triangles équilatéraux

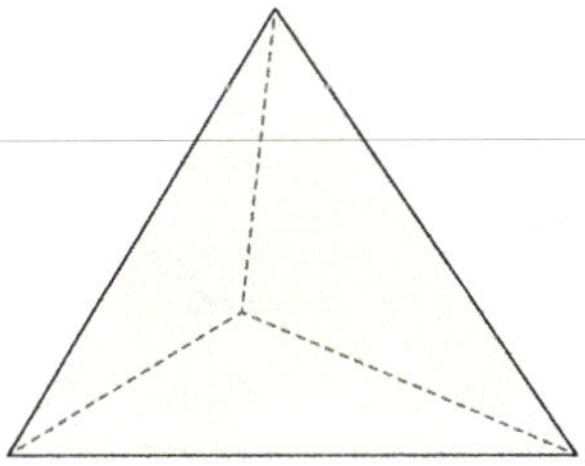

Le cube
6 faces qui sont des carrés (hexaèdre régulier)

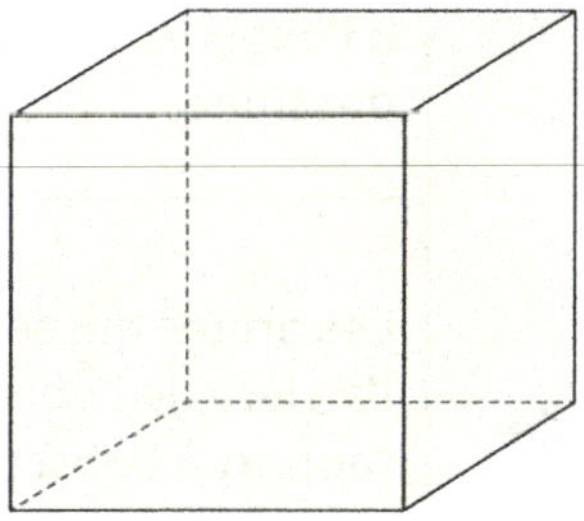

L'octaèdre régulier
8 faces qui sont des triangles équilatéraux

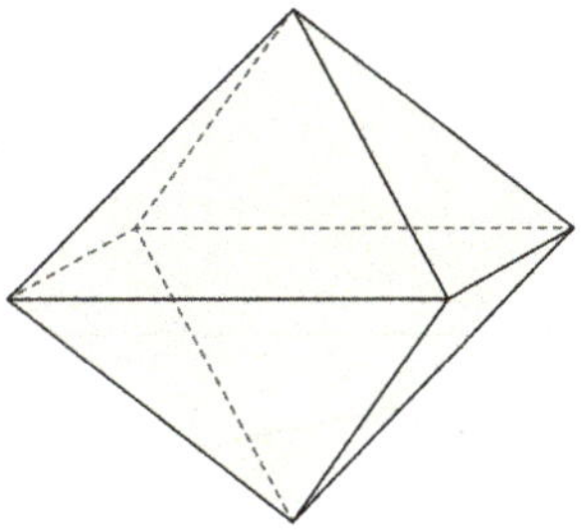

Le dodécaèdre régulier
12 faces qui sont des pentagones réguliers

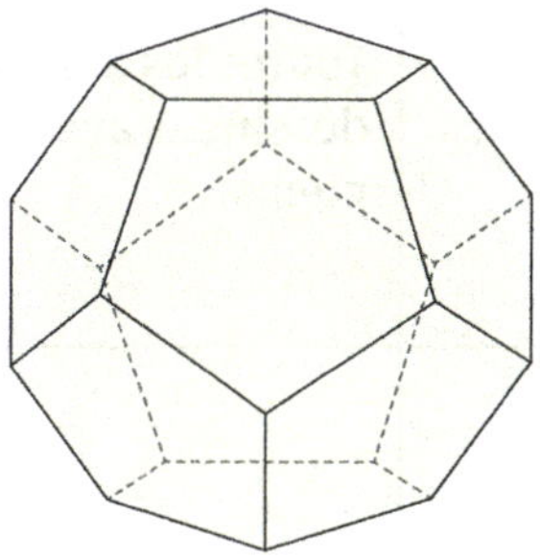

L'icosaèdre
20 faces qui sont des triangles équilatéraux

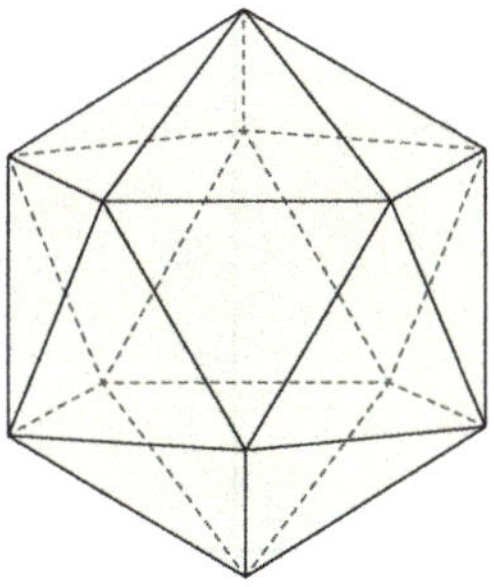

Formule d'Euler

Le mathématicien suisse Leonhard Euler (1707 - 1783) a démontré que, pour tout polyèdre, il existe une relation entre le nombre de ses sommets (S), de ses faces (F) et de ses arêtes (A) :

$$S - A + F = 2$$

Dans le cas du solide du paragraphe 5.1.2 (cube surmonté d'une pyramide), la formule est vérifiée :

$$9 - 16 + 9 = 2.$$

5.1.3 Modes de représentation des solides (ou des polyèdres)

Les différents modes de représentation d'un objet de l'espace sont illustrés ci-dessous dans le cas du cube :

Représentation	Description	Illustration dans le cas du cube
Opaque	Seul le contour du solide est dessiné. Les faces qui sont à l'arrière par rapport à l'observateur ne sont pas dessinées.	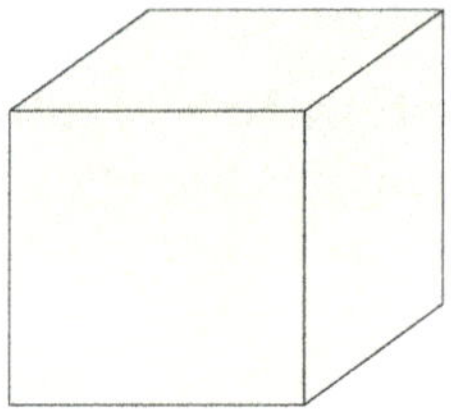
Translucide	Les arêtes qui sont à l'arrière de l'objet par rapport à l'observateur sont dessinées en pointillés.	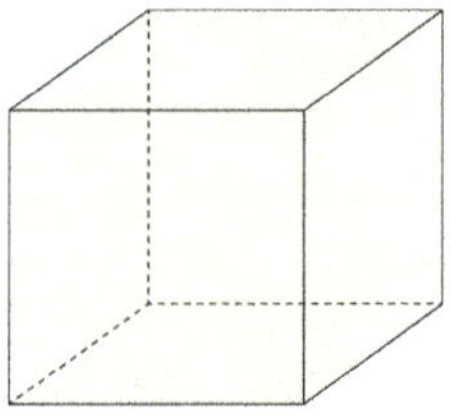
Transparent	Toutes les arêtes sont dessinées avec des traits pleins.	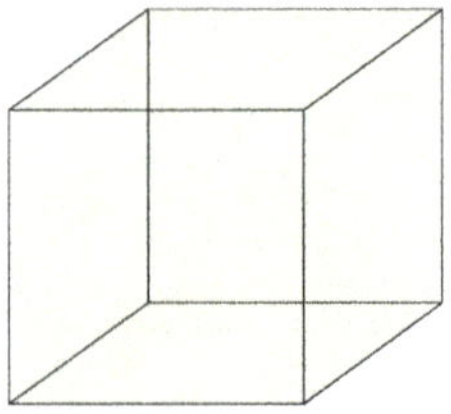
Par ses sommets	Ce type de représentation est utilisé dans les représentations dans un repère cartésien de l'espace.	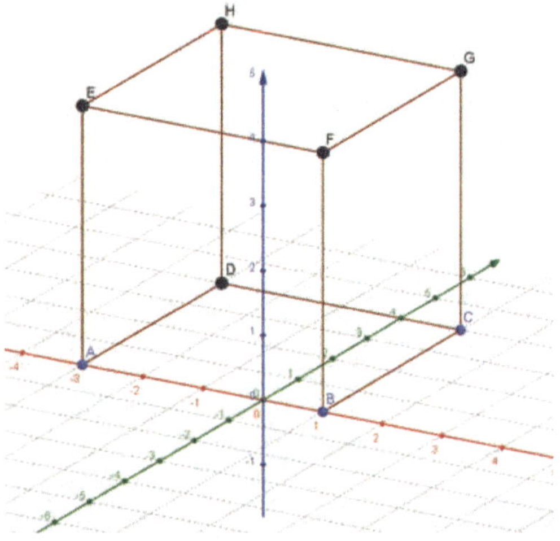

5.1.4 Différentes représentations des solides

Les différentes représentations des solides sont des représentations en perspectives ou un ensemble de vues planes. Pour illustrer les différentes perspectives, nous utiliserons le cas de la représentation d'un cube.

Perspectives parallèles

Perspective cavalière

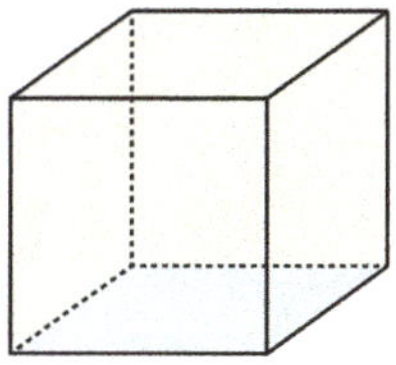

Perspective axonométrique isométrique

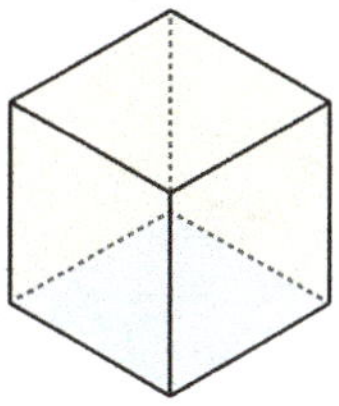

Perspective axonométrique

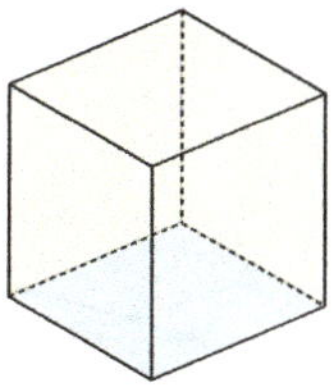

Les perspectives cavalière et axonométriques sont dites « parallèles » parce que les arêtes parallèles sur le cube réel sont dessinées parallèles entre elles.

Dans le cas de la perspective cavalière, qui est la plus facile à dessiner, les faces avant et arrière du cube sont dessinées en vraies grandeurs, les autres faces sont dessinées à l'aide de parallélogrammes. Les arêtes perpendiculaires à la face avant sont dessinées parallèles entre elles et de même longueur; elles s'appellent les fuyantes de la perspective. Les arêtes qui ne sont pas dans le plan frontal (face avant du cube) sont dessinées plus courtes que les autres.

Si l'on doit placer un point au milieu d'une arête, ce point est au milieu du segment qui représente l'arête.

Selon la position de l'observateur, les pointillés qui indiquent la face arrière ne seront pas placés aux mêmes endroits.

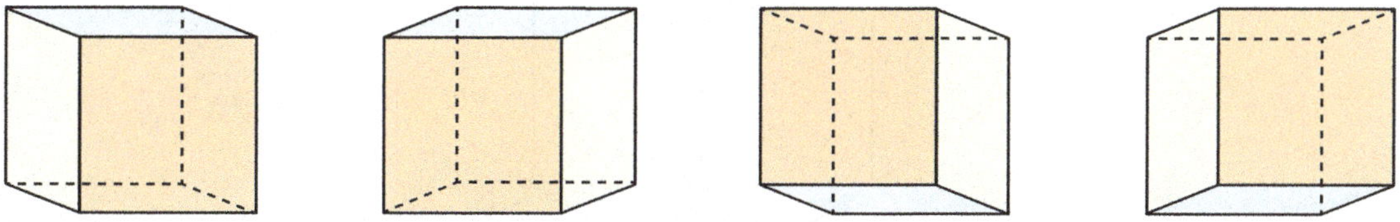

Dans le cas des perspectives axonométriques, l'observateur est face à une arête du cube et selon qu'il est plutôt sur la gauche ou sur la droite au-dessus ou au-dessous de l'objet, toutes les faces seront représentées par des parallélogrammes; les pointillés permettant d'identifier les faces cachées seront placés en des endroits différents sur le dessin. Dans tous les cas, les faces qui sont parallèles et isométriques dans la réalité sont représentées par des parallélogrammes isométriques. Dans le cas très particulier de la perspective axonométrique isométrique, tous les angles droits sont représentés par des angles de 120° ou 60° et toutes les longueurs égales dans la réalité sont égales sur le dessin. C'est ainsi que toutes les faces carrées sont représentées par des losanges et que l'arête verticale à l'arrière du cube est partiellement cachée par l'arête avant. Ci-dessous, nous donnons plusieurs représentations en perspectives axonométriques du même cube.

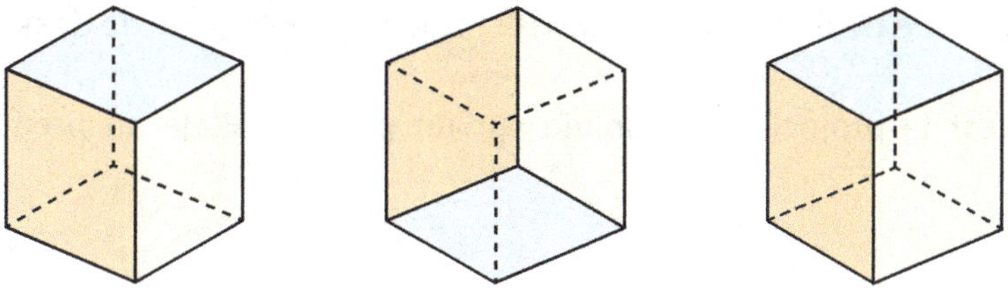

Projections centrales : perspectives à 1 ou 2 points de fuite

Ce sont les représentations qui sont les plus réalistes. Ce sont celles qui se rapprochent de ce que donne une photo du même solide.

Perspective avec 1 point de fuite

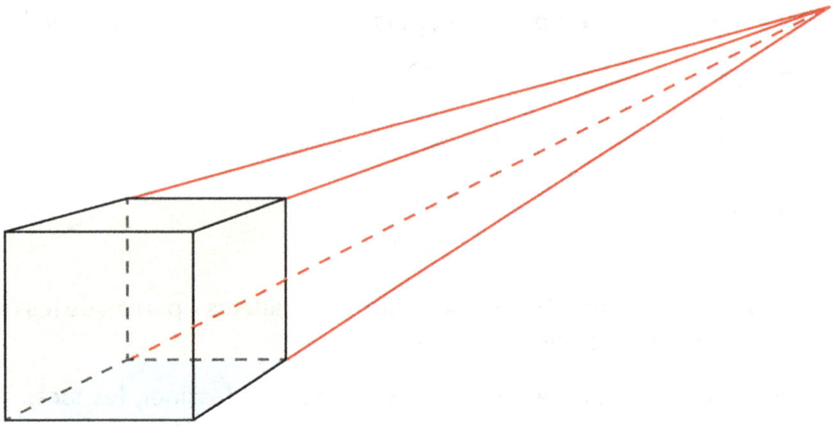

Perspective avec 2 points de fuite

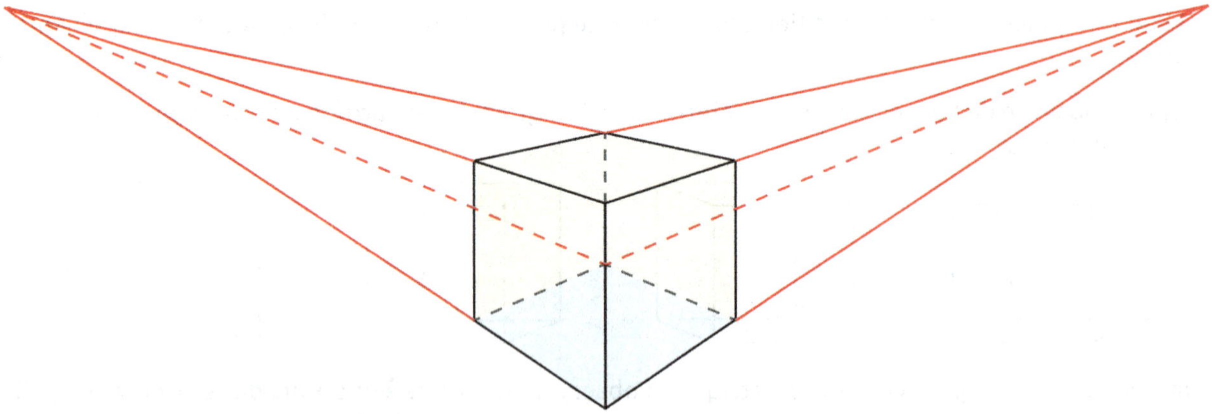

L'apprentissage des représentations en perspective (parallèles ou avec points de fuite) n'est pas au programme de l'école primaire mais l'enseignant aura intérêt à savoir distinguer chacune de ces représentations pour être en mesure d'accompagner ses élèves dans leur décodage.

Ensemble des vues planes d'un solide

En dessin technique, pour représenter un objet, on utilise souvent six vues (ou projections orthogonales) : vue de face, vue de droite, vue de dessus, vue de gauche, vue de dessous et vue arrière.

Chaque vue plane est la projection du solide sur un plan parallèle au premier plan de la vue considérée.

Dans l'illustration ci-dessous, nous avons mis en évidence la vue de face, la vue de droite et la vue de dessus de l'objet. Dans le tableau, nous donnons l'ensemble des six vues;

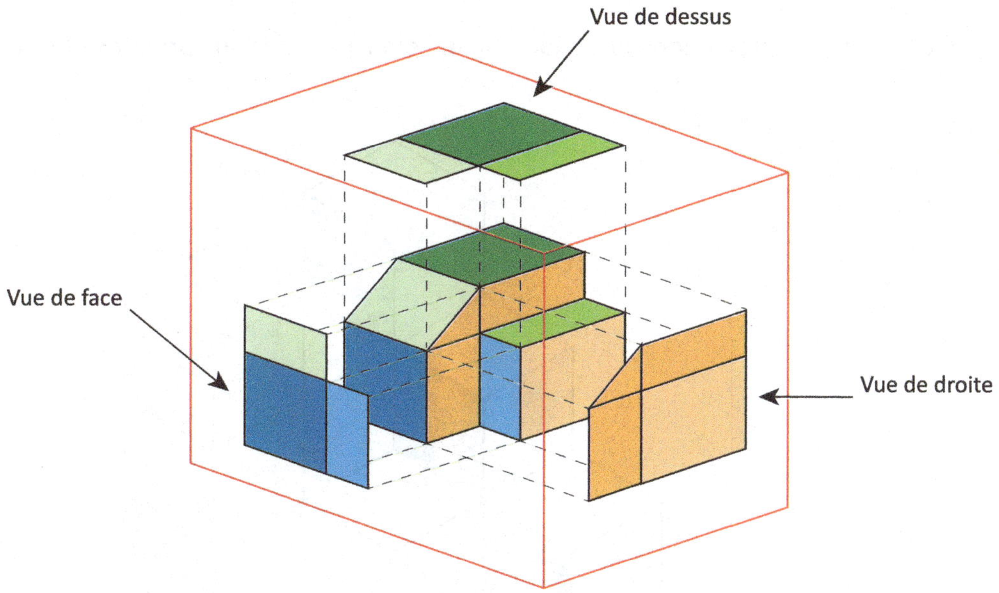

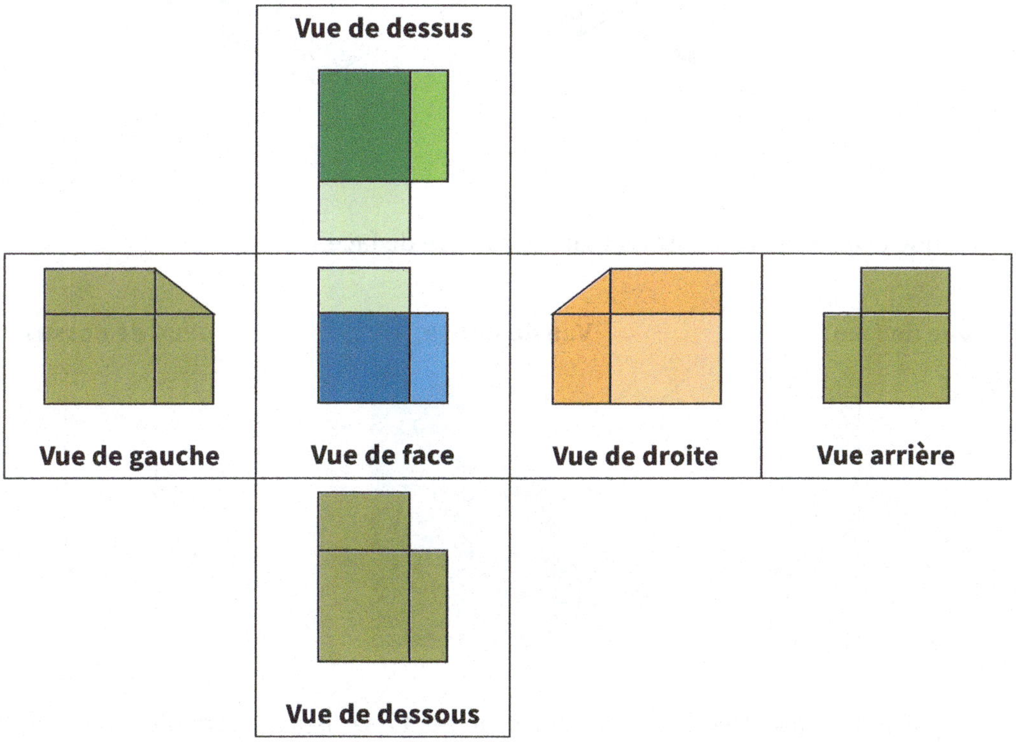

Dans l'exemple ci-dessus, les faces qui sont verticales ou horizontales sont dessinées en dimensions réelles sur les faces correspondantes (faces bleues, faces orange et face vert foncé). La face oblique, de couleur vert pâle, n'est en dimensions réelles ni sur la vue de face ni sur la vue de dessus.

Les vues de gauche, de dessous et vue arrière sont unicolores puisque l'on ne connaît pas la couleur des polygones qui les composent.

À l'école primaire, on travaille avant tout sur les solides constitués d'empilements de cubes et des trois vues principales : la vue de face, la vue de droite et la vue de dessus. Dans les illustrations qui suivent, on donne le dessin d'un empilement de cubes et ses trois vues planes.

Chaque vue plane est la projection du solide sur un plan parallèle au premier plan de la vue considérée.

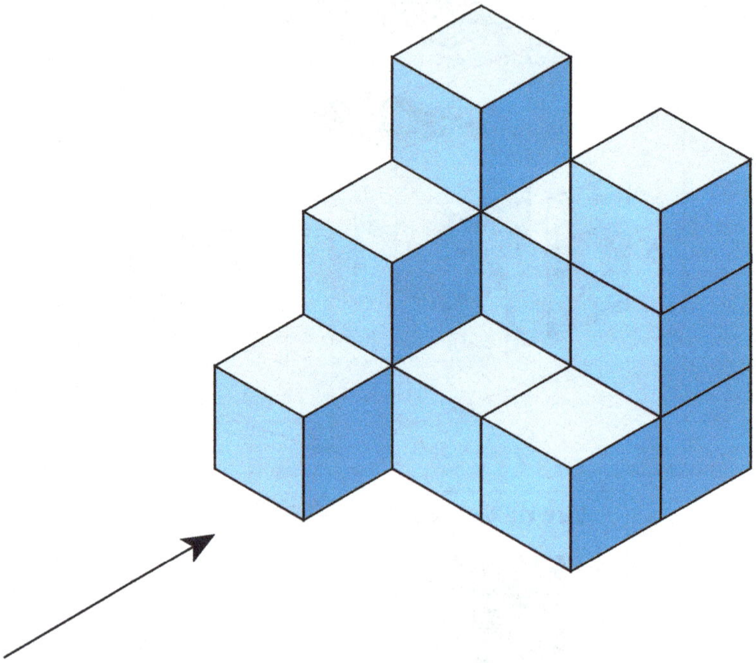

La flèche indique la position de l'observateur pour la vue de face.

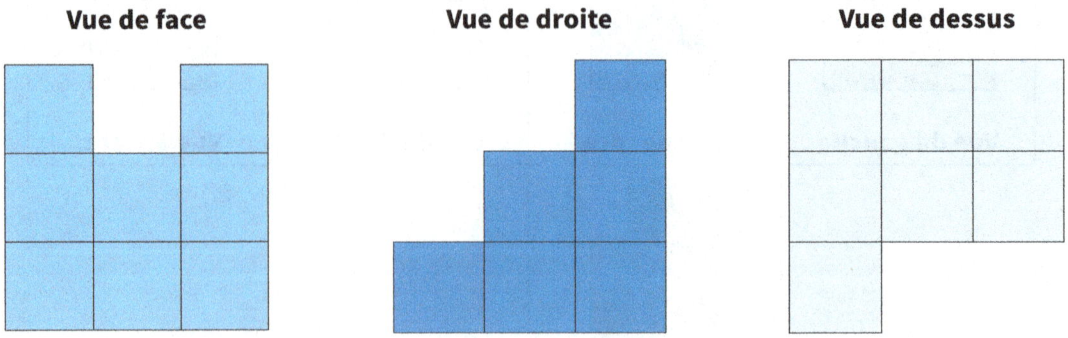

À l'inverse, à partir de l'ensemble des vues planes, on peut reconstituer l'empilement.

5.2 Activités personnelles

5.2.1 Dessin d'une pyramide

Faites le dessin d'une pyramide à base carrée, comme si vous la voyiez. Vous pouvez vous inspirer des souvenirs que vous avez des pyramides d'Égypte ou de la pyramide du Louvre. (Surtout, faites le dessin avec vos connaissances, sans aller chercher la réponse dans Internet ou ailleurs!)

5.2.2 Dessins à compléter

Complétez les représentations en perspective cavalière des différents cubes et prismes droits à base rectangulaire, amorcées dans le quadrillage ci-dessous.

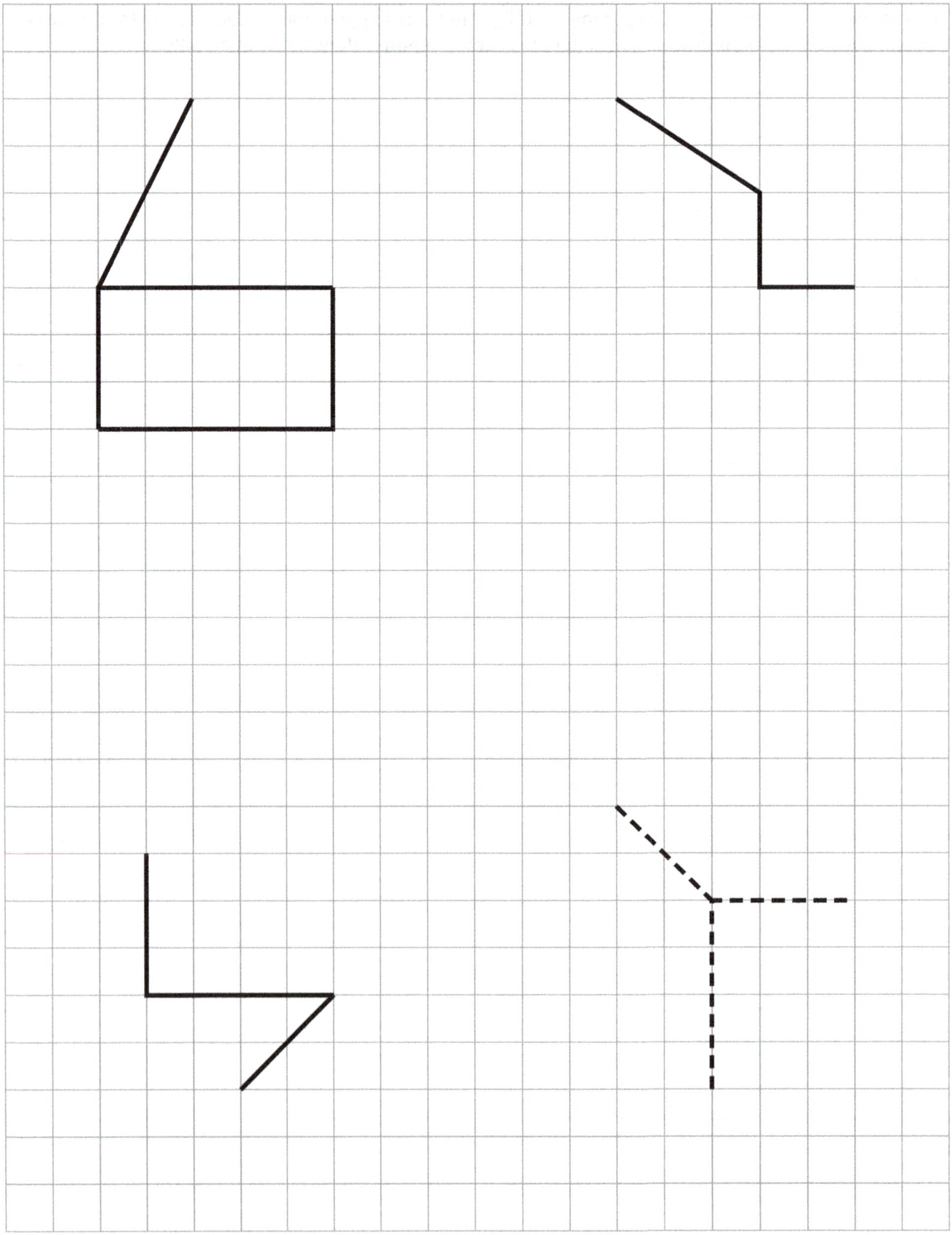

5.2.3 Vues planes

Dessiner les vues planes

On vous propose les deux empilements suivants : empilement A et empilement B.

Empilement A

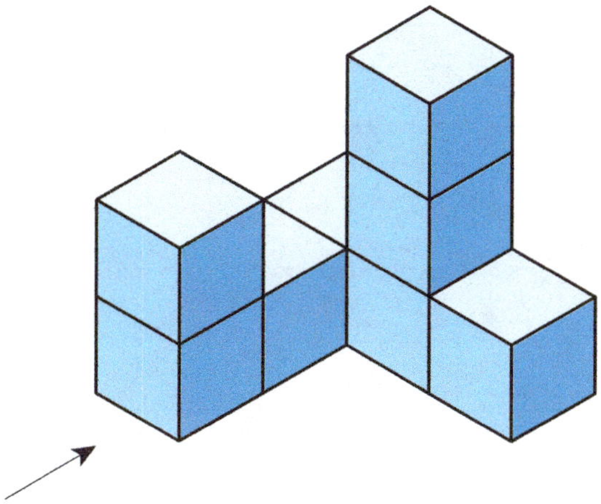

Empilement B

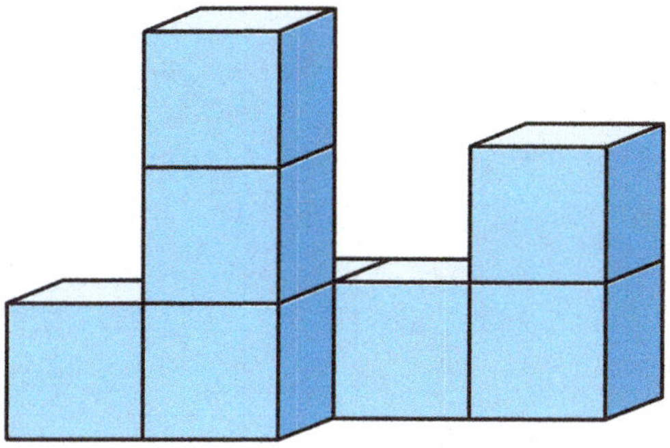

a) Combien de cubes au minimum faut-il pour construire chacun de ces empilements?

b) Y a-t-il une représentation qui vous soit plus facile à interpréter que l'autre? Si oui, laquelle et pourquoi?

c) Dessinez, pour chacun de ces deux empilements, la vue de face, la vue de droite et la vue de dessus.

Retrouver l'empilement

On vous propose trois vues planes d'un seul empilement de cubes.

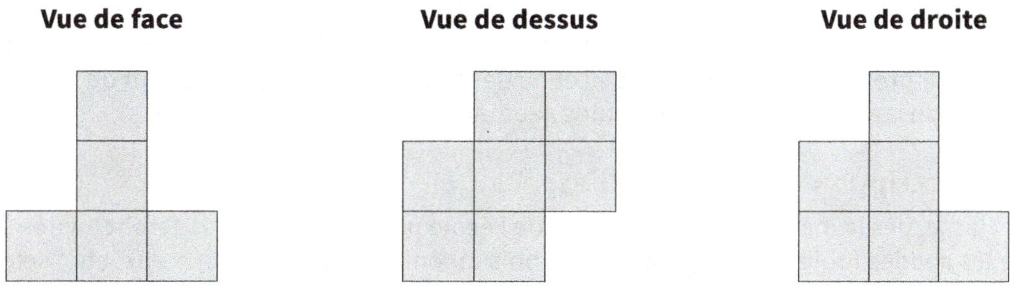

Quel empilement de cubes est associé à l'ensemble de ces trois vues? Précisez votre démarche.

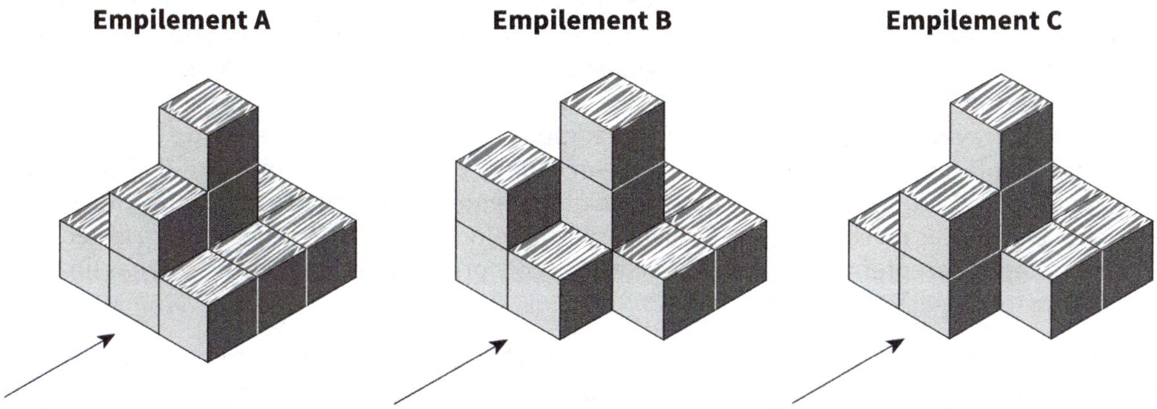

5.3 Compléments didactiques

La représentation des objets de l'espace et la compréhension de ces représentations sont des activités souvent considérées comme transparentes, allant de soi, quand bien des adultes et, a fortiori des élèves, ont des difficultés à ce propos. Pour maîtriser de telles activités, les élèves ont besoin d'une connaissance approfondie des solides réels, connaissance qu'ils acquièrent en les manipulant, en les décrivant alors qu'ils les ont en main ou sous les yeux. Pour cela, il est souhaitable de commencer par proposer des activités de tri et de descriptions d'objets réels avant de faire travailler les élèves sur des représentations des solides géométriques.

5.3.1 La description des objets de l'espace

Ainsi, en classe, dès la maternelle et le 1er cycle de l'école primaire, les élèves seront invités à trier et à décrire les solides (objets réels en carton, en bois ou en plastique, pleins, creux, etc.) selon différents critères : ceux qui roulent, ceux qui glissent, ceux dont toutes les faces sont des quadrilatères, ceux qui ont tous 8 sommets, etc. Au cours des activités de description, on encouragera les élèves à épurer leurs textes (ou leurs critères) pour les amener à accepter l'idée que tout objet satisfaisant à la même description soit un représentant du même solide géométrique. En didactique de la géométrie, on dit qu'on passe des « solides sociaux » aux solides « géométriques ». Par exemple, une boîte de mouchoirs, une boîte de céréales, une plaquette de chocolat, un livre, une boîte d'emballage de Postes Canada ou une boîte de déménagement seront autant de représentants du même solide géométrique que l'on appellera « prisme droit à base rectangulaire ». On pourra aussi jouer au jeu du solide caché avec de vrais solides (voir le paragraphe 5.4.1) ou à la marchande de formes : « Combien faut-il de pièces Polydrons pour construire un cube? » ou « Quelles formes faut-il et combien en faut-il pour reproduire ce solide? », ce dernier étant présenté sur le bureau de l'enseignant. Si l'on se réfère à la théorie des niveaux de pensée en géométrie selon P.M. van Hiele appliquée à la géométrie dans l'espace, on acceptera, surtout au 1er cycle de l'école primaire, qu'un cube ne soit pas un prisme droit à base rectangulaire particulier.

Dans un deuxième temps, pour faire le lien entre le solide réel et sa représentation, on pratiquera les mêmes activités en donnant aux élèves, non pas un solide réel en référence mais, une représentation 2D de celui-ci (perspective axonométrique ou perspective cavalière, translucide). À l'exception des cubes ou des prismes à base rectangulaire, il sera prudent de ne pas avoir recours aux représentations opaques comme en témoigne l'illustration ci-dessous. Il s'agit d'une pyramide mais on n'a aucune information sur la nature de sa base : ce peut être un triangle, un carré ou tout autre polygone.

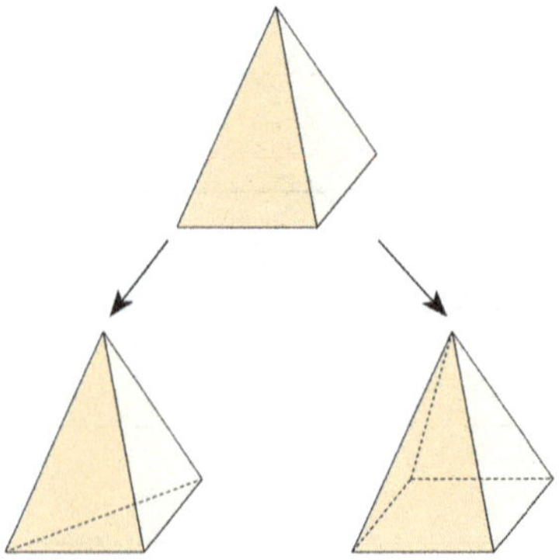

5.3.2 La représentation des objets de l'espace

Il n'est pas prévu, à l'école primaire, que les élèves apprennent à représenter un objet en perspective, qu'elle soit parallèle ou avec points de fuite. Mais nous considérons qu'il est intéressant que l'enseignant ait quelques notions de ces représentations dans la mesure où toutes ne sont pas disponibles sur Internet et, à l'occasion, il peut arriver qu'il ait besoin d'en réaliser une lui-même.

Dans toute représentation d'un objet de l'espace, on a une perte d'informations à propos des relations entre les sommets, les arêtes (longueurs, directions), les angles puisque l'objet réel est en 3 dimensions alors que les représentations sont en 2 dimensions. Les conventions de dessin permettent de lever certaines ambiguïtés mais d'autres subsistent et c'est le contexte qui, souvent, permet de répondre. Ces conventions permettent d'établir un compromis entre le « su » et le « vu » (Colmez et Parzysz, 1993). En effet, ce qui est dessiné n'est ni ce que l'on sait de la situation géométrique ni exactement ce que l'on voit; c'est un compromis entre les deux et ce compromis doit être enseigné.

Par exemple, d'une pyramide régulière à base carrée, représentée en perspective cavalière (voir le paragraphe 5.1.2), on sait (« su ») que toutes les faces latérales sont des triangles isocèles et que la hauteur passe par le centre de la base et lui est perpendiculaire. Or dans une telle représentation, aucun des triangles dessinés n'est un triangle isocèle, et la base dessinée n'est pas un carré mais un parallélogramme (« vu »). Si certains triangles dessinés étaient isocèles on aurait alors une autre représentation de la pyramide, moins familière et, sans doute, plus difficile d'accès en particulier pour certains élèves de l'école primaire. Les deux représentations ci-dessous en sont deux exemples.

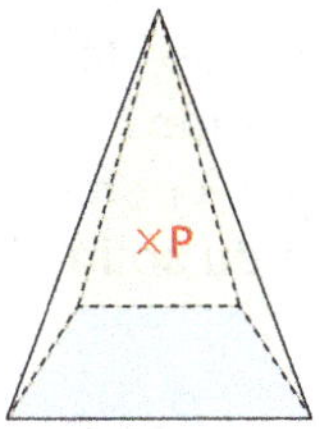

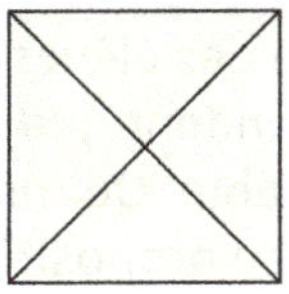

Dans la représentation de gauche, l'observateur est placé juste en face de la pyramide et légèrement au-dessus du plan de base : c'est une représentation avec point de fuite. Sans les arêtes dessinées en pointillés, il serait difficile de dire qu'il s'agit de la représentation d'une telle pyramide. À partir de cette représentation, il est impossible de dire si la base est un trapèze isocèle ou un carré. De plus, que dire du point P? Il peut tout aussi bien être à l'intérieur de la pyramide que sur la face latérale avant ou la face latérale arrière, voire en avant ou en arrière de la pyramide; seule une description verbale permettra de lever les ambiguïtés. Dans la représentation de droite, l'observateur est placé au-dessus du sommet de la pyramide; la base est alors totalement masquée. Si l'on peut être certain que celle-ci est un carré, il n'empêche qu'une telle représentation peut facilement être interprétée comme le dessin d'un carré et de ses deux diagonales.

5.3.3 La compréhension des représentations des objets de l'espace

Dans les manuels du primaire, les représentations des objets de l'espace sont, la plupart du temps, proposées en perspectives parallèles (cavalière ou axonométrique). Nous avons vu (voir le paragraphe 5.2.3) que ces deux modes de représentations avaient des intérêts différents selon les objets ou les empilements. Dans tous les cas, l'enseignant prendra soin de ne pas poser de questions pour lesquelles l'élève serait amené à mesurer sur la représentation du solide. En effet, à quoi bon utiliser une équerre pour vérifier que tous les angles de toutes les faces sont des angles droits sur la représentation axonométrique d'un cube? On veillera donc à poser des questions auxquelles les élèves peuvent répondre en combinant les connaissances théoriques qu'ils ont des solides et les représentations qui leur sont proposées. En revanche, on pourra proposer aux élèves, à titre anecdotique, quelques dessins d'objets impossibles comme le cube de Necker ou le triangle de Penrose (voir illustrations ci-dessous). La question sera alors de modifier le dessin pour que l'objet soit constructible!

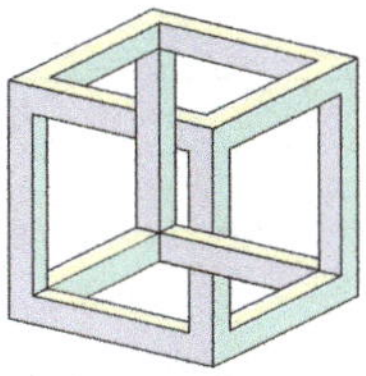

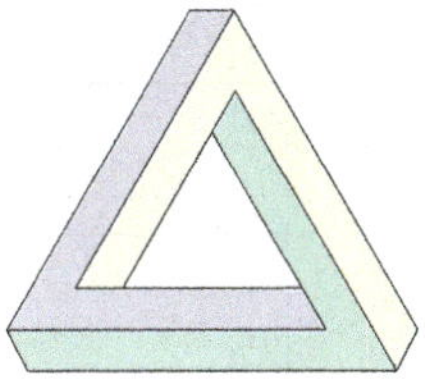

Une représentation qui est peu utilisée ou mise en valeur est la représentation par assemblages de vues planes. Comme nous le verrons dans la partie suivante (voir le paragraphe 5.4.2), ce sont des représentations qui sont facilement accessibles aux élèves parce qu'ils peuvent facilement contrôler leur travail : chaque vue plane est l'ombre chinoise de l'objet sur un plan ou sur un autre. Recomposer un empilement de cubes à partir d'un ensemble de vues planes est un exercice particulièrement intéressant parce que, là encore, la validation est facile et c'est une activité où l'élève est amené à alterner dessin et manipulations et à gérer simultanément plusieurs contraintes, sans référence à des calculs ou autre situation de problème verbal ou arithmétique.

5.4 Activités didactiques (analyses de productions d'élèves)

5.4.1 Le solide caché

Sur le bureau de l'enseignante, les solides en bois ci-dessous sont présentés. Ils sont repérables par une lettre. Dans une boîte, la reproduction de l'un de ces solides est cachée. Deux élèves sortent de la classe et observent le solide caché dans la boîte. Ils s'en donnent une description précise, au besoin avec le concours de l'enseignante. Le reste du groupe-classe doit deviner de quel solide il s'agit. Pour ce faire, l'ensemble des élèves posent des questions aux deux élèves qui ont observé le solide. Ces deux élèves ne répondent que par « oui » ou par « non ». Une question comme « S'agit-il du solide E? » n'est pas acceptable. Quand la description du solide leur semble suffisamment précise, les élèves peuvent faire une proposition.

Solide A

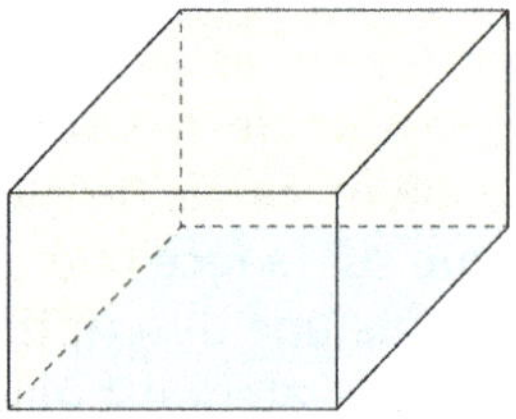

Solide B

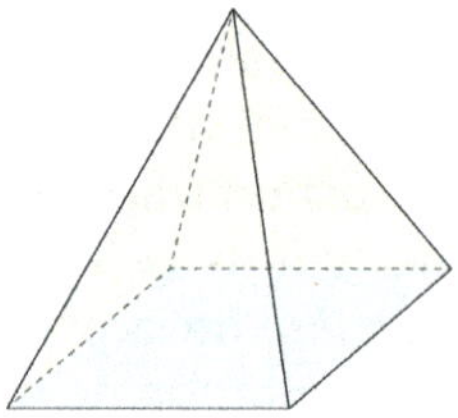

Solide C

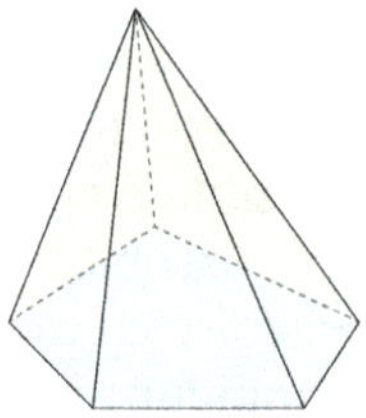

Solide D

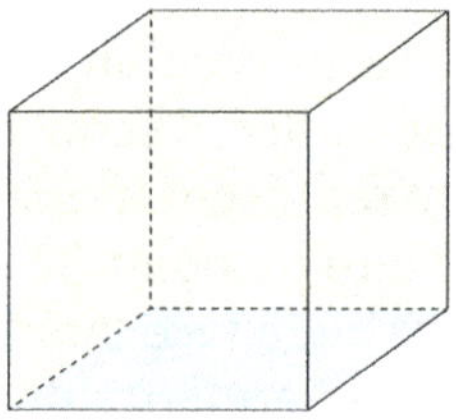

Solide E

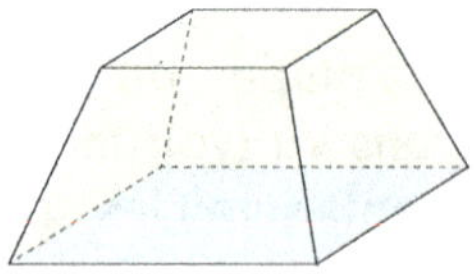

Solide F

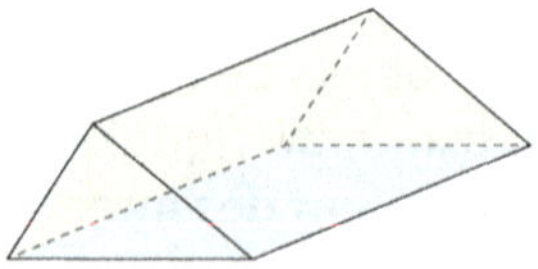

Solide G

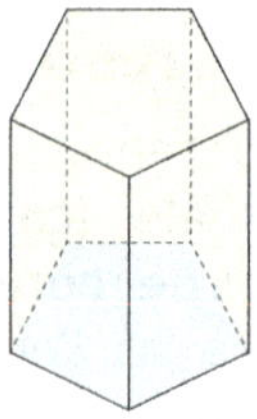

Solide H

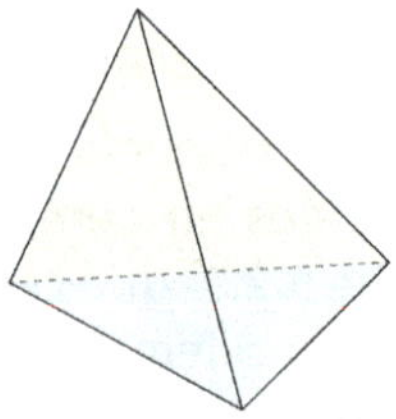

Après discussion, les élèves arrivent à la conclusion que le solide caché a 8 sommets, 12 arêtes et 6 faces.

a) Quels sont les solides qui correspondent à cette description?

b) Quelles précisions manque-t-il pour que le groupe-classe retrouve le solide E sans hésitation? Faites des propositions.

5.4.2 Analyse de productions d'élèves

Dessins de vues planes

Les dessins qui suivent ont été produits par des élèves de 3e année sans enseignement préalable sur les représentations des objets de l'espace. L'expérimentation a eu lieu dans les conditions suivantes :

- Les élèves avaient chacun à leur disposition une dizaine de cubes emboîtables avec lesquels ils ont réalisé les assemblages et les empilements qu'ils voulaient. La seule contrainte qui leur a été imposée était que l'ensemble devait entièrement reposer sur la table; il ne devait pas y avoir de cubes accrochés à d'autres « en l'air »;
- Le dessin en perspective axonométrique de l'empilement A leur a été donné sans qu'ils aient l'autorisation de le construire. Il leur a été demandé de dessiner ce qu'ils verraient s'ils se mettaient « juste en face de l'empilement » (vue de face), « au-dessus de l'empilement » (vue de dessus) et « sur le côté droit de l'empilement »;
- Les réponses des élèves ont été analysées et corrigées. La mise en commun s'est faite par l'intermédiaire de la construction de l'empilement. Les vues attendues ont été dessinées au tableau;
- Le dessin en perspective cavalière de l'empilement B a ensuite été proposé aux élèves, et les mêmes questions leur ont été posées : dessin de la vue de face, de la vue de dessus et de la vue de droite.

Empilement A

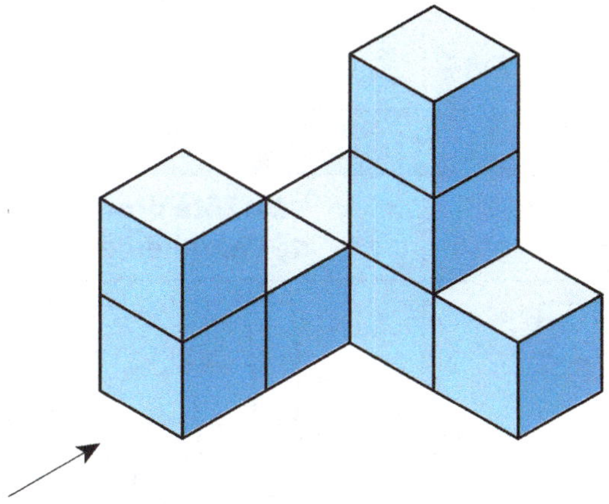

Empilement B

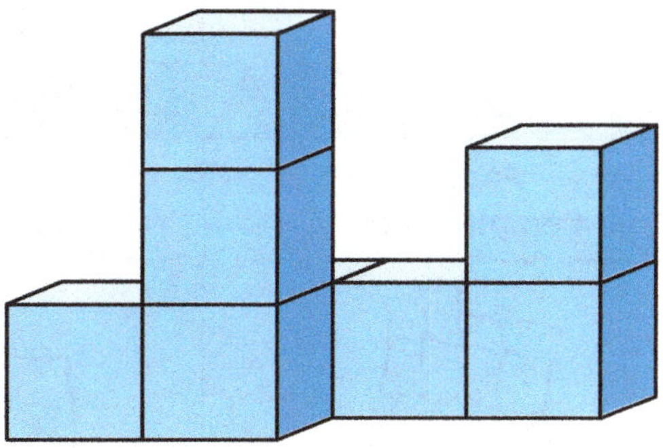

Les productions successives des élèves sont les suivantes :

Marie

Empilement A		
Face à l'empilement	**Au-dessus de l'empilement**	**Du côté droit de l'empilement**
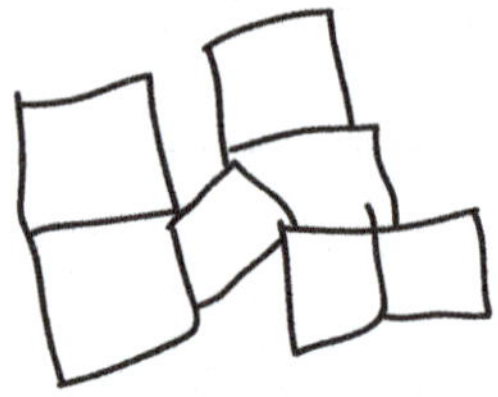	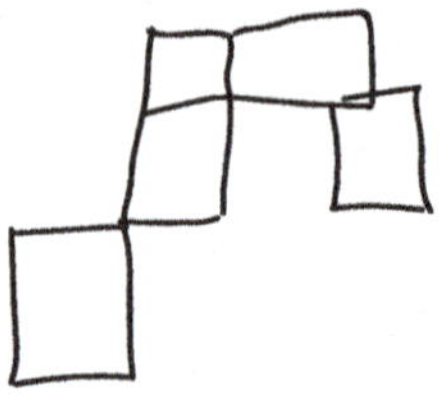	
Empilement B		
Face à l'empilement	**Au-dessus de l'empilement**	**Du côté droit de l'empilement**

Victor

Empilement A		
Face à l'empilement	**Au-dessus de l'empilement**	**Du côté droit de l'empilement**
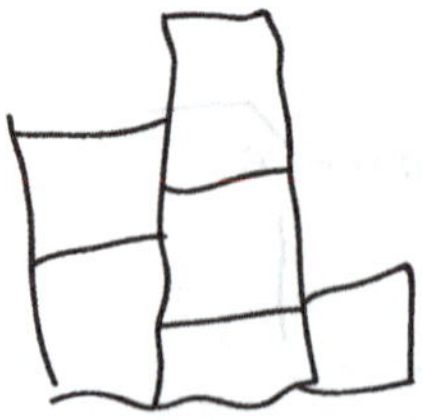		
Empilement B		
Face à l'empilement	**Au-dessus de l'empilement**	**Du côté droit de l'empilement**
	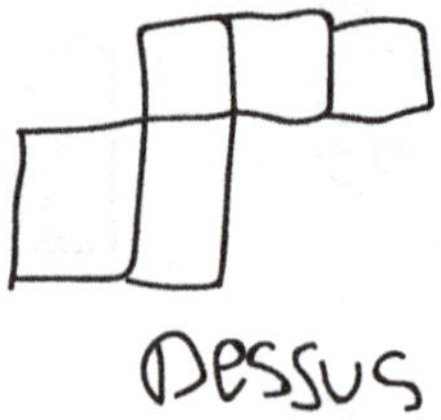	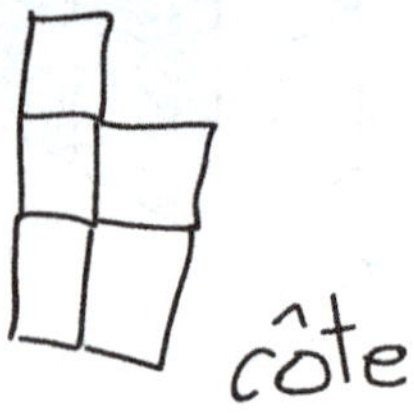

Raoul

Empilement A		
Face à l'empilement	**Au-dessus de l'empilement**	**Du côté droit de l'empilement**
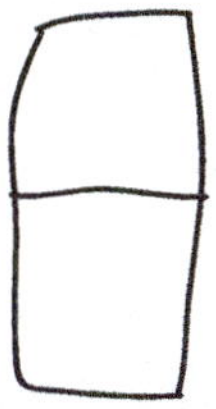	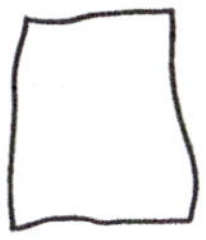	
Empilement B		
Face à l'empilement	**Au-dessus de l'empilement**	**Du côté droit de l'empilement**

a) Décrivez les représentations planes de l'empilement A, proposées spontanément par les élèves. Quelles sont les conceptions des représentations planes des objets de l'espace dont les élèves témoignent par ces dessins?

Marie

Victor

Raoul

b) Après la mise en commun liée aux productions des élèves à propos de l'empilement A, les conventions liées aux vues planes d'un objet de l'espace ont été explicitées, en particulier le fait que tous les cubes ayant la même arête sont représentés par des carrés isométriques. En observant leurs productions à propos de l'empilement B, peut-on dire que tous les élèves ont compris ce que sont les vues planes des objets de l'espace? Dans la négative, décrivez la difficulté (ou les difficultés) que rencontrent toujours certains élèves. Comment peut-on envisager de les aider à surmonter cette difficulté (ou ces difficultés)?

Marie

Victor

Raoul

Retrouver l'empilement

Après avoir mis en commun les productions et corrigé les vues planes de l'empilement B avec les élèves, nous leur avons proposé l'exercice inverse : retrouver l'empilement à partir de l'ensemble de ses vues planes (voir activité 5.2.3 à la p.143). Nous les avons autorisés à construire les empilements de cubes si cela pouvait les aider à retrouver le dessin en perspective de l'empilement attendu. Les trois vues de l'empilement sont rappelées dans le tableau ci-dessous.

Vue de face	Vue de dessus	Vue de droite
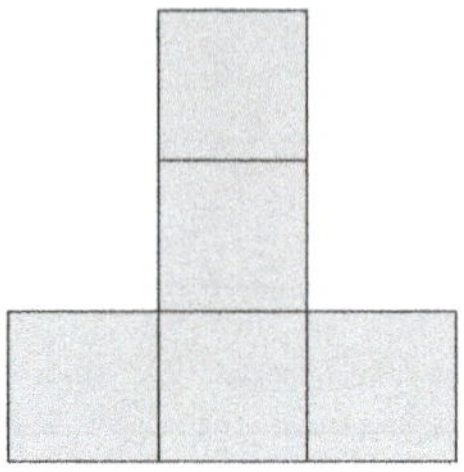	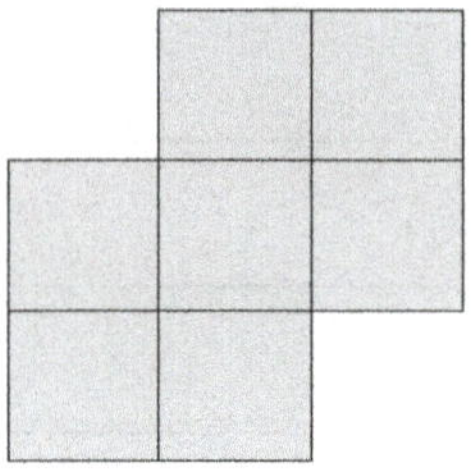	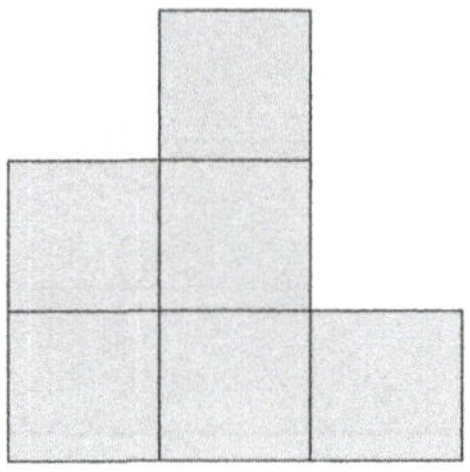

Les réponses de Fatima et de Joao sont les suivantes.

Fatima

Empilement A	Empilement B	Empilement C
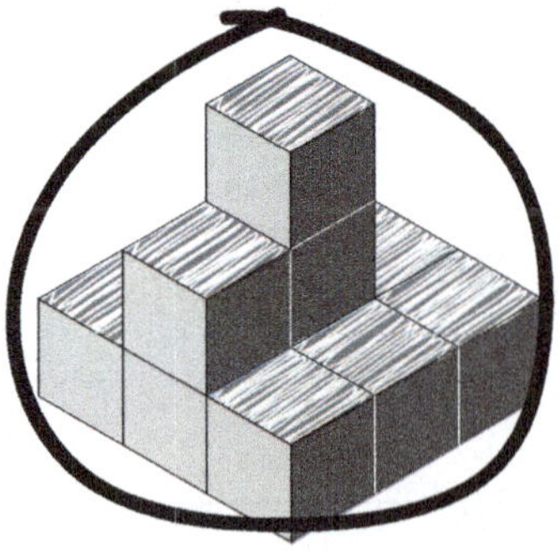	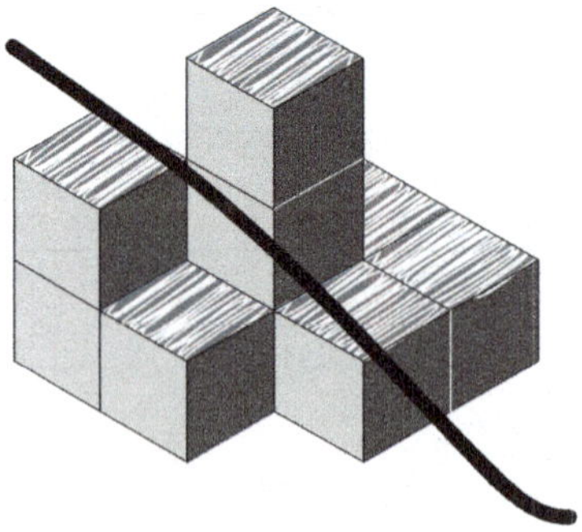	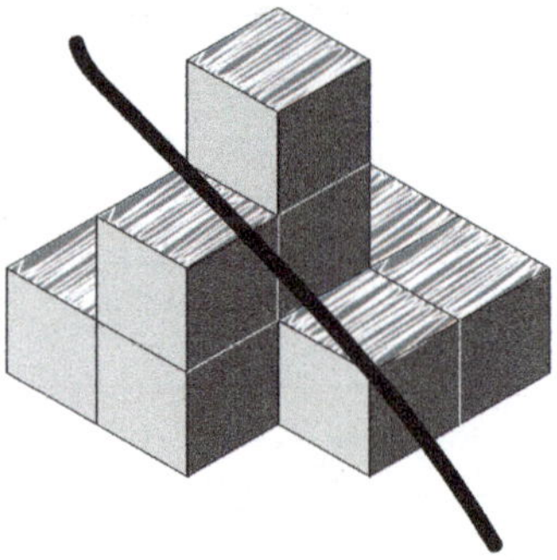

Joao

Empilement A	Empilement B	Empilement C
		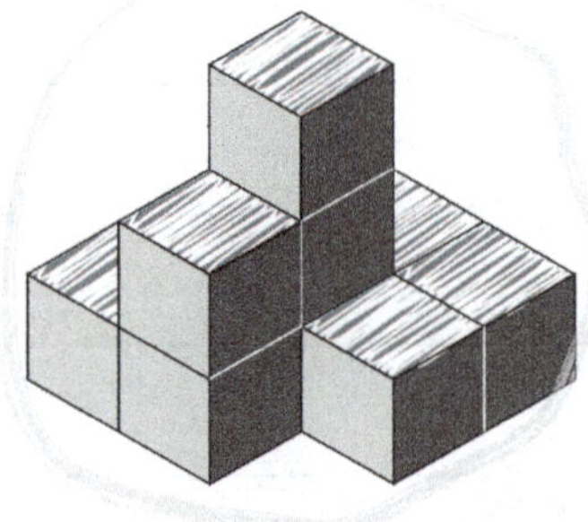

a) Fatima et Joao ont-ils fait le bon choix?

b) Quelles sont les vues qu'ils ont prises en compte?

Fatima

Joao

c) Quelles sont celles qu'ils ont négligées?

Fatima

Joao

d) Comment peut-on envisager de les aider à corriger leur erreur?

6 Développement de polyèdres

Ce dernier chapitre sur le thème de la géométrie dans l'espace est consacré au développement des polyèdres. Si mathématiquement, le développement est une activité distincte, dans la classe, celle-ci sera souvent conjointe à aux activités de constructions, de descriptions et de représentations que nous avons vues au chapitre précédent.

Au plan théorique, nous reverrons quelles sont les règles de constructions de développements des solides, qu'il s'agisse des polyèdres ou des corps ronds comme le cylindre ou le cône. En effet, même si ces derniers ne sont pas à aborder à l'école primaire, il nous semble important que, dans un ouvrage destiné aux enseignants en formation initiale ou continue, cette question du développement du cylindre et du cône soit abordée.

Au plan didactique, nous verrons comment exploiter certaines activités proposées dans des manuels pour que les élèves fassent le lien entre les caractéristiques de l'objet réel, celles que l'on retrouve dans son développement et comment on élabore le développement d'un polyèdre.

6.1 Rappels théoriques

6.1.1 Qu'est-ce qu'un développement de solide?

Quand on défait une boîte ou un solide en soulevant le couvercle et en décollant ce qui peut l'être, on obtient souvent des polygones assemblés les uns aux autres par un côté à l'aide de languettes.

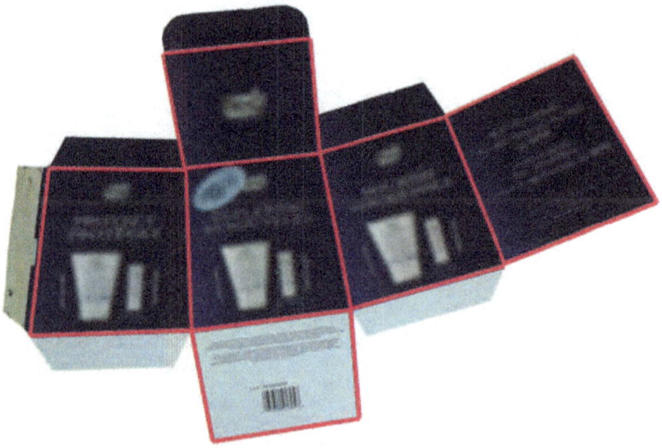

Les polygones ont été dessinés
en rouge autour des faces de la boîte.

On appelle « développement d'un solide » (ou « patron d'un solide »), toute figure plane qui, par pliage, permet de reformer le solide.

Sur le développement, on doit donc retrouver **toutes les faces** en vraie grandeur, que celles-ci soient planes ou courbes.

Au cours du pliage, les côtés des polygones qui vont se trouver en contact les uns avec les autres vont constituer les arêtes du solide.

Dans l'activité suivante, laquelle des figures A, B ou C peut-elle être le développement du polyèdre appelé « tronc de pyramide »? Quels sont les critères à respecter pour retrouver le développement?

Un tronc de pyramide

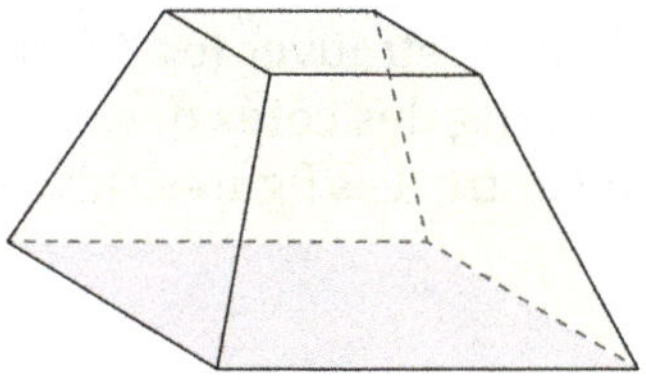

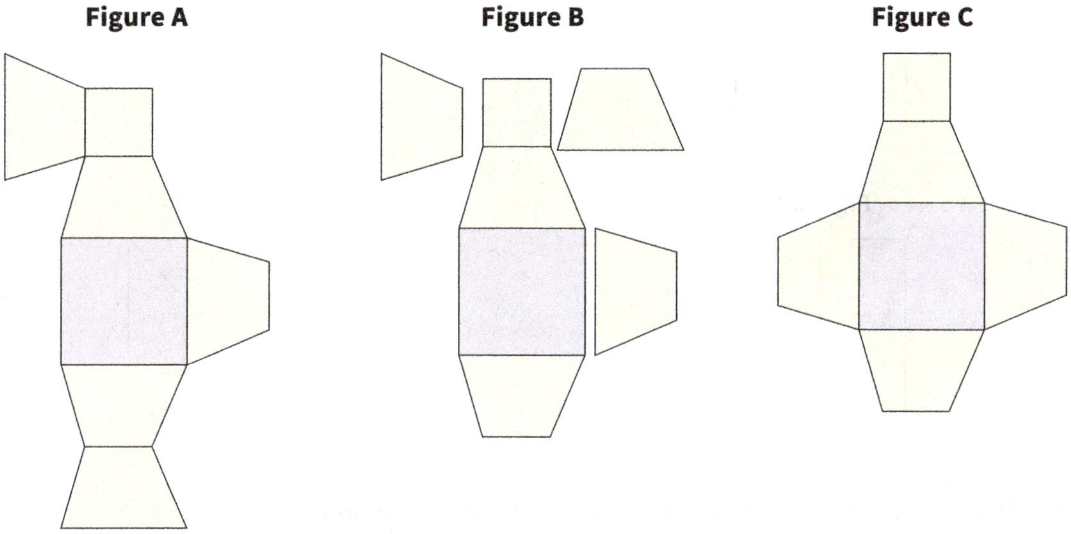

- Figure A : les 6 faces ne peuvent pas reformer le tronc de pyramide par pliage et il y a une face en trop.
- Figure B : les 6 faces ne sont pas conjointes.
- Figure C : c'est un développement possible du tronc de pyramide. Les 6 faces sont présentes et, par pliage, on peut reformer le polyèdre. De plus, les faces isométriques sur le polyèdre, sont des polygones isométriques : les quatre faces latérales sont autant de trapèzes isocèles.

Les développements ne doivent pas être confondus avec les représentations du solide en perspective, qu'elle soit perspective cavalière (voir la figure ci-dessus) ou avec point de fuite (voir les deux figures ci-dessous).

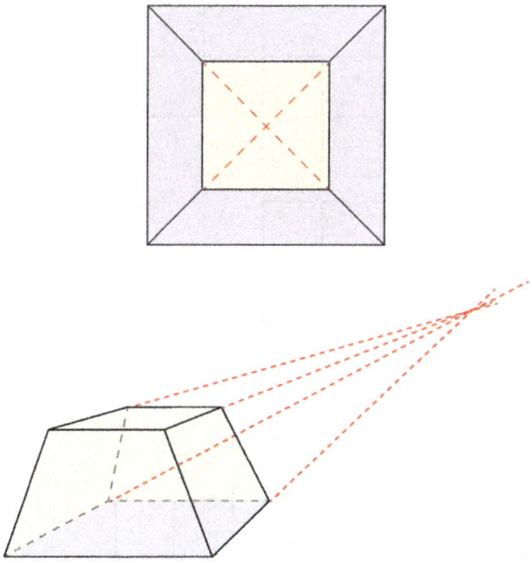

6.1.2 Développements du cube

Dans un développement du cube, on doit retrouver les 6 faces carrées isométriques. Mais le cube doit pouvoir être reformé par pliage le long des côtés des carrés, sans qu'il ne manque une face ou que deux carrés se retrouvent l'un sur l'autre. Les figures suivantes ne peuvent pas être des développements de cubes.

Figure A

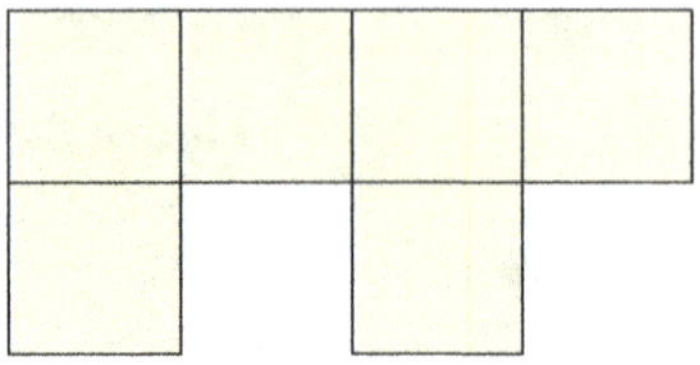

Figure B

Figure C

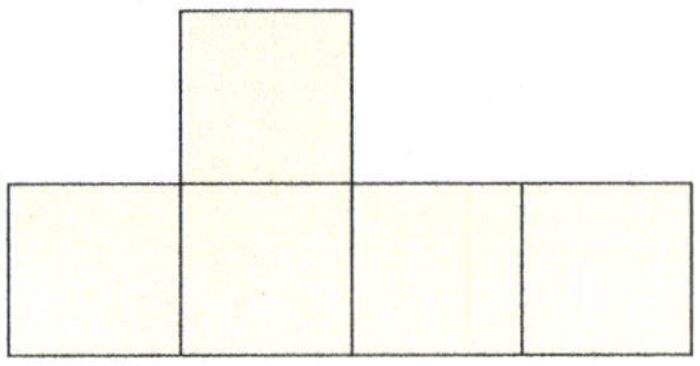

Figure D

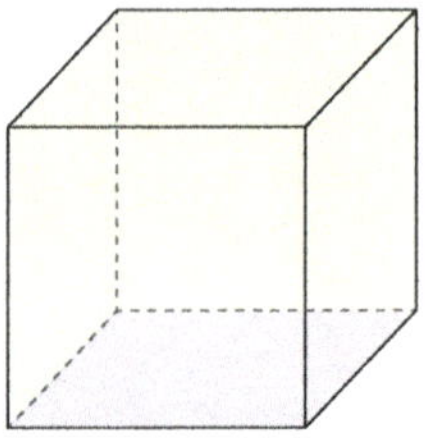

- Figure A : les deux carrés du bas vont se chevaucher quand on va plier.
- Figure B : l'ensemble des 6 carrés ne peut pas se plier.
- Figure C : il manque un carré donc une face.
- Figure D : c'est la représentation en perspective cavalière du cube.

Le cube a 11 développements possibles.

6.1.3 Développements d'un prisme droit

Comme pour le cube, on doit trouver dans un développement de prisme droit, les deux polygones isométriques qui sont aussi les bases (carré, rectangle, triangle, polygone régulier ou non) et les faces latérales rectangulaires.

Le nombre de faces latérales est égal au nombre de côtés de la base : 4 faces rectangulaires si la base est un carré, un rectangle ou un parallélogramme, 3 faces si la base est un triangle, 6 faces si la base est un hexagone régulier (ou non), etc.

Prisme droit à base rectangulaire

Sur chacun de ces développements, on doit retrouver les trois dimensions qui le caractérisent : la longueur, la largeur et la hauteur.

Ci-dessous, le prisme à base rectangulaire est représenté en perspective axonométrique, puis, et l'un de ses développements, est proposé.

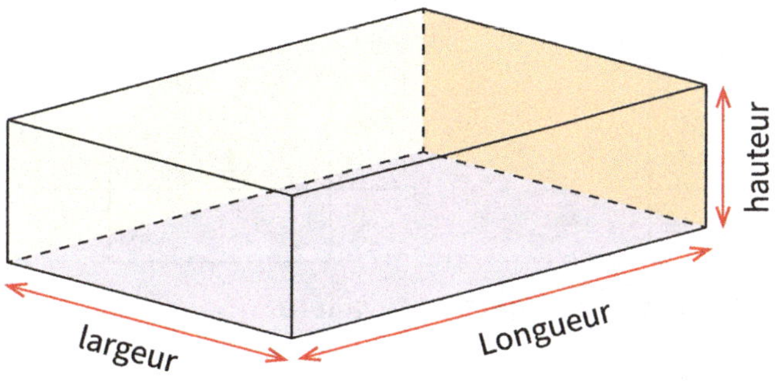

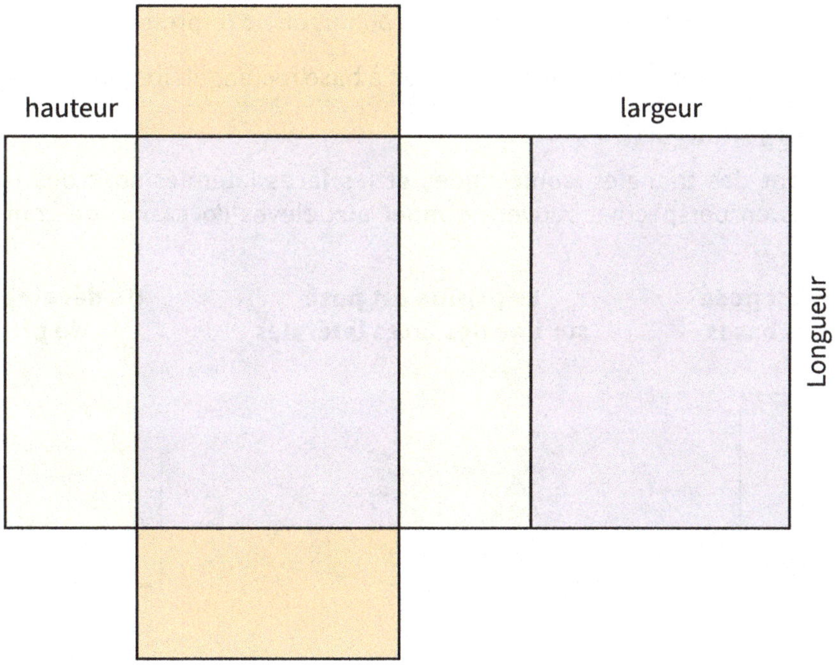

Les figures suivantes ne sont pas des développements de prisme droit à base rectangulaire :

Figure A

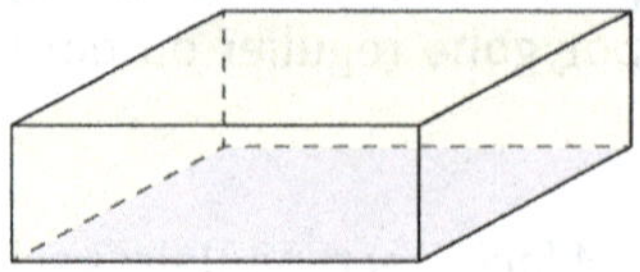

Figure B

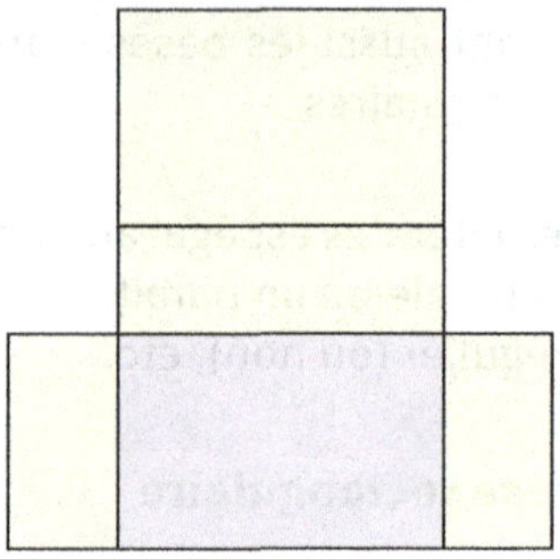

Figure C

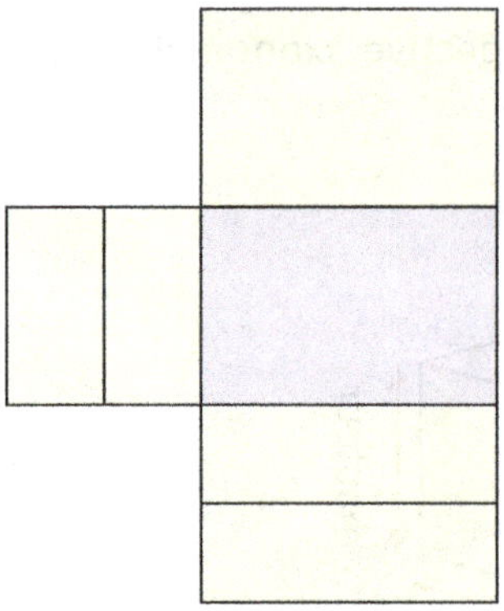

Figure D

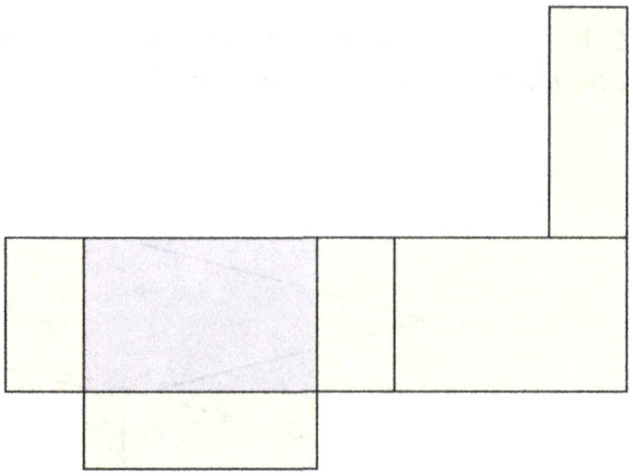

- Figure A : représentation en perspective cavalière.
- Figure B : il manque une face.
- Figure C : les faces parallèles sur le prisme n'ont pas d'arête commune donc ne peuvent être dessinées avec un côté commun sur le développement.
- Figure D : en découpant cette figure et en la pliant, on ne reformera pas le prisme.

Si le cube admet 11 développements, le prisme droit à base rectangulaire (non carrée) en admet 54!

Prisme droit à base triangulaire

Les deux bases sont des triangles isométriques et les faces latérales sont des rectangles. Mais les représentations en perspective peuvent donner aux élèves l'occasion de confondre avec les pyramides.

Le prisme est posé sur une des bases

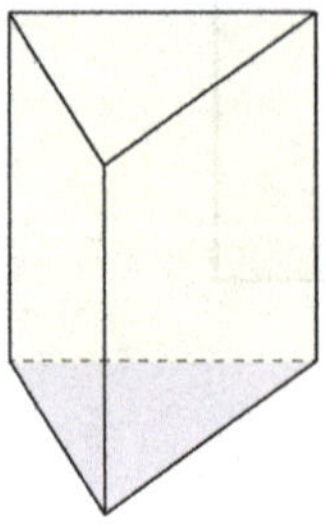

Le prisme est posé sur une des faces latérales

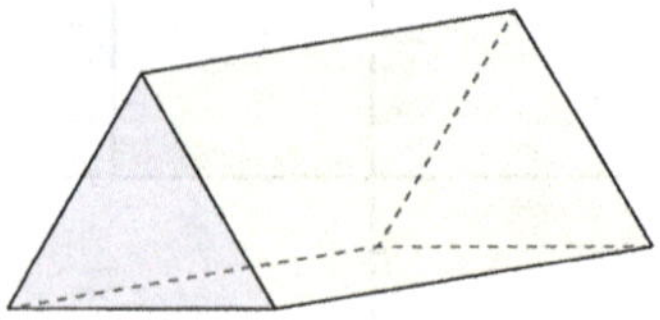

Un développement du prisme

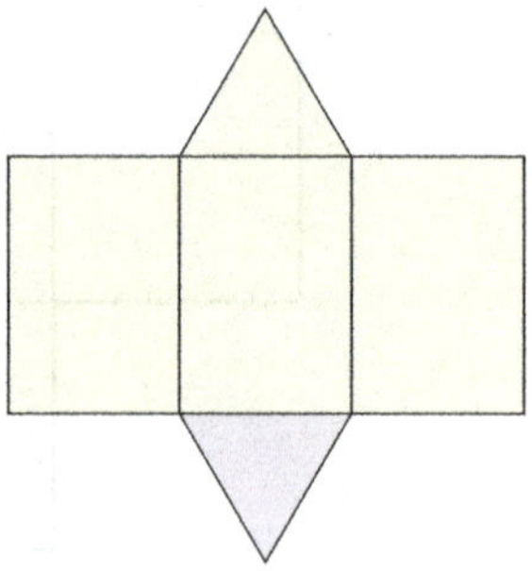

6.1.4 Développements d'une pyramide

Dans un développement de pyramide, on doit retrouver la base et tous les triangles qui composent la surface latérale de la pyramide.

Les longueurs des côtés des triangles doivent être égales quand les faces ont une arête commune.

Pyramide régulière à base carrée

La base est un carré et les faces latérales sont toutes des triangles isocèles (ou équilatéraux).

La pyramide en perspective

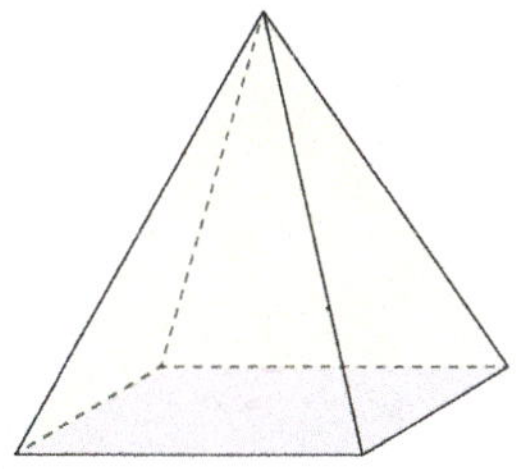

Deux développements de la pyramide

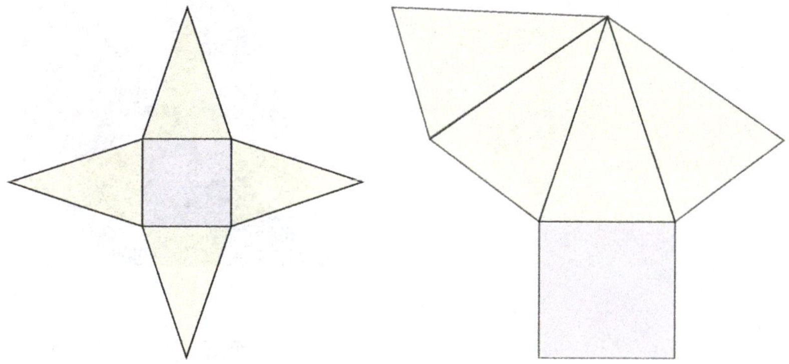

On remarquera que, dans le développement d'une pyramide, la hauteur de celle-ci n'est pas représentée (voir paragraphe 5.1.2, p. 132)

Pyramide à base carrée, tiers de cube

La base est un carré qui est aussi une face du cube. Les faces latérales sont des triangles rectangles.

La pyramide en perspective

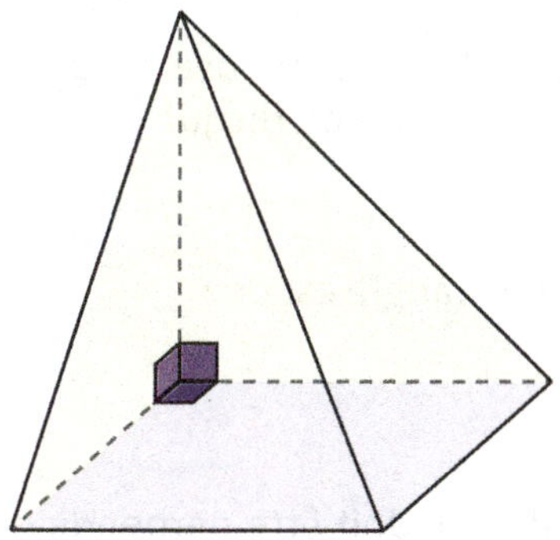

Deux développements de la pyramide

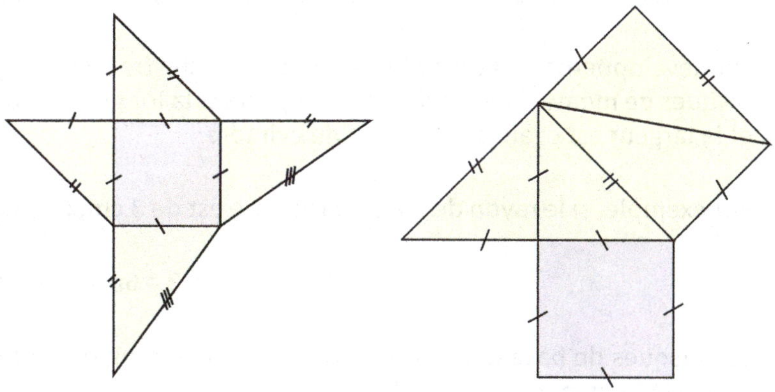

L'assemblage de trois pyramides de ce type permet de composer un cube :

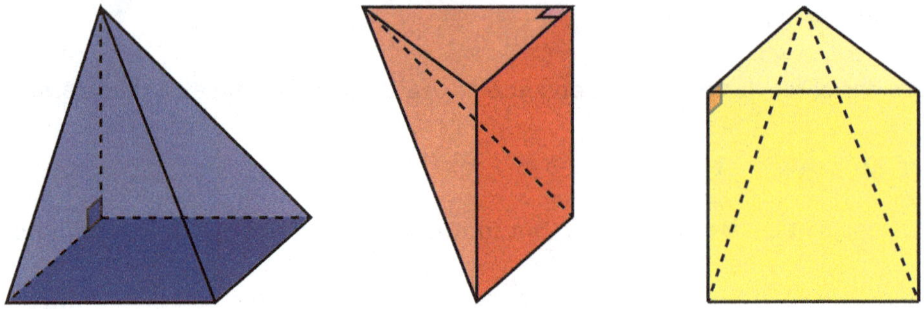

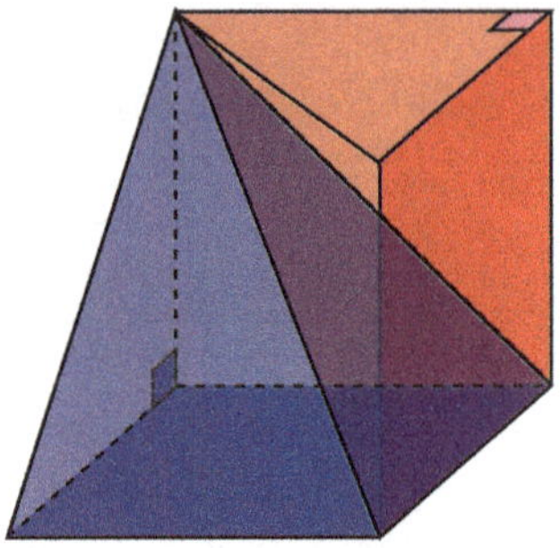

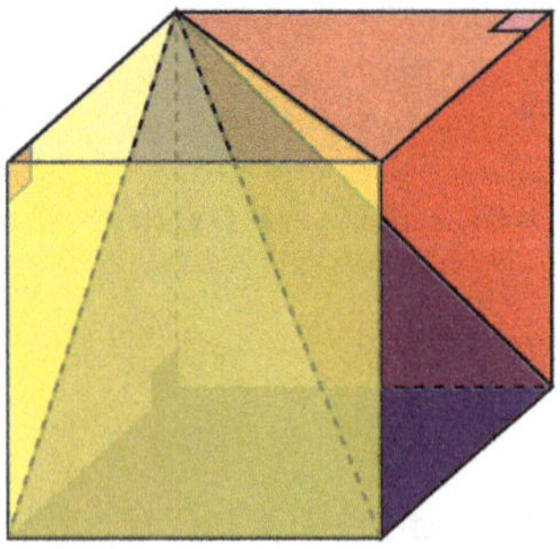

6.1.5 Développement du cylindre

Une boîte de soupe à la tomate, un manche à balai, un tambour, un rouleau de papier essuie-tout sont autant de solides sociaux (de la vie courante) que l'on peut associer à des cylindres.

Un développement d'un cylindre droit (voir illustration à la page suivante) se compose de deux disques de même rayon et d'un rectangle dont la longueur est égale au périmètre du disque de base et la largeur est égale à la hauteur du cylindre.

Par exemple, si le rayon de base du cylindre est de 3 cm, la longueur du rectangle est de :

$$2\pi R = 2 \times \pi \times 3 = 6\pi \approx 18{,}85 \text{ cm}$$

Les disques de base doivent être tangents au rectangle : un rayon du disque doit être perpendiculaire à la longueur du rectangle.

Le cylindre

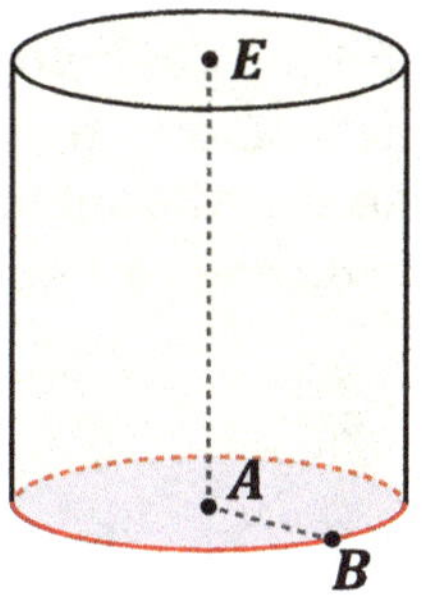

Un développement du cylindre

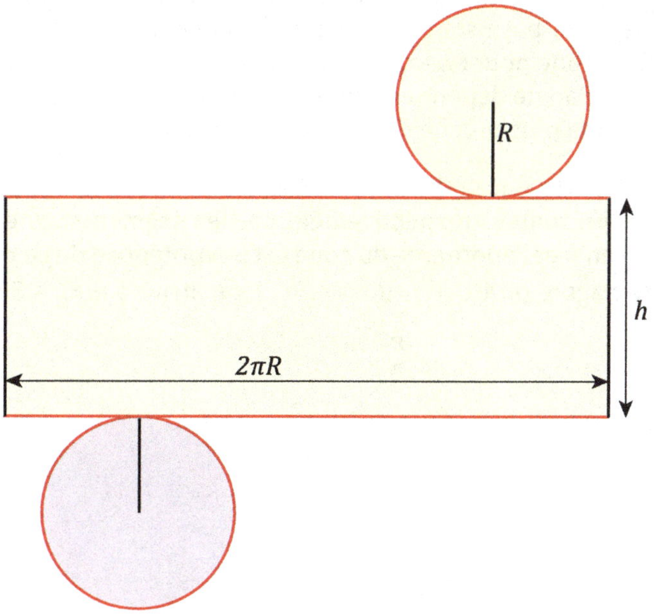

6.1.6 Développement du cône

Un chapeau de fée, un entonnoir sont autant de solides sociaux associés au cône. Un cône est un objet de l'espace défini par son disque de base et son sommet. La surface latérale du cône s'appelle une surface conique. La distance entre le sommet et le centre du disque de base est la hauteur du cône. La distance entre le sommet et un point du cercle de base s'appelle l'apothème du cône (voir illustration à la page suivante). Si l'on pose la question de savoir, parmi les dessins suivants, lequel est susceptible de représenter le développement d'un cône, bon nombre de personnes vont choisir la figure A ou B.

Figure A

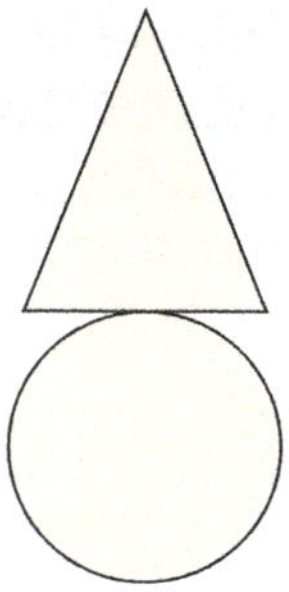

Figure B

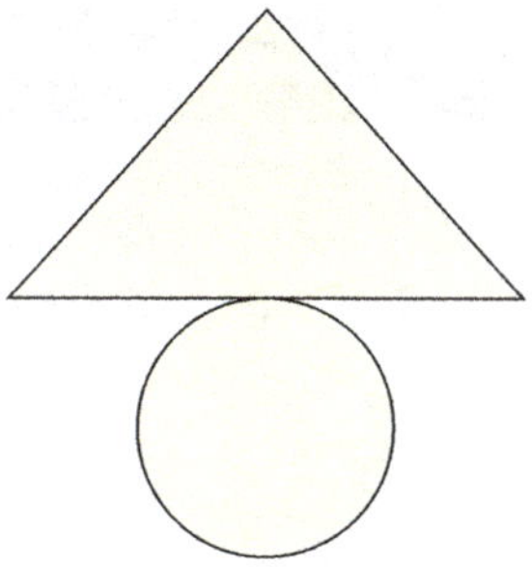

Figure C

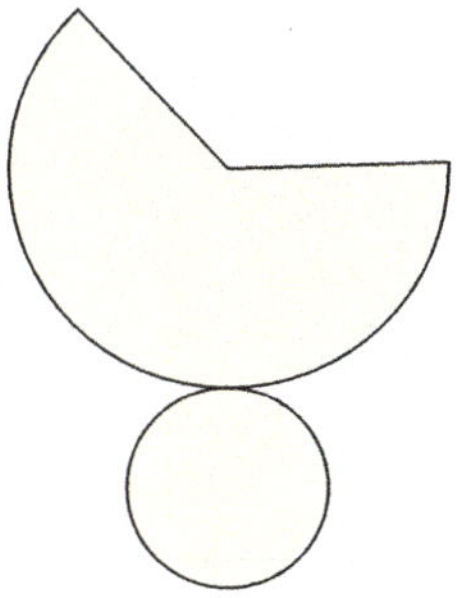

Figure D

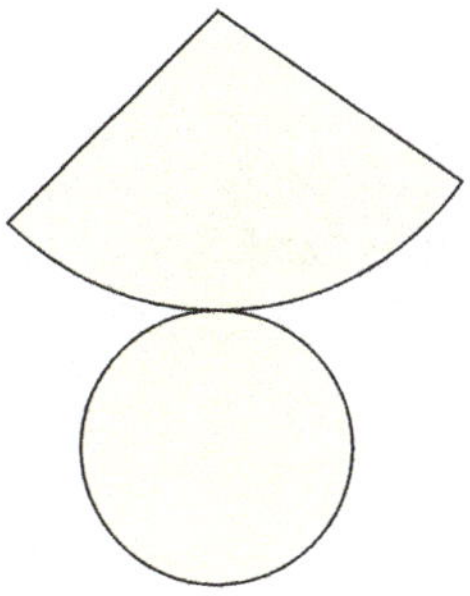

Ceci s'explique par le rapprochement que l'on peut faire avec une vue plane d'un cône ou avec son ombre : dans les deux cas, la surface du cône est représentée par un triangle isocèle. Mais tous les points de la base sont à la même distance du sommet du cône (apothème du cône). Donc, si on défait le cône pour en trouver le développement, la surface conique est un secteur circulaire dont le rayon et l'angle dépendent de la hauteur du cône et du rayon du disque de base. C'est donc la figure C qui est la plus proche du développement d'un cône.

Exemple : Le cône ci-dessous a un rayon de base de 3 cm et une hauteur de 4 cm. Ces deux longueurs sont représentées respectivement par les segments $\overline{AC}$ et $\overline{AB}$. Le triangle ABC est un triangle rectangle en A et l'apothème du cône est l'hypoténuse de ce triangle rectangle. En utilisant le théorème de Pythagore ($m\overline{AB}^2 + m\overline{AC}^2 = m\overline{BC}^2$), on arrive à $m\overline{BC}$ = 5 cm. L'apothème du cône est de 5 cm.

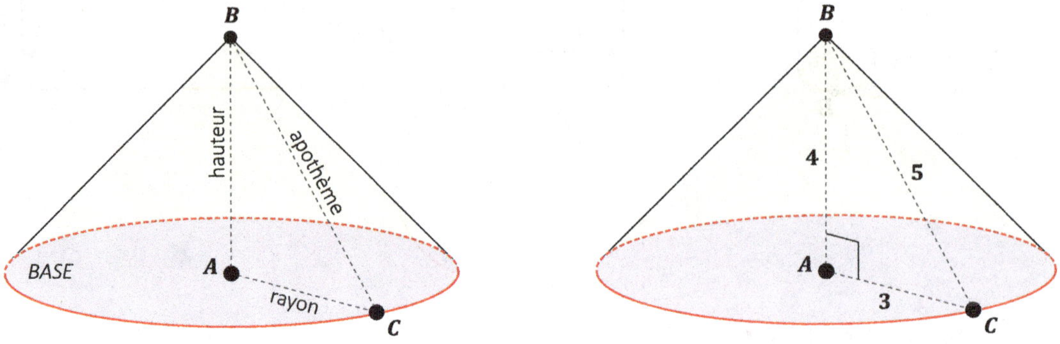

La surface courbe du cône est donc un secteur circulaire à découper dans un disque de rayon 5 cm. La longueur de l'arc intercepté par ce secteur circulaire doit être égale au périmètre du disque de base du cône tracé en rouge sur les illustrations.

<u>Calcul du périmètre</u> du disque de base :

$$2\pi R = 2 \times \pi \times 3 = 6\pi \approx 18{,}85 \text{ cm}$$

Il reste maintenant à calculer l'angle au centre qui, dans un disque de rayon 5 cm, détermine un arc de 18,85 cm de long, environ. L'angle au centre est proportionnel à la longueur de l'arc.

Calcul de la longueur d'un arc de cercle

Sur le cercle de rayon R ci-dessous, l'angle au centre α intercepte un arc de cercle l colorié en rouge. La longueur de l'arc l est proportionnelle à l'angle α. La circonférence est interceptée par un angle au centre de 360°. On peut donc écrire l'égalité suivante :

$$\frac{circonférence}{360°} = \frac{l}{\alpha}$$

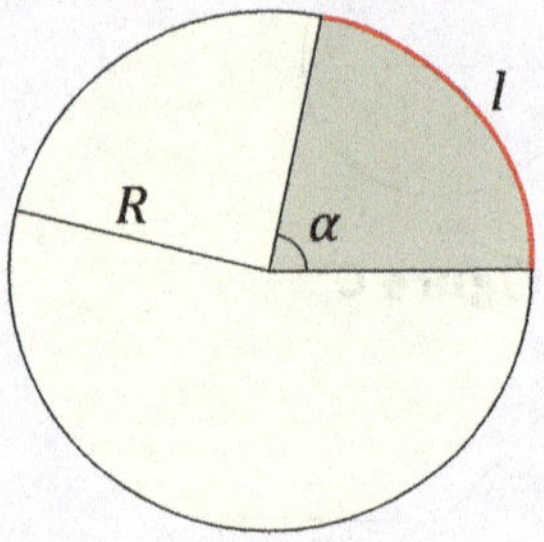

Calcul de la circonférence : $2\pi R$

On a donc l'égalité : $\dfrac{2\pi R}{360°} = \dfrac{l}{\alpha}$

On peut calculer le périmètre du disque de 5 cm de rayon.

C'est aussi la longueur de l'arc de 360 °.

Périmètre du disque de 5 cm de rayon :

$$2\pi R = 2 \times \pi \times 5 = 10\pi \approx 31{,}416 \text{ cm.}$$

Si l'on appelle α l'angle au centre que l'on cherche, on peut écrire l'égalité :

$$\frac{10\pi}{360^\circ} = \frac{6\pi}{\alpha}$$

Calcul de l'angle :

$$\alpha = \frac{360^\circ \times 6\pi}{10\pi} = 216^\circ$$

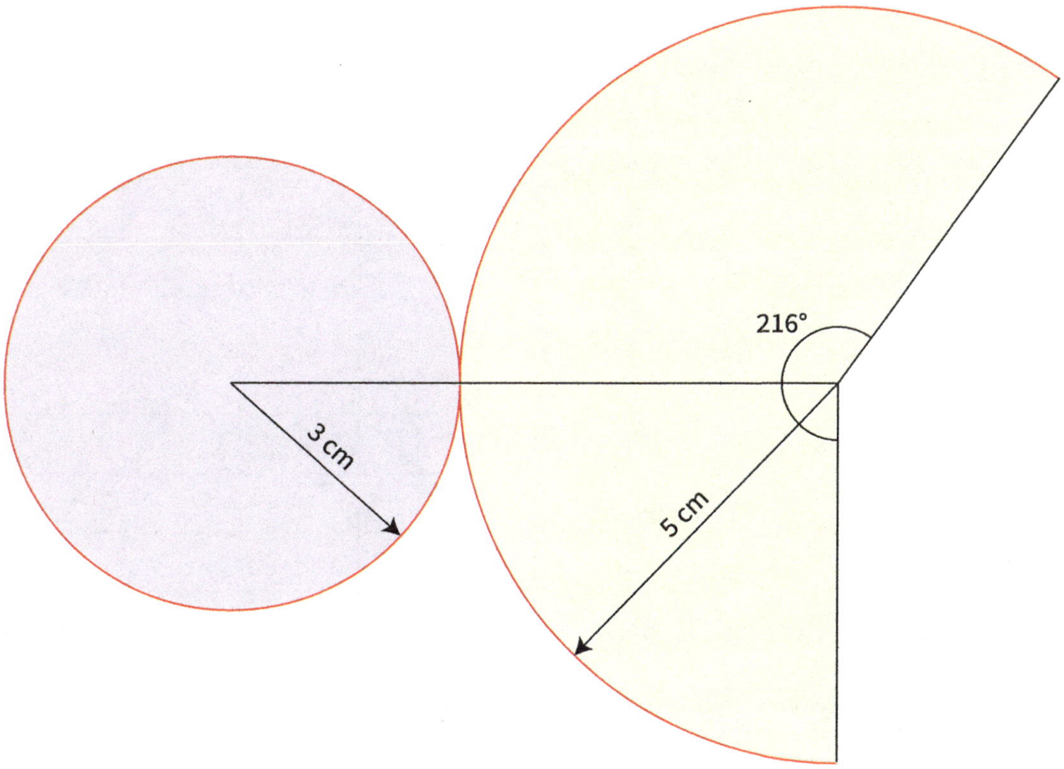

On pourra remarquer que, sur le développement du cône, la hauteur de celui-ci n'apparaît pas.

6.2 Activités personnelles

6.2.1 Développement d'un prisme

Utilisez le quadrillage ci-dessous pour dessiner 3 développements d'un prisme droit à base rectangulaire dont les dimensions seront 2, 3 et 4, l'unité étant la distance entre deux nœuds du quadrillage.

6.2.2 Le trajet de la fourmi

La fourmi se déplace à la surface du cube et va du point A au point B. L'arête du cube mesure 4 cm de long.

Quel est le chemin le plus court pour la fourmi?

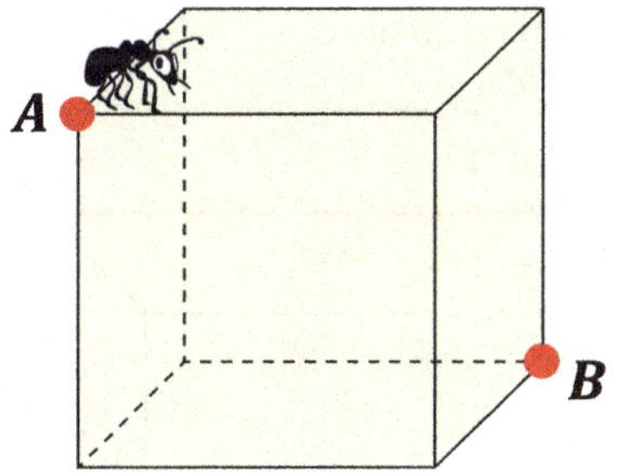

6.2.3 Le tracé sur le cube

Sur le cube ci-dessous, on a tracé un parcours repéré par les lettres A, B, C, D, E et F. Les points A, B, C, E et F sont les milieux des arêtes; D est un sommet du cube.

Le tracé AB est déjà reproduit sur le développement qui vous est proposé. Complétez le tracé du parcours en plaçant les lettres aux bons endroits.

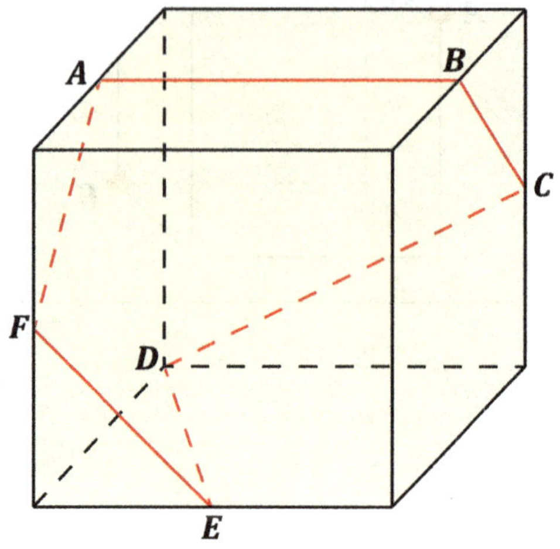

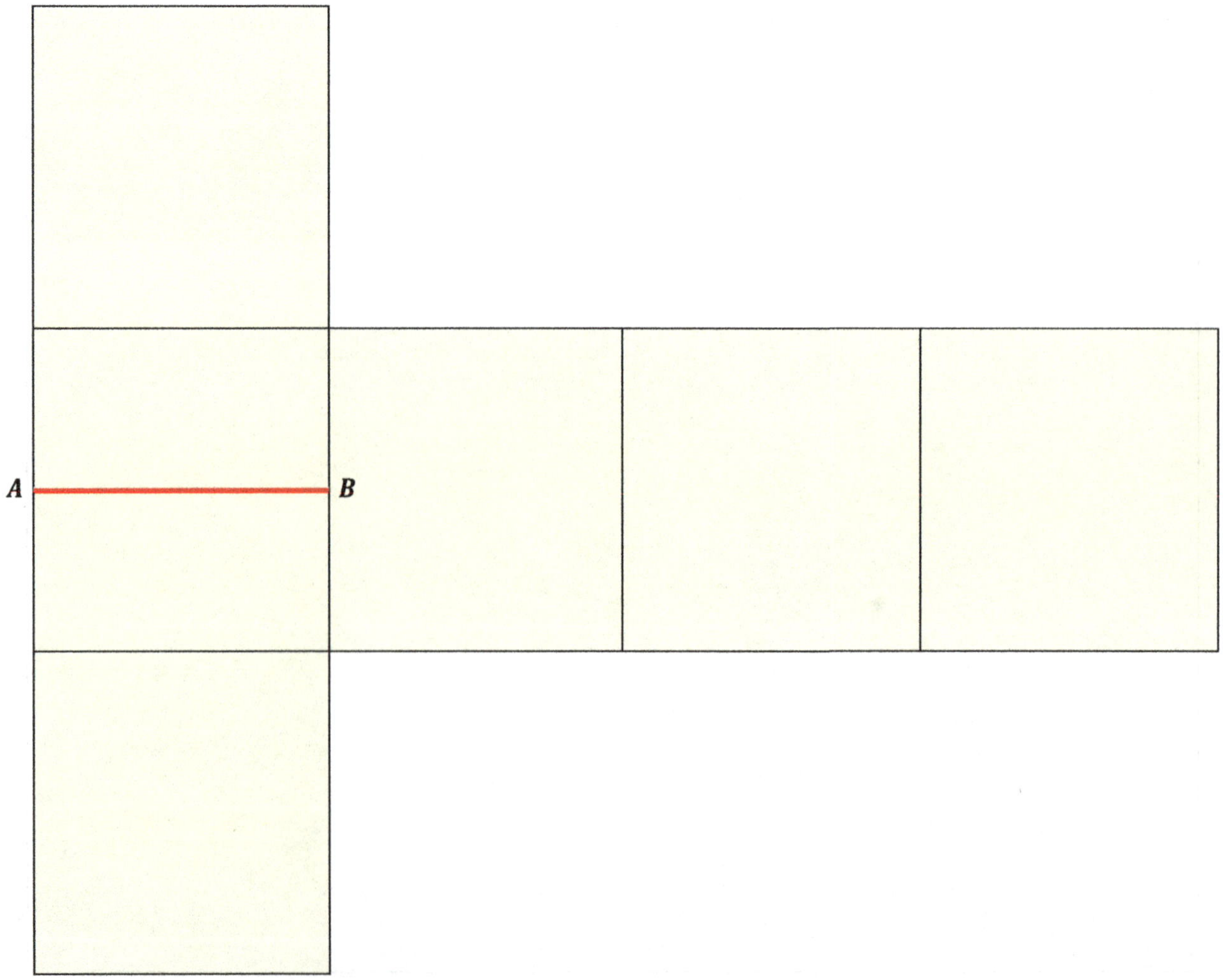

6.2.4 Le coloriage des pastilles

Il y a 12 pastilles rondes sur le cube et chacune est collée sur deux faces ayant une arête commune. 5 pastilles sont complètes et 14 sont coupées en deux. Utilisez 12 couleurs distinctes de façon que l'on puisse retrouver les 12 pastilles quand on reformera le cube.

(On trouvera en annexe du chapitre 6, à la page 189, le problème avec les 11 développements du cube, tel qu'il pourra être utilisé en classe. Mais il faudra alors proposer aux élèves une version agrandie des développements : la taille utilisée ci-dessous est trop petite.)

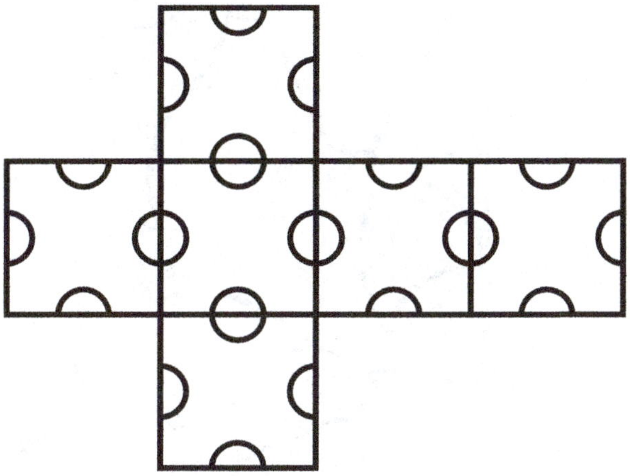

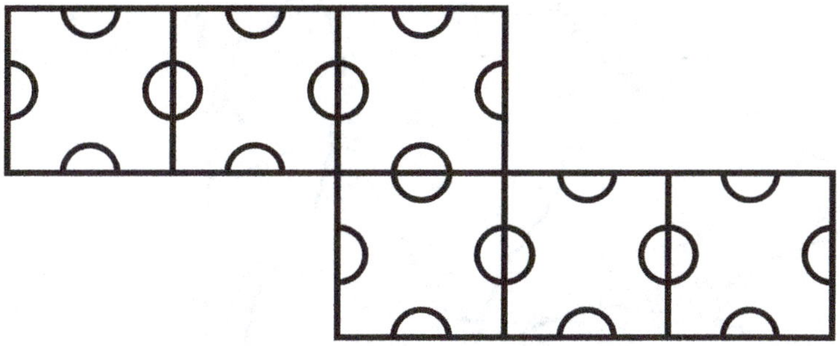

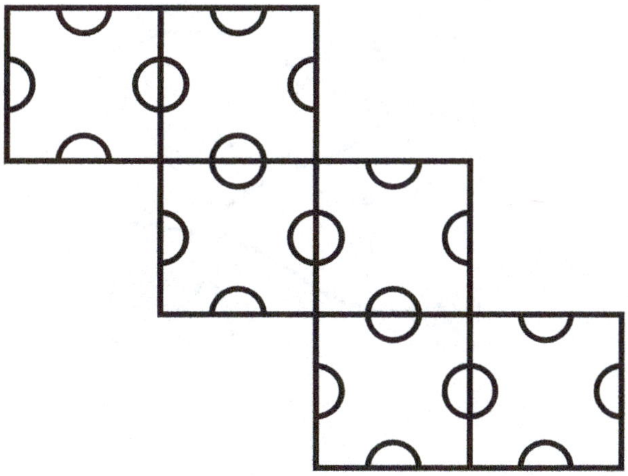

6.2.5 Le coloriage des poissons

Il y a 12 poissons sur ce cube. Chaque poisson déborde sur trois faces du cube : la tête, le corps et la pointe de la queue. Utilisez 12 couleurs différentes de façon que chaque poisson soit d'une seule couleur de la tête à la queue quand on reformera le cube.

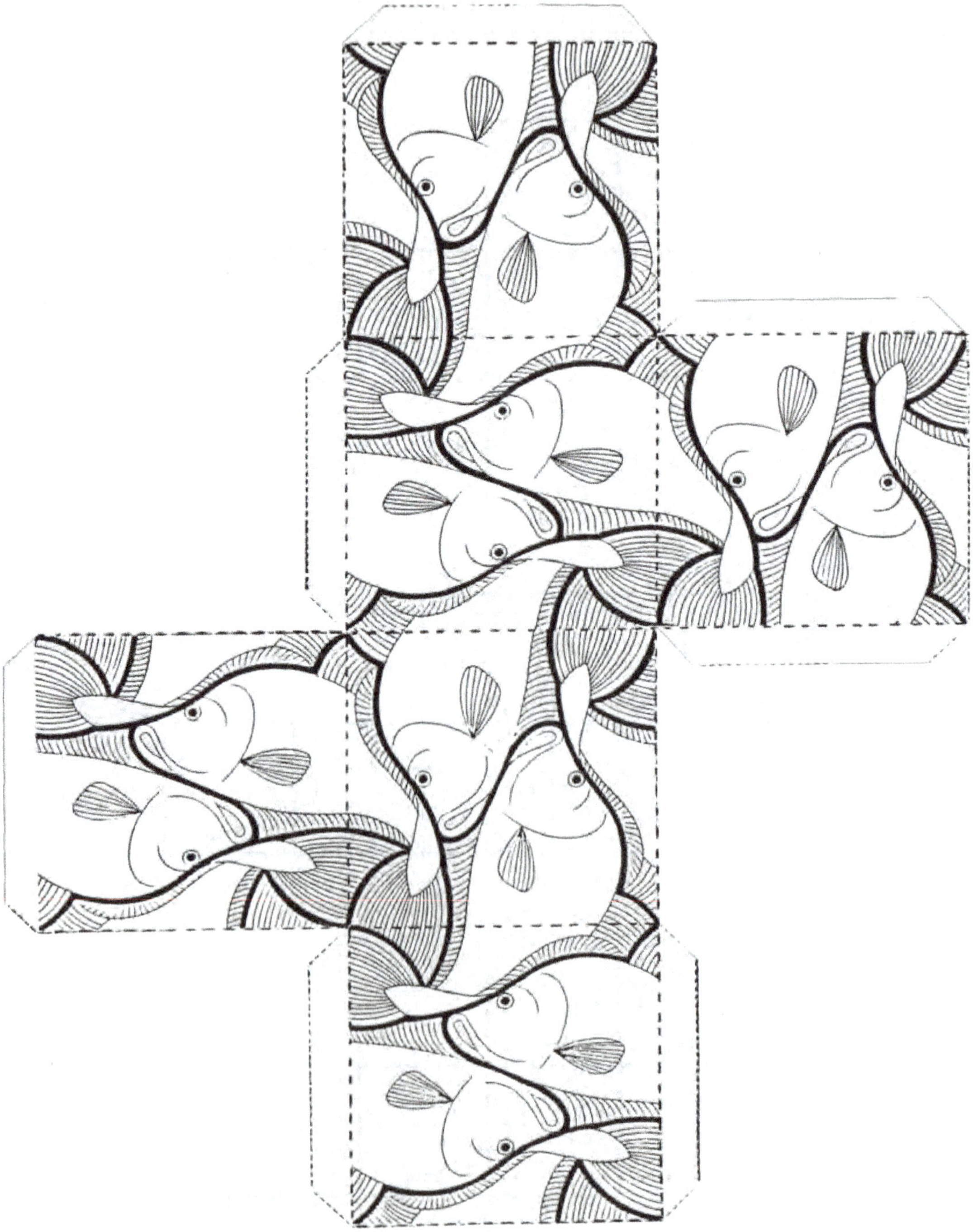

6.2.6 Le développement du solide : cylindre surmonté d'un cône

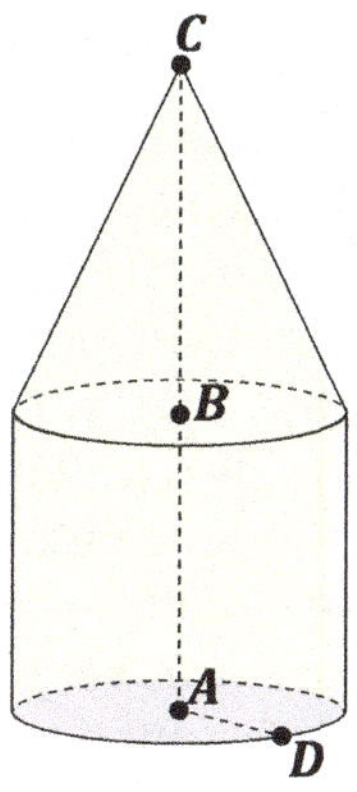

Proposez un développement du solide ci-contre, sachant qu'il est composé d'un cylindre de 2,5 cm de rayon et de 4 cm de haut, surmonté d'un cône dont le disque de base a le même rayon 2,5 cm et la hauteur est 6 cm. Il n'y a pas de séparation entre le cylindre et le cône.

La longueur du segment $\overline{AD}$ est 2,5 cm : c'est le rayon de la base du cylindre et de celle du cône.

La longueur du segment $\overline{AB}$ est 4 cm : c'est la hauteur du cylindre.

La longueur du segment $\overline{BC}$ est 6 cm : c'est la hauteur du cône.

6.3 Compléments didactiques

6.3.1 Des activités à propos des développements

Dans le chapitre précédent, nous avons vu que la relation entre les objets réels et leurs représentations planes était importante et devait être exploitée en classe. Il en est de même pour les développements. En particulier, on pourrait penser qu'en se limitant à faire travailler les élèves sur les développements du cube, ce sera plus simple et on couvrira tous les apprentissages liés à cette notion. Or, tout développement du cube comprend 6 carrés et la seule différence d'un développement à l'autre réside dans l'organisation des carrés donc des faces et ce problème a 11 solutions. Dans les développements de tout autre polyèdre interviennent d'autres éléments que nous avons mentionnés dans le chapitre précédent à propos de la description : le nombre et la nature des faces, les positions de ces faces sur le polyèdre réel et leurs positions sur le développement en cours de construction. C'est en faisant des liens entre ces figures planes (des polygones) et les faces du polyèdre que l'élève mettra en œuvre ses connaissances de géométrie plane dans une situation de géométrie dans l'espace.

Un ordre dans lequel on présentera les activités aux élèves pourrait être le suivant :

- Les élèves fabriquent des solides avec des pièces en plastique[1] (genre Polydrons), puis ils les démontent pour les « mettre à plat » et acquièrent la notion de développement. Pour que celui-ci soit valide, il doit tenir en un seul morceau et le solide pourra être reformé par pliage sur le bord de chaque pièce. Les difficultés seront de prévoir comment « démonter » le solide pour qu'une fois mis à plat, il tienne en un seul morceau ou si l'on a plusieurs pièces détachées les unes des autres, comment les replacer pour qu'elles composent un développement et que l'on puisse reformer le solide. Une activité de même nature pourra être menée à partir de polyèdres découpés dans de la pâte à modeler, de la mousse, une pomme de terre, et dont chaque face sera trempée dans la peinture; les empreintes étant alors organisées comme elles seront dans un développement. L'ensemble des empreintes est validé par découpage et pliage pour reformer le polyèdre. Dans ces conditions, l'utilisation d'une seule couleur de peinture rendra la tâche plus difficile que si l'on en utilise plusieurs. À chaque fois, on incitera les élèves à anticiper les conséquences des actions qu'ils ont l'intention de mener.
- À partir de plusieurs polyèdres (réels puis représentés en perspective), les élèves doivent reconnaître celui dont ils ont le développement.
- À partir de plusieurs développements, les élèves doivent reconnaître celui du polyèdre qui leur est proposé (polyèdre réel puis polyèdre représenté).
- Parmi plusieurs propositions (dont certaines sont fausses), les élèves doivent retrouver le développement du polyèdre qui est proposé (polyèdre réel puis polyèdre représenté).
- On reprend la même activité mais le polyèdre n'est pas proposé aux élèves (ni en réalité ni en représentation en perspective).
- On peut proposer une activité comme celles des pastilles en limitant à quelques-uns (3 ou 4) le nombre de développements proposés à un seul élève.
- Les élèves doivent compléter un développement de polyèdre dont une face est manquante et le polyèdre est à leur disposition ou le polyèdre est représenté en perspective.

Il n'est pas attendu qu'à la sortie de l'école primaire, un élève sache dessiner un développement complet d'un polyèdre ou qu'il sache en donner une représentation en perspective.

[1] À défaut de pièces en plastique, on peut utiliser des pièces en carton, avec languettes, que les élèves que les élèves assemblent entre elles ou autour d'un modèle en carton plus épais selon la nature de l'activité. Les pailles à boire et les cure-pipes sont très pratiques pour la construction de polyèdres et leur description mais elles ne permettent pas d'arriver au développement du polyèdre.

6.3.2 L'importance de la manipulation

Nous avons vu dans ce chapitre et les chapitres précédents que la manipulation d'objets réels était très importante pour les apprentissages de géométrie dans l'espace, et de géométrie plane. Or la manipulation sans réflexion de la part de l'élève ne sera pas source d'apprentissage; elle se rapprochera alors d'un jeu de hasard.

La manipulation d'objets réels peut avoir deux rôles distincts :

- La compréhension du problème. Dans ce cas, l'élève manipule (tourne, démonte, observe, etc.) l'objet jusqu'à ce qu'il comprenne ce qu'on lui demande et qu'il puisse anticiper le résultat.

- La validation de la réponse proposée. Dans ce cas, l'élève a déjà donné une réponse et la manipulation lui permet de la valider.

Autrement dit, dans tous les cas, la manipulation des objets est décalée dans le temps par rapport à la résolution du problème : soit elle la précède, soit elle la suit.

Si on se réfère la situation du coloriage des pastilles, il est bien évident que l'élève qui découpe les développements pour les plier, reformer les cubes et colorier sur les cubes refermés n'apprendra pas beaucoup sur les relations entre les faces des cubes et leur organisation dans un développement.

Au contraire, si, parce qu'il est en difficulté, l'élève découpe le développement, le plie et reforme le cube en observant attentivement les mouvements des différents carrés, il devra le remettre à plat pour commencer à colorier les pastilles. Il se peut qu'un élève en grande difficulté ne réussisse à colorier que quelques pastilles après un pliage. Il devra alors recommencer pour continuer de s'approprier la situation. Si, dans la même classe, un élève est très confiant, il pourra colorier les pastilles sur le développement tel que proposé. Le découpage et le pliage lui permettront de valider ce qu'il aura fait.

6.4 Activités didactiques (analyses de manuels)

Analyses de manuels de 1re année et de 4e année

Les documents suivants sont extraits soit du cahier d'exercices, soit du guide de l'enseignant (fiches reproductibles) des collections *Allegro 1re année* et *Adagio 4e année* (Les Éditions CEC). Ils sont volontairement présentés dans un ordre différent de celui qui est proposé par les auteurs.

a) Pour chaque document, décrivez en termes didactiques l'activité demandée à l'élève.

b) On peut prévoir que, parmi ces exercices, certains risquent d'être particulièrement difficiles pour des élèves de 1re année (respectivement de 4e année). Lesquels et pourquoi?

c) Supposons que vous faites le choix de ne pas donner les exercices mentionnés à la question précédente, proposez un ordre dans lequel vous soumettrez les exercices restants à vos élèves. Justifiez votre choix.

d) Si vous envisagez de donner certains exercices en les modifiant, proposez vos modifications et justifiez-les. (*Ces exercices peuvent être parmi les exercices retenus à la question c) ou éliminés à la question b)*.)

6.4.1 Allegro 1re année (extraits)

Document A

On a classé des solides dans un des diagrammes ci-dessous.

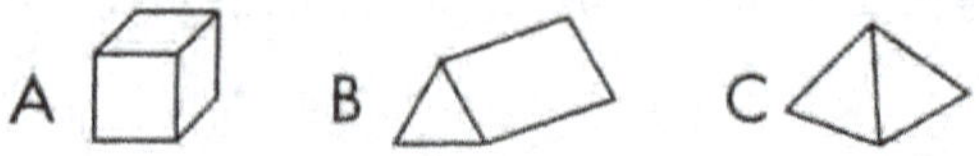

Classe ces solides dans l'autre diagramme.
Écris la lettre qui correspond à chacun de ces solides.

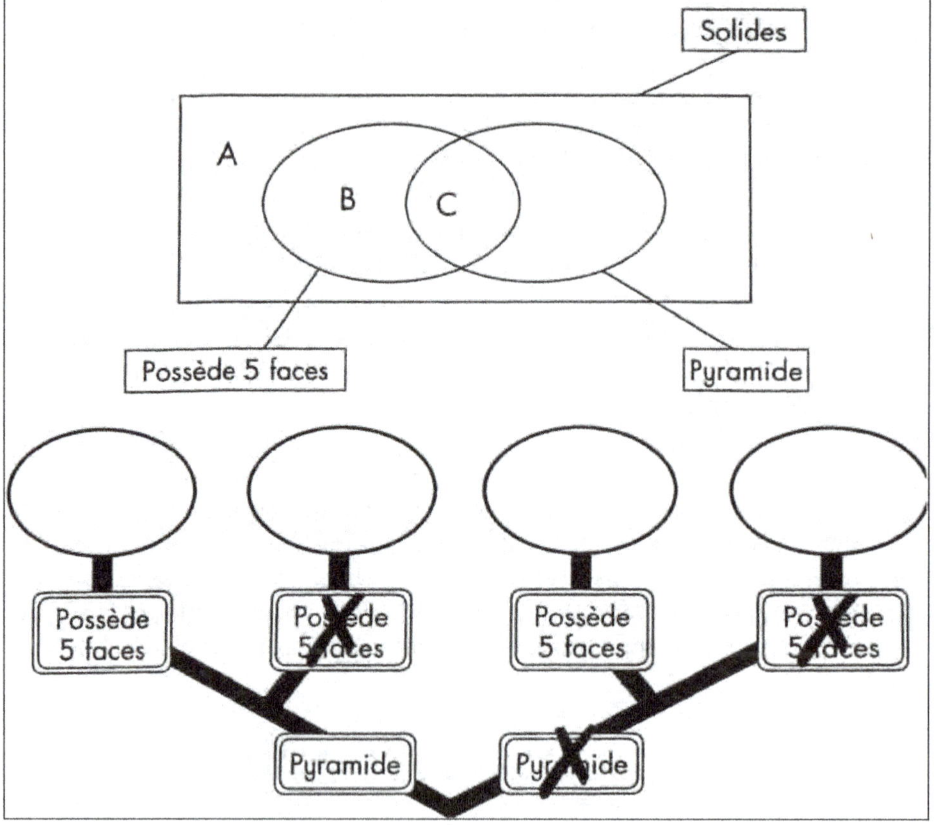

Question a)

Document B

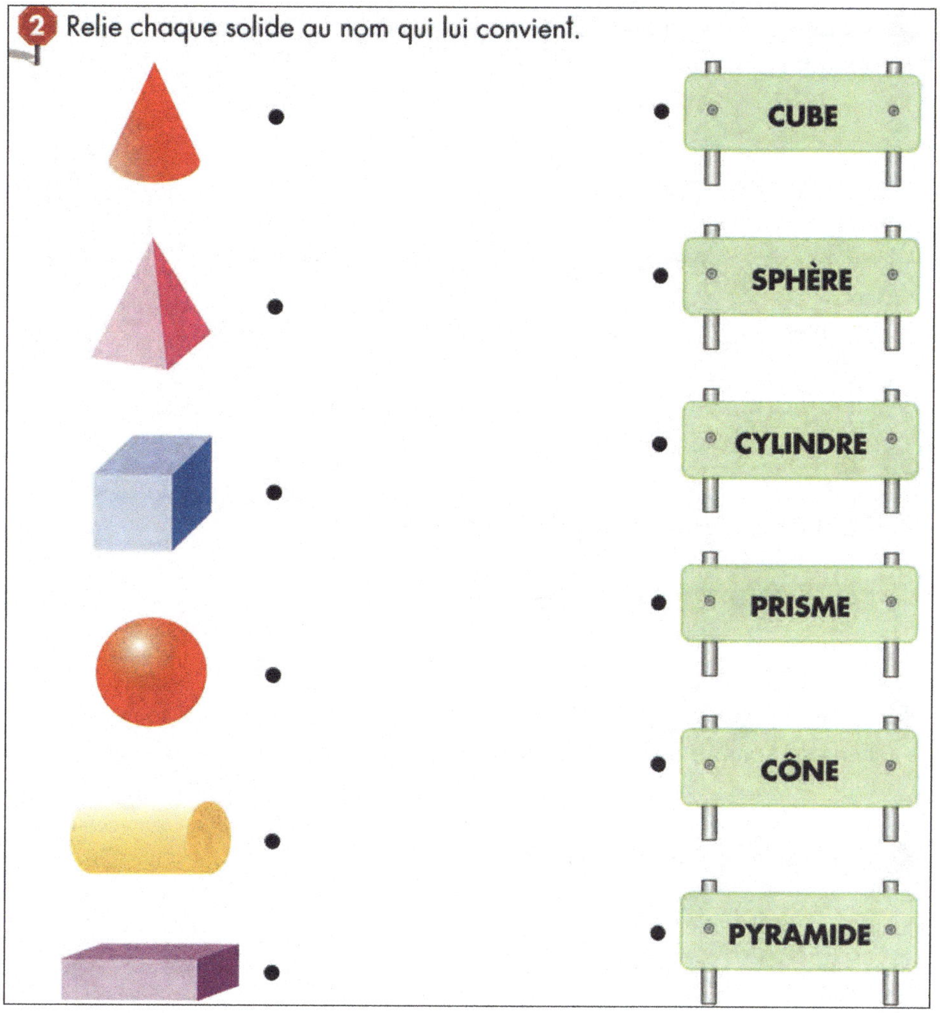
2 Relie chaque solide au nom qui lui convient.

Question a)

Document C

1 Sabrina a tracé toutes les faces de ce solide.

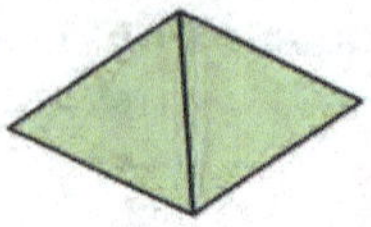

______ côtés. ______ côtés. ______ côtés. ______ côtés. ______ côtés.

A Combien de faces ce solide possède-t-il ?

Réponse : ______ faces.

B Combien de côtés chacune de ces faces possède-t-elle ?
Écris ce nombre au-dessous de chacune des faces.

C Quel est le nom de ce solide ?

Réponse : ______________________.

Question a)

Document D

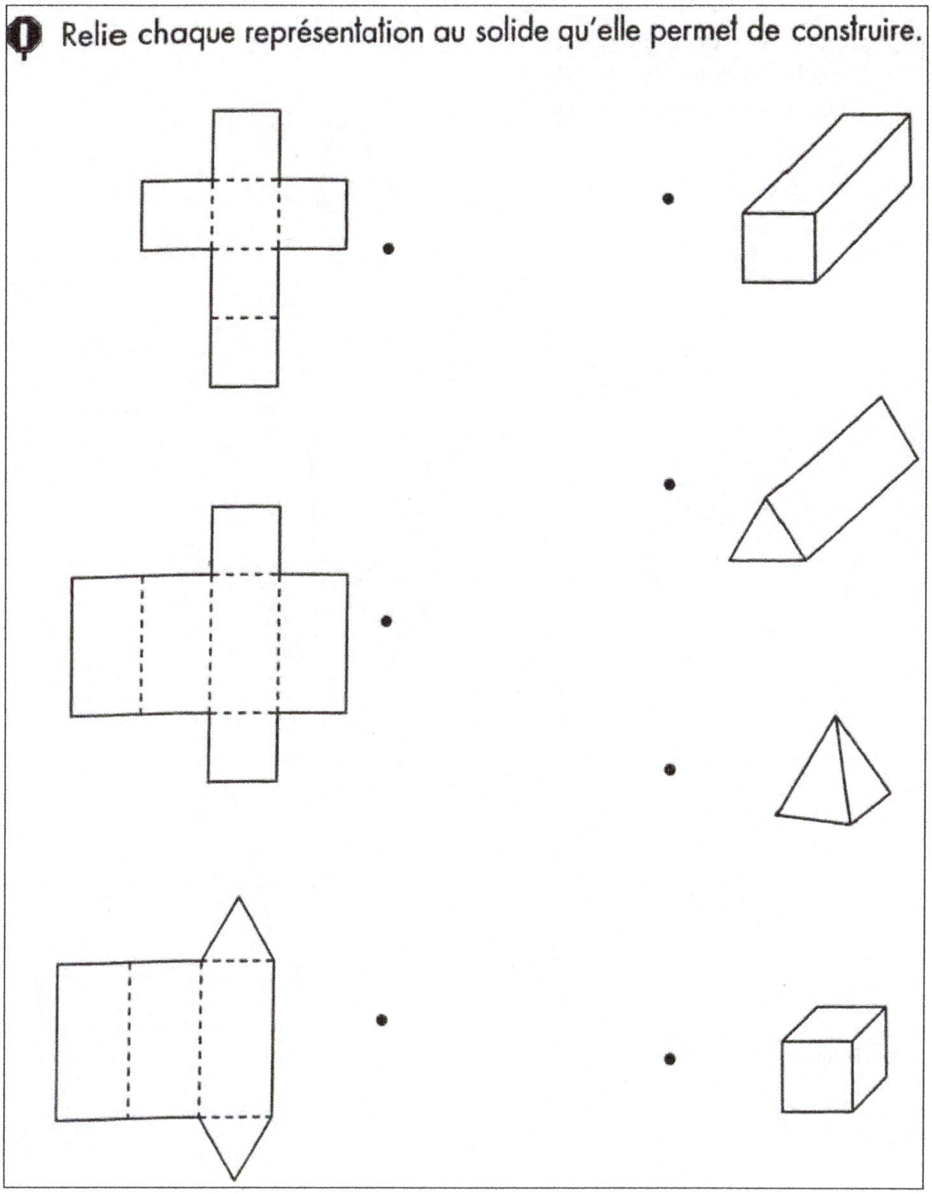

Question a)

Document E

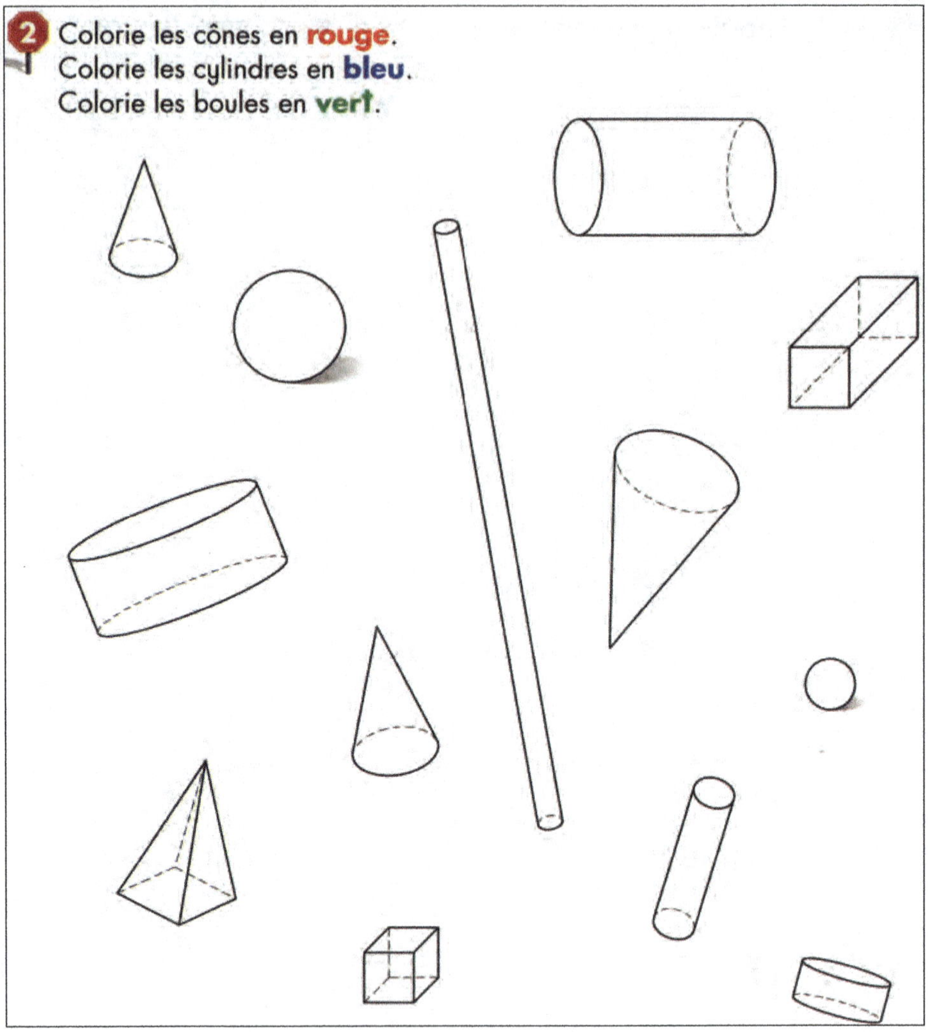

Question a)

Document F

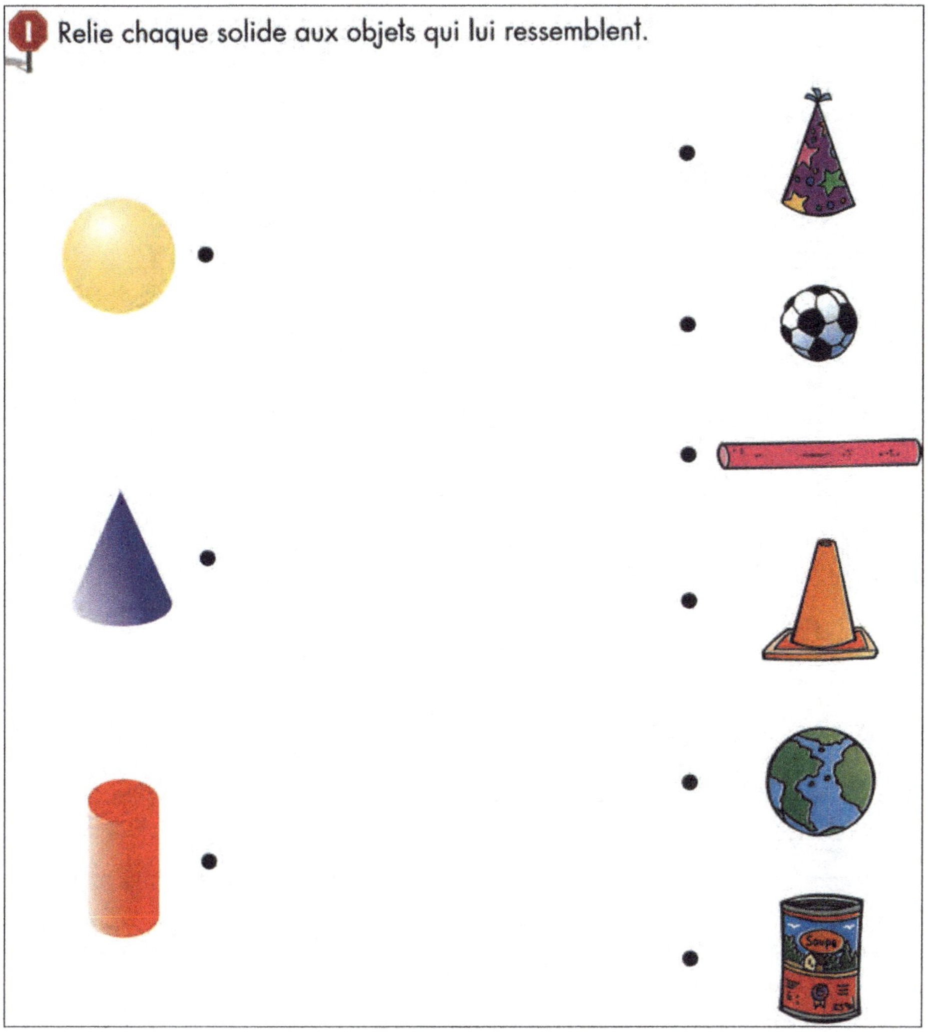

© Les Éditions CEC inc.

Question a)

Question b)

Question c)

Question d)

6.4.2 Adagio 4e année (extraits)

Document A

2 Écris 2 ressemblances entre les solides de chaque ensemble.

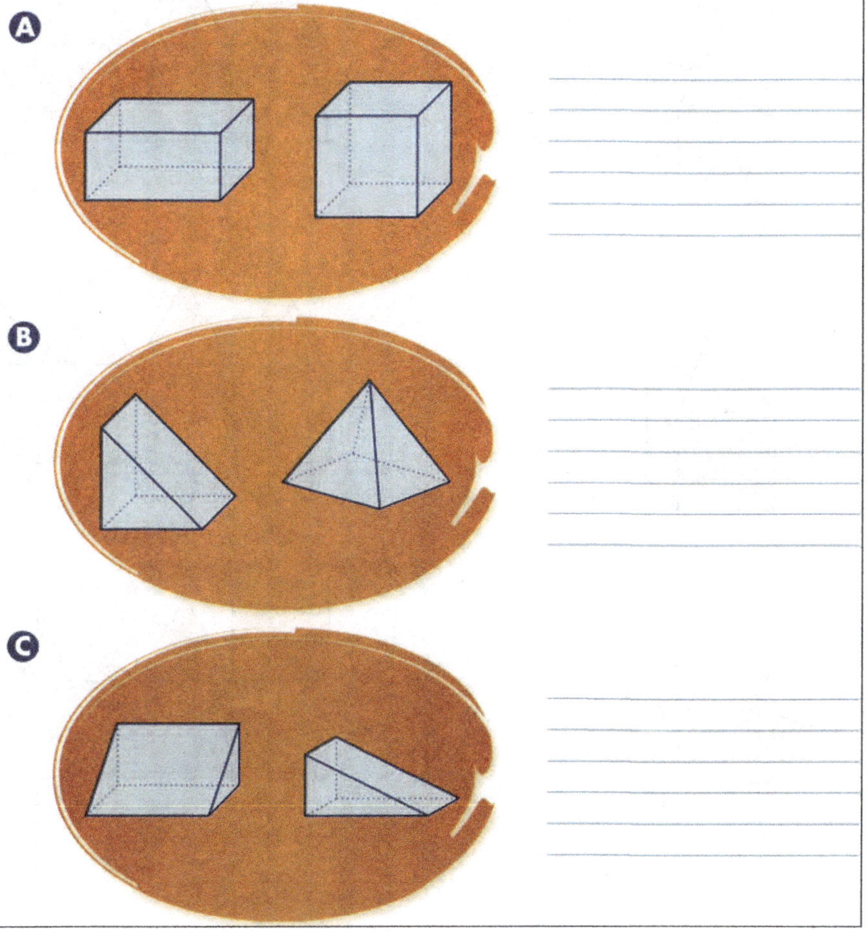

Question a)

Document B

Associe chaque solide au développement qui permet de le construire.

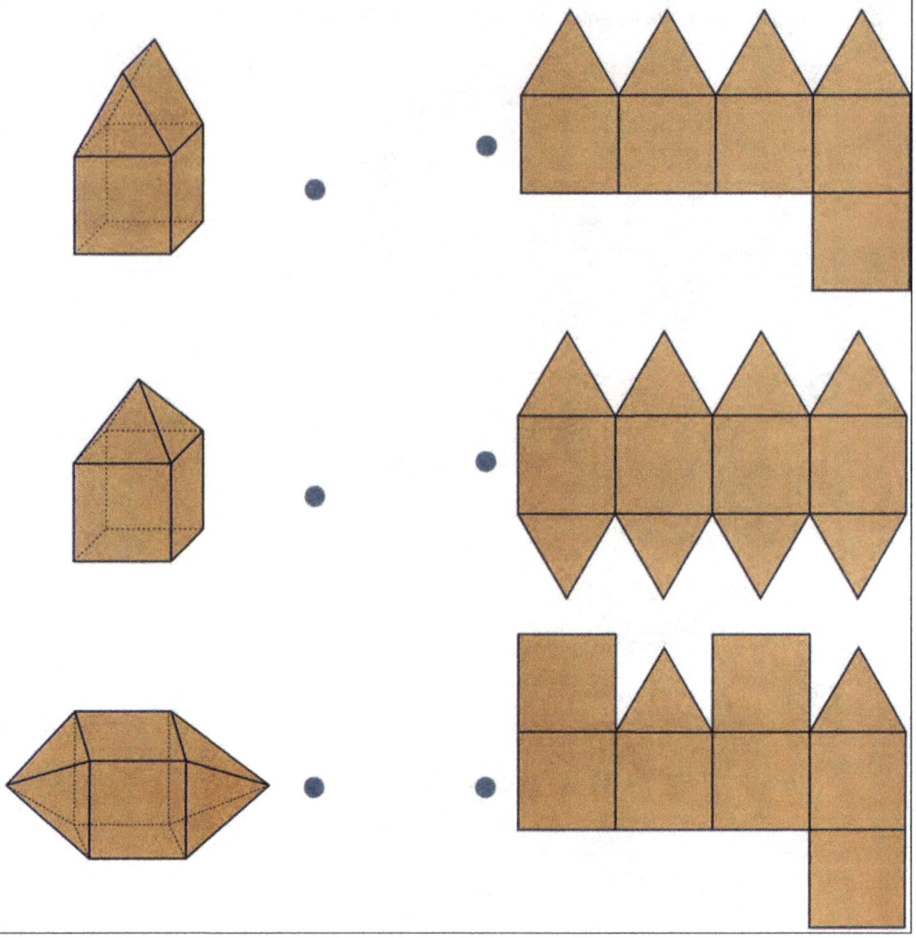

Question a)

Document C

1 Encercle le développement qui permet de construire une pyramide.

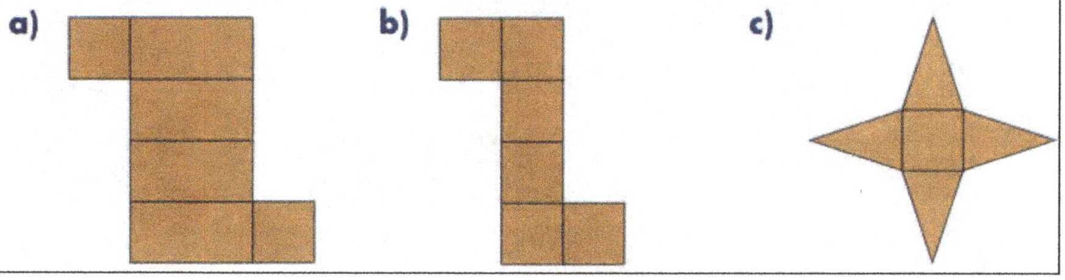

Question a)

Document D

2 Lequel des solides illustrés ci-dessous a autant de faces que de sommets ? Colorie ce solide.

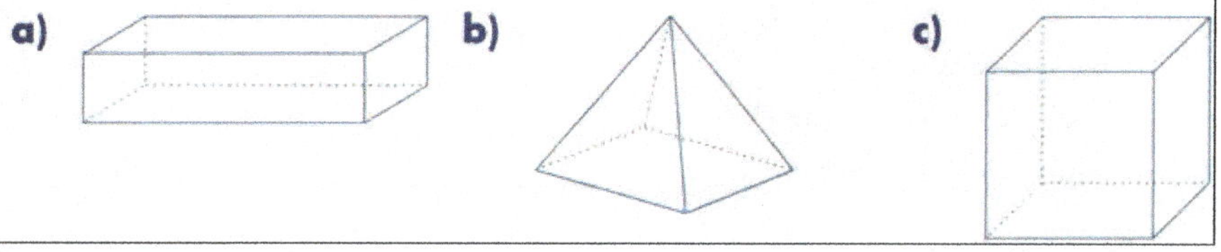

Question a)

Document E

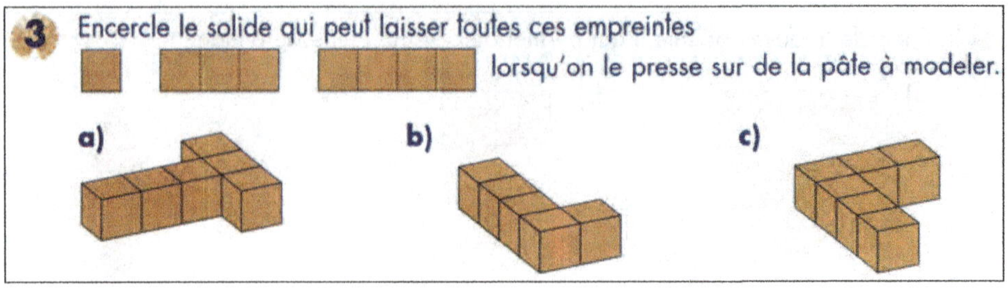

Question a)

Document F

4 Décris le solide illustré ci-contre.
Utilise le tableau suivant.

Nom	
Nombre de faces	
Nombre de sommets	
Nombre d'arêtes	

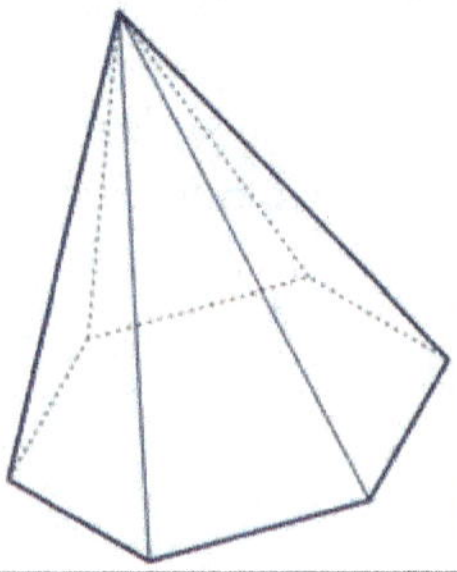

Question a)

Document G

5 Parmi les solides indiqués ci-dessous, lesquels ont moins de 10 arêtes ? Encercle les solides choisis.

a) prisme à base triangulaire **b)** cube

c) pyramide à base carrée **d)** prisme à base rectangulaire

e) pyramide à base triangulaire

Question a)

Question b)

Question c)

Question d)

Annexe du chapitre 6 : Les pastilles colorées

Il y a 12 pastilles sur le cube : 5 entières et 14 demies. Chaque pastille déborde sur deux faces. Les pastilles qui sont coupées en deux se rejoindront quand on construira le cube. Utilise 12 couleurs différentes pour colorier chacune des pastilles de façon que les deux moitiés d'une même pastille soient de la même couleur quand on construira le cube.

Partie C
Mesure

7 Grandeurs et mesures

Dans ce premier chapitre sur la mesure, on s'intéressera avant tout à la distinction à faire entre « grandeur » et « mesure », distinction qui est rarement évoquée ou travaillée dans les classes et qui est sans doute à l'origine de bien des erreurs chez les élèves : des quantités de fruits exprimées en dollars, des périmètres exprimés en centimètre carré (cm^2), etc.

Dans les activités, nous nous limiterons aux grandeurs qui sont au programme du primaire et à leurs mesures. Toutefois, pour bien arrimer les connaissances du lecteur avec les programmes du secondaire, dans la partie théorique, nous évoquerons quelques grandeurs et leurs mesures étudiées au premier et au deuxième cycle du secondaire.

7.1 Rappels théoriques

7.1.1 Les grandeurs

Une « grandeur » (ou un « attribut[1] ») est une caractéristique commune à deux ou à plusieurs objets et qui permet de les comparer l'un à l'autre ou les uns aux autres. C'est donc dans la précision de cette caractéristique que l'on pourra ensuite parler de mesure.

Ainsi, peut-on dire qu'une personne millionnaire qui laisse un pourboire de 18 % est plus généreuse qu'une personne avec un faible revenu qui laisse un pourboire de 15 %? La réponse est loin d'être évidente. D'autres caractéristiques ne permettent pas de comparer les objets ou les personnes : la gentillesse, la disponibilité, la lourdeur d'une situation, etc.

Les différentes grandeurs associées à un objet

Il est donc important de préciser de quoi (quelle caractéristique) on parle avant de parler de mesure, et le vocabulaire courant est souvent source de confusion. Ainsi, pour comparer ces trois cubes, on peut dire qu'ils sont aussi gros l'un que l'autre (pourquoi?), l'un est plus lourd (vraiment?), aussi cher l'un que l'autre (pourquoi?), etc.

Cube en pailles **Cube en plastique** **Cube en acier**

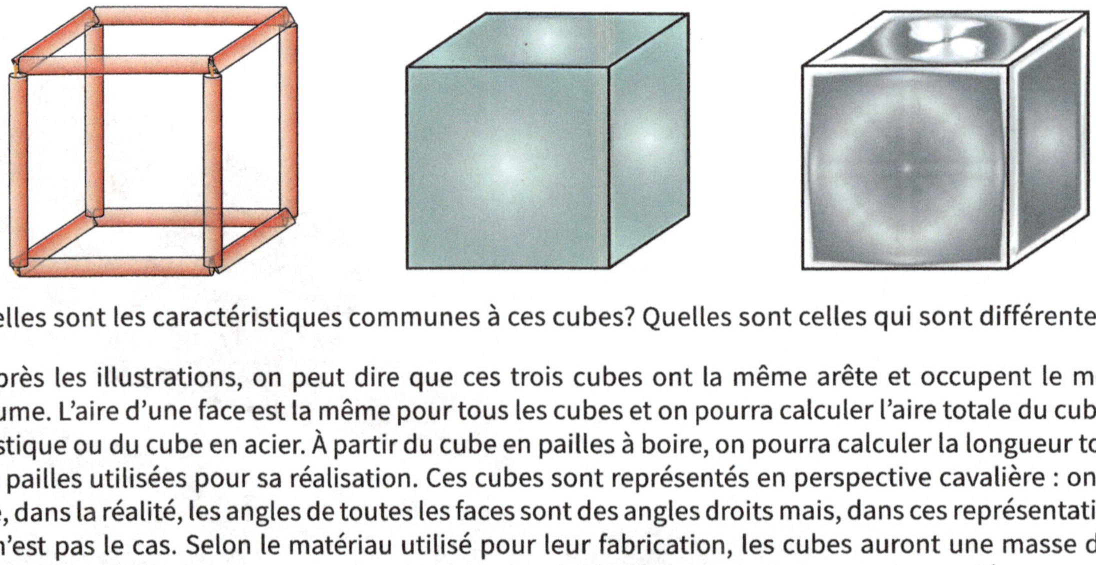

Quelles sont les caractéristiques communes à ces cubes? Quelles sont celles qui sont différentes?

D'après les illustrations, on peut dire que ces trois cubes ont la même arête et occupent le même volume. L'aire d'une face est la même pour tous les cubes et on pourra calculer l'aire totale du cube en plastique ou du cube en acier. À partir du cube en pailles à boire, on pourra calculer la longueur totale des pailles utilisées pour sa réalisation. Ces cubes sont représentés en perspective cavalière : on sait que, dans la réalité, les angles de toutes les faces sont des angles droits mais, dans ces représentations, ce n'est pas le cas. Selon le matériau utilisé pour leur fabrication, les cubes auront une masse différente : il est à prévoir que le cube en acier sera le plus lourd et le cube en pailles le plus léger.

[1] Par exemple, dans la collection *L'enseignement des mathématiques : L'enfant au centre de ses apprentissages (tomes 1 et 2) (éditions ERPI)*, les auteurs, Van de Walle et Lovin, définissent par « attribut » ce que nous appellerons « grandeur ».

Les grandeurs au programme du primaire

Pour les mathématiciens, il existe deux sortes de grandeurs[2] : les grandeurs mesurables et les grandeurs non mesurables. Pour qu'une grandeur soit mesurable, il faut que l'on puisse faire des opérations sur les nombres qui expriment les mesures dans cette grandeur (addition, soustraction, multiplication par un nombre) et que le résultat soit un nombre représentant une mesure de la même grandeur.

Une grandeur non mesurable permet d'établir des comparaisons entre des objets sans que l'on puisse faire des opérations. Parmi ces grandeurs, certaines sont repérables par rapport à un point origine : on peut alors calculer les écarts entre deux repères. La date (ou l'heure) et la température sont deux grandeurs non mesurables mais repérables :

- L'addition entre le 25 décembre et le 1er janvier n'a pas de sens, mais on peut calculer qu'entre ces deux dates il y a 7 jours;
- Ajouter un litre d'eau à 15 °C à un litre d'eau à 25 °C donnera bien 2 litres d'eau (grandeur mesurable), mais la température ne sera pas de 40 °C (grandeur repérable).

Dans le cas du calcul de l'écart entre deux dates ou deux instants, on obtient une durée qui est une grandeur mesurable. Toutes les autres grandeurs étudiées à l'école primaire (et au secondaire) sont des grandeurs mesurables. Ce sont :

- Les longueurs qui peuvent, selon les figures ou les contextes, être appelées : longueur, largeur, hauteur, profondeur, distance, etc.;
- Les aires;
- Les volumes (et les capacités);
- Les angles;
- Les masses qui ne sont pas les poids, même si la question posée aux élèves porte souvent à confusion : « combien pèse l'objet? », alors que l'on devrait dire : « quelle est la masse de l'objet? »;
- Les durées;
- Les prix.

7.1.2 La mesure

Une unité de grandeur étant choisie, la mesure d'un objet, selon cette grandeur, est le **nombre** qui traduit le nombre d'unités qui caractérise l'objet en question.

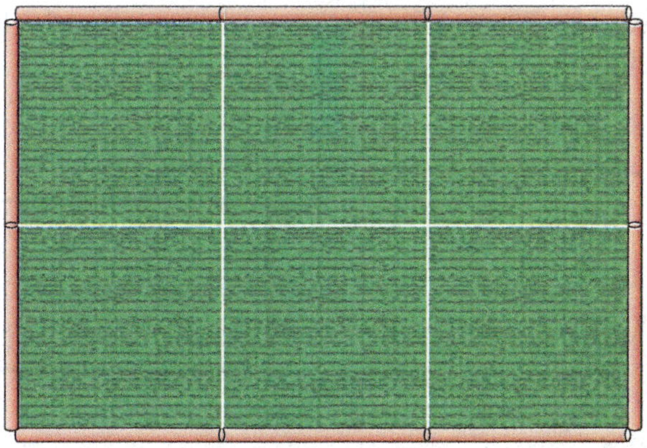

[2] Dans certains manuels de l'école primaire, pour éviter la confusion avec le langage courant, on parle d'« attribut ». Mais les mathématiciens parlent de "grandeurs".

À propos du rectangle ci-dessus, on peut voir deux grandeurs : le contour (ou périmètre) constitué de pailles à boire et la surface occupée par les dalles vertes. Pour les mesurer, on devra utiliser deux unités de mesure distinctes : une unité de longueur, la paille, et une unité d'aire, la dalle. On peut alors dire que le rectangle mesure 3 sur 2 (sa longueur et sa largeur) et son périmètre est égal à 10 (unités pailles), son aire mesure 6 (unités dalles).

Selon les grandeurs, leurs mesures s'expriment en nombres entiers ou non.

Dans l'enseignement, il faut **travailler sur les grandeurs caractérisant les objets avant de les mesurer**, en utilisant des unités non conventionnelles puis des unités conventionnelles. Les mesures de grandeur sont particulièrement intéressantes pour l'introduction des nombres rationnels à l'école primaire (fractions et décimaux).

7.1.3 Des activités pour donner du sens à la grandeur

Comparaison sans mesure

Pour que les élèves comprennent ce qu'est une grandeur, il est important de leur faire comparer différents objets selon des grandeurs différentes pour obtenir des classements différents de ces mêmes objets. Par exemple, avec d'autres rectangles comme celui que nous venons de décrire, on peut amener les élèves à comprendre que périmètre et aire sont deux grandeurs différentes et n'ont pas de lien direct l'une avec l'autre. Compte tenu des programmes et des possibilités des élèves à l'école primaire, les grandeurs les plus utilisées seront les longueurs, les aires, les volumes (les capacités), les angles, les masses.

Selon que les objets sont déplaçables ou non, accessibles ou non, et selon les grandeurs à comparer, les modalités de comparaison seront différentes.

a) Comparaisons de longueurs

On peut comparer les longueurs de deux objets directement l'une à l'autre en déplaçant les objets : deux crayons à partir de leur mine, deux enfants dos à dos, deux baguettes appuyées sur une règle, etc.

On peut utiliser un objet intermédiaire si les objets ne sont pas déplaçables : une ficelle, une bande de papier sur laquelle on laisse les repères des longueurs à comparer, etc.

Pour comparer les périmètres de figures géométriques, on peut reporter les longueurs des côtés sur une demi-droite, comme illustré ci-dessous.

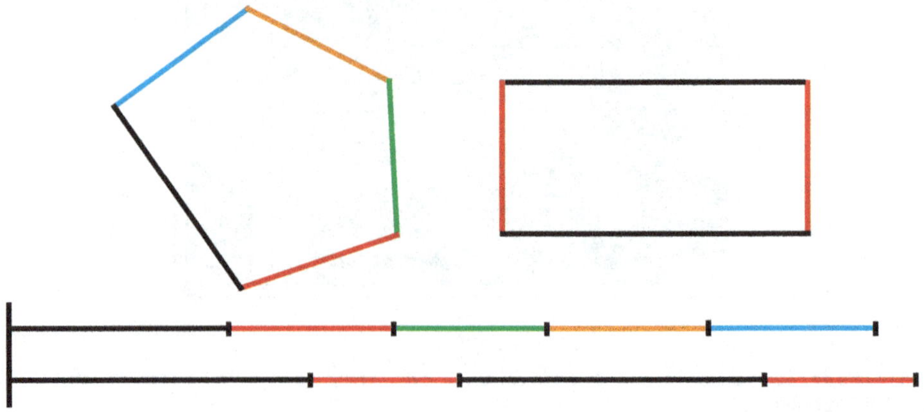

En reportant les longueurs des côtés des deux polygones à l'aide du compas ou d'une bande de papier, sur une même demi-droite, on constate que le périmètre du rectangle est plus grand que celui du pentagone.

b) Comparaisons d'aires

Pour comparer des aires, on peut aussi le faire de façon directe en posant les deux surfaces à comparer l'une sur l'autre.

En superposant les deux figures, on peut dire que l'aire du polygone bleu est plus petite que celle du rectangle rose.

On peut aussi utiliser une autre propriété de l'aire des figures : par découpage et recomposition, l'aire d'une figure ne change pas.

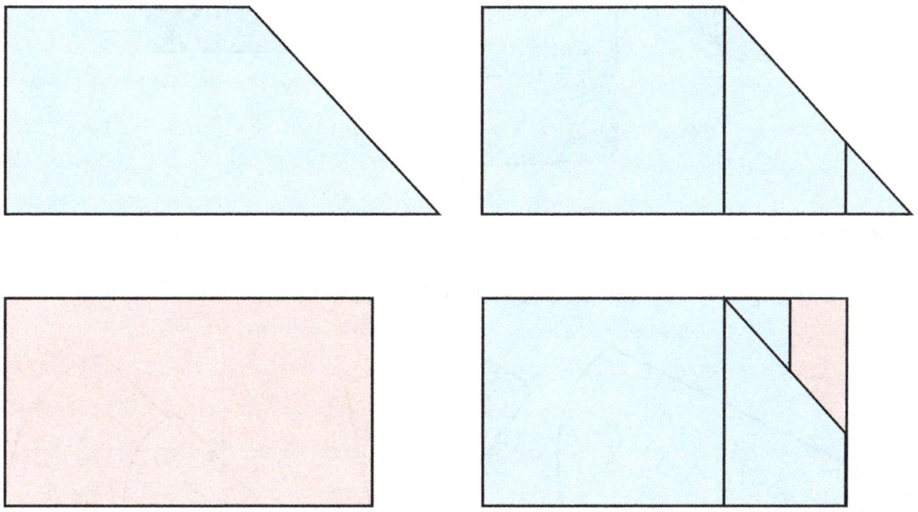

En découpant la figure bleue, on s'aperçoit qu'elle ne recouvre pas complètement le rectangle rose. Donc, l'aire du trapèze bleu est plus petite que celle du rectangle rose.

Attention : si la figure bleue, avant et après découpage, a conservé son aire, le périmètre a changé.

c) Comparaisons de volumes

Pour comparer les quantités de liquide contenues dans les flacons A et B, on peut les transvaser dans un troisième flacon et marquer la hauteur du liquide dans chaque cas (comparaison des volumes).

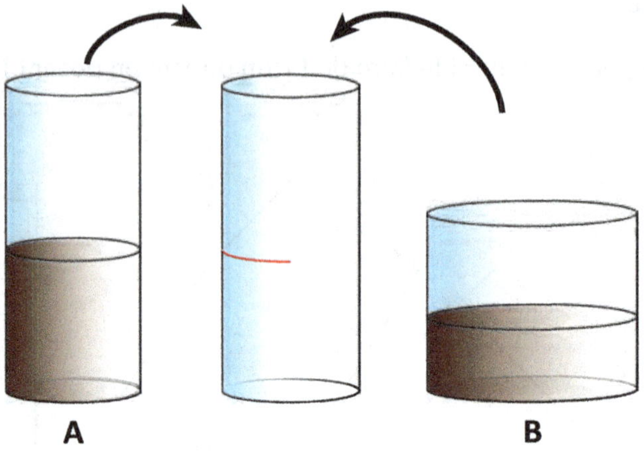

Pour comparer les volumes d'objets solides, on peut les plonger dans un récipient contenant de l'eau et repérer à quelle hauteur le niveau de l'eau monte chaque fois. Plus le niveau d'eau est élevé dans le récipient, plus le solide a un grand volume.

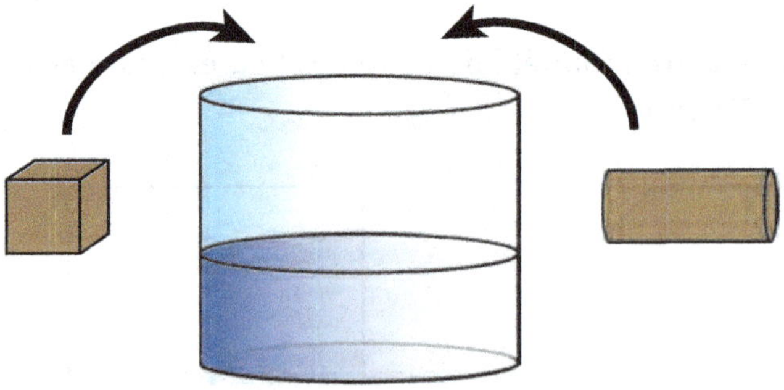

d) Comparaisons d'angles

On peut comparer les angles en les découpant et en les superposant comme illustré ci-dessous.

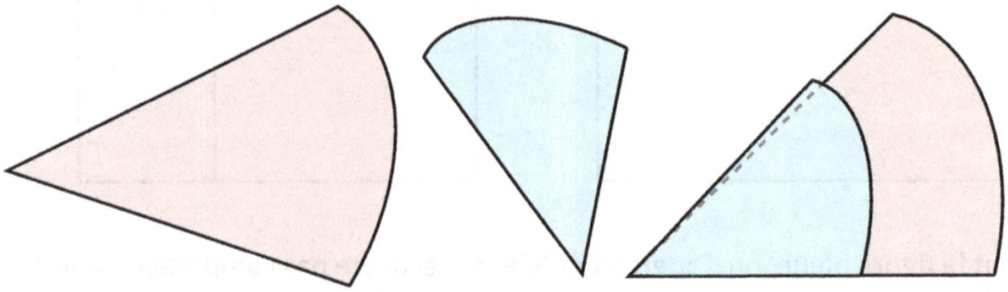

Ici, l'angle bleu est plus ouvert que l'angle rose. On dira donc qu'il est plus grand que l'angle rose, même si les côtés dessinés sont plus courts.

On peut aussi utiliser le calque pour reporter l'un des angles sur l'autre et établir la comparaison.

e) Comparaisons de masses

Pour comparer les masses de deux objets, on peut les placer sur les deux plateaux d'une balance.

On peut aussi avoir recours à un objet tiers pour une comparaison indirecte de ces deux objets selon cette grandeur.

Ici, on voit que les clémentines sont plus lourdes que la boîte, mais la boîte est plus lourde que les citrons. Donc, les clémentines sont plus lourdes que les citrons.

Une telle présentation, et la conclusion qui s'ensuit, peuvent être difficiles pour certains élèves :

- Si on lit les dessins de gauche à droite, la verbalisation donne : « La boîte est plus légère que les clémentines et les citrons sont plus légers que la boîte ». À partir d'une telle description, un élève peut ne rien conclure. Il faudra donc lui demander de reformuler chacune des phrases décrivant la relation entre les masses des différents objets.
- La boîte n'est pas sur le même plateau de la balance. Si la boîte avait été dessinée sur le même plateau, il apparaîtrait clairement qu'elle est plus légère que les clémentines et plus lourde que les citrons. La conclusion serait plus accessible, en particulier pour les élèves en difficultés.

Une telle situation met en évidence que :

- Les élèves doivent manipuler avant de travailler sur les mesures.
- La transitivité dans toute relation d'ordre s'acquiert lentement chez certains élèves. Dans un cas comme celui de la balance, il pourra être nécessaire de manipuler avec de vrais objets et, ici, mettre les fruits sur les deux plateaux d'une balance pour revenir sur les comparaisons et établir la relation directe entre les masses de clémentines et de citrons.

Établir des rapports de grandeur

Sans unité de mesure, on peut déjà établir des rapports de grandeur : le périmètre d'une figure est le double ou le triple de celui d'une autre, même chose pour les aires, les angles, les masses, etc.

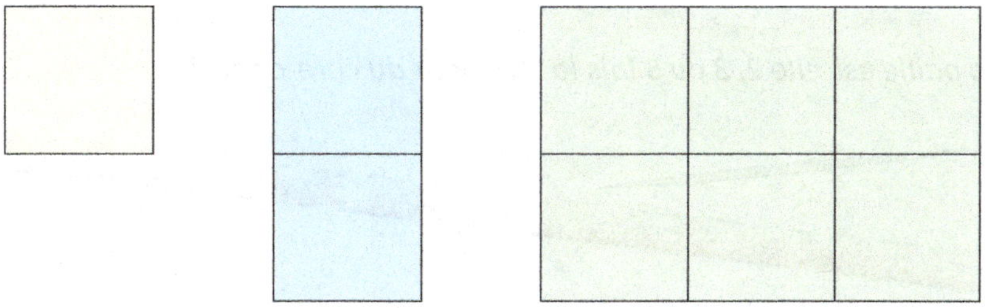

Ainsi, l'aire du rectangle vert est le triple de celle du rectangle bleu, ou six fois celle du carré jaune. À l'inverse, l'aire du rectangle bleu est le tiers de celle du rectangle vert. Mais ces relations faciles à voir sont fausses si l'on s'intéresse aux périmètres des 3 rectangles.

L'étude des diverses pièces composant un jeu de Tangram permet d'introduire la notion de rapport de grandeur entre les aires (Braconne-Michoux, A.; Juteau, M.C. (2012)).

7.1.4 Des activités pour donner du sens à la mesure

Comme nous l'avons vu précédemment, les comparaisons des objets selon une grandeur donnée permettent d'introduire des rapports entre les grandeurs, donc des nombres qui les mesurent les unes par rapport aux autres. Ainsi, pour comparer plusieurs objets selon la même grandeur, on va se référer à une unité, que l'on appellera « unité étalon ». C'est en associant le nombre de reports de l'unité étalon que l'élève commence à mesurer les objets selon cette grandeur. Les unités étalons choisies seront celles qui ont du sens dans le contexte proposé à l'élève. Ce sont les unités non conventionnelles. Parmi celles-ci, on trouve les trombones, les cure-dents pour les unités de longueur, les gommettes carrées pour les unités d'aire, etc. Les unités conventionnelles et les instruments de mesure ne seront introduits qu'après un long travail sur la mesure à l'aide d'unités non conventionnelles, d'autant plus que, d'après la recherche en didactique, il semble que le travail sur la construction d'objets de mesure donnée doive précéder le mesurage.

Construction d'un objet de mesure donnée

Dans la construction d'un objet de mesure donnée (un segment de longueur donnée, une figure d'aire donnée, un solide de volume donné, etc.), on peut jouer sur les variables didactiques suivantes : la mesure est donnée par l'enseignant dans l'unité adéquate; l'élève a la responsabilité de prendre la mesure sur le modèle (mais l'enseignant lui donne l'unité étalon); l'élève a la responsabilité de prendre la mesure sur le modèle et a l'initiative du choix de l'unité étalon.

Par exemple :

Construis un segment qui soit trois fois plus long que le segment donné :

Selon que l'élève dispose d'une règle graduée (ou non), de papier calque (ou non), de papier ligné (ou non), d'objets divers (cure-dents, bandes de papier ou non), les procédures utilisées et la précision des constructions seront variables.

Estimation de la mesure d'un objet

Pour donner du sens à la mesure, il sera profitable d'entraîner les élèves à estimer la mesure d'un objet selon une grandeur donnée (longueurs, aires, volumes, durées, angles), en fonction des différentes unités connues de l'élève, non conventionnelles puis conventionnelles.

Par exemple :

La longueur de la paille est-elle 2, 3 ou 5 fois la longueur du cure-dents?

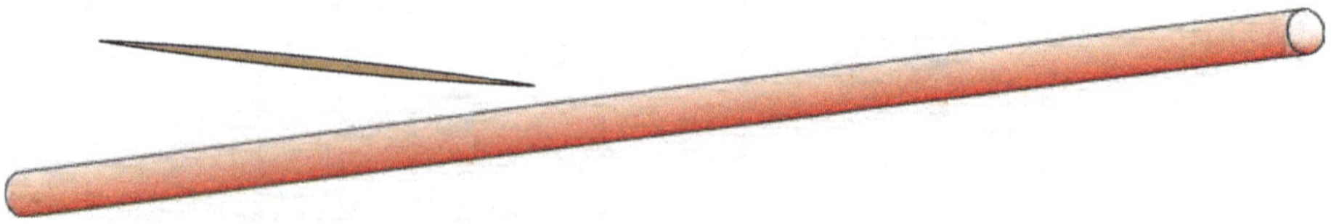

Les estimations pourront porter sur les mesures d'objets de tailles réduites ou proches de la taille de l'élève (micro-espace), puis sur les mesures d'objets plus gros, supérieurs à la taille de l'élève (méso-espace et macro-espace), quand on abordera les unités de longueur comme l'hectomètre ou le kilomètre.

Les questions d'estimation sont d'autant plus accessibles qu'elles sont liées à des objets ou des situations familiers aux élèves et qu'elles se situent dans un espace où ils ont l'habitude d'évoluer. On pourrait suggérer qu'elles devront tout d'abord être ancrées autant que possible dans la réalité de l'élève. Par exemple, la masse d'une vache, pour un élève de centre-ville, peut être aussi difficile à estimer que la fréquence des métros à la station Jean Talon à Montréal, pour un élève en zone rurale mais tous devraient être en mesure de donner la durée d'une coupure publicitaire dans un film à la télévision.

Selon le contexte, les élèves pourront donner des estimations en mesures métriques ou en mesures impériales. Dans bon nombre de familles québécoises, on se « pèse » toujours en livres, on se mesure en pieds et en pouces, la température de la piscine est souvent exprimée en degrés Fahrenheit alors qu'à la météo la température est annoncée en degrés Celsius.

Mesure de la grandeur d'un objet

La mesure de la grandeur d'un objet est obtenue par report de l'unité étalon, que celle-ci soit donnée par l'enseignant, par l'énoncé du problème, ou relève de l'initiative de l'élève. La plupart des mesures faites en classe sont des mesures de longueurs, d'aires, de volumes, de capacités, de masses et d'angles. Se pose alors le problème du mesurage et des conditions dans lesquelles les élèves vont reporter l'unité étalon.

Nous illustrons quelques-unes de ces difficultés dans le cas de la mesure de la longueur d'un segment.

Une maladresse fréquente : les unités ne sont pas alignées les unes par rapport aux autres.

D'autres difficultés apparaîtront quand l'élève n'aura à sa disposition qu'un exemplaire de l'unité étalon.

Par exemple, l'élève intercale son doigt entre deux reports de l'unité étalon.

D'autres difficultés sont liées au mesurage par lecture d'une graduation. Le zéro (0) de la graduation est ignoré ou l'extrémité de la règle est prise en compte comme début de la mesure.

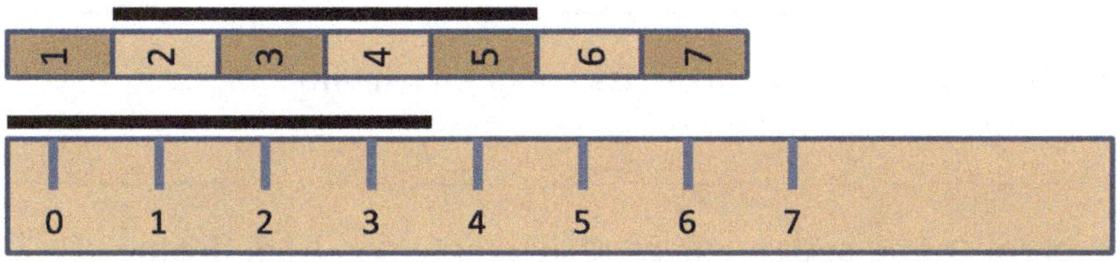

Chaque fois se posera le problème de la précision de la mesure. Cette question évoluera au fil des ans et c'est aussi dans la recherche de la précision d'une mesure que l'on pourra introduire les fractions et les nombres décimaux à l'école primaire.

Conversion de la mesure d'un objet

Au primaire, il est préférable de travailler le fait que la mesure d'un objet s'exprime avec un nombre associé à l'unité de mesure que l'on utilise, et que ce nombre change si l'on utilise une autre unité, avant tout travail systématique de conversion, en particulier les tableaux de conversion qui peuvent être vides de sens pour les élèves.

Calcul de la mesure d'un objet

À ce sujet aussi, au primaire, il est préférable de travailler sur des situations où l'élève doit raisonner pour établir la mesure de la grandeur de l'objet avant l'institutionnalisation de toute formule de calcul, qu'elle soit de périmètre, d'aire ou de volume.

7.2 Activités personnelles

7.2.1 « Grand, petit, gros »?

Dans les phrases suivantes, on trouve les adjectifs « grand », « petit », « gros », etc. dans divers contextes, et donc à propos de « grandeurs » différentes.

Quand il s'agit d'une grandeur au sens mathématique, précisez de quelle grandeur il s'agit.

1. Édith Piaf était une **grande** dame de la chanson. Pourtant, elle était toute **petite**.

   ____

2. La fin janvier a été une période de **grand** froid.

   ____

3. Paul a acheté une **grande** maison; dommage que le terrain soit aussi **petit**. Au moins, la galerie est au **grand** soleil tout l'après-midi.

   ____

4. Dimanche, nous aurons une **grande** journée de soleil.

   ____

5. C'est embarrassant : Simone est sortie de l'hôpital avec une **petite** fièvre qui ne baisse pas.

   ____

6. Ce lac a des zones de **grande** profondeur.

   ____

7. Julie a acheté un **grand** morceau de tissu pour en faire une nappe.

   ____

8. Charles s'est couché au **petit** matin pendant longtemps. Il souffre maintenant d'une **grande** fatigue.

   ____

9. Sa voiture est passée à **grande** vitesse; je n'ai pas eu le temps de reconnaître que c'était celle de Jean.

10. Je ne peux pas photographier ce paysage avec mon téléphone : il n'y a pas de **grand** angle disponible.

11. Pour attacher ces deux morceaux de plastique, il faut un **grand** élastique.

12. J'ai besoin d'un **grand** sac pour ranger mes affaires.

13. Ce **petit** accident de voiture au coin de la rue a engendré un **gros** embouteillage et un **grand** ralentissement du trafic.

7.2.2 La ligne de 1 mètre

Dans l'espace ci-dessous, dessinez une ligne brisée qui mesure au moins un mètre de long, sans que les segments qui la composent n'aient de points d'intersection.

7.2.3 Constructions de figures

Le triangle *OLM*

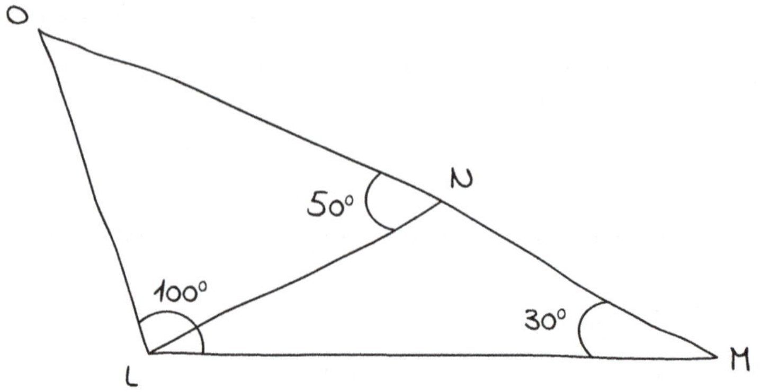

D'après le schéma, le point N est un point du côté $\overline{OM}$ du triangle OLM. On sait que $m\angle ONL = 50°$, $m\angle OLM = 100°$, $m\angle OML = 30°$ et que $m\overline{LM} = 15$ cm.

Construisez ce triangle en respectant toutes les mesures indiquées et notez les étapes de votre démarche (raisonnement et construction) sans mentionner le nom des instruments que vous avez utilisés.

Il se peut que la figure construite sorte du cadre prévu ci-dessous.

Le polygone *ABCDE*

Construisez le polygone *ABCDE* ayant les mesures suivantes :

$m\overline{AB} = 3$ cm; $m\overline{BC} = 4$ cm; $m\overline{AE} = 5$ cm; $m\angle BAE = 140°$; $m\angle ABC = 147°$; $m\angle BCD = 81°$ et $m\angle AED = 82°$.

a) Combien mesure l'angle $\angle CDE$?

b) Pouviez-vous le prévoir? Justifiez votre réponse.

c) Quelles sont les difficultés que vous avez rencontrées?

d) Dans quel ordre les informations auraient-elles pu être présentées pour que l'exercice soit plus facile d'accès?

e) Si vous demandiez la construction à des élèves de 6e année, à quelles erreurs pourrait-on s'attendre de leur part?

7.2.4 L'angle entre deux latitudes

À la surface du globe, les points sont repérés par leur longitude (Est ou Ouest) par rapport au méridien de Greenwich et leur latitude (Nord ou Sud) par rapport à l'équateur. Les longitudes et les latitudes sont repérées par les mesures des angles au centre correspondants.

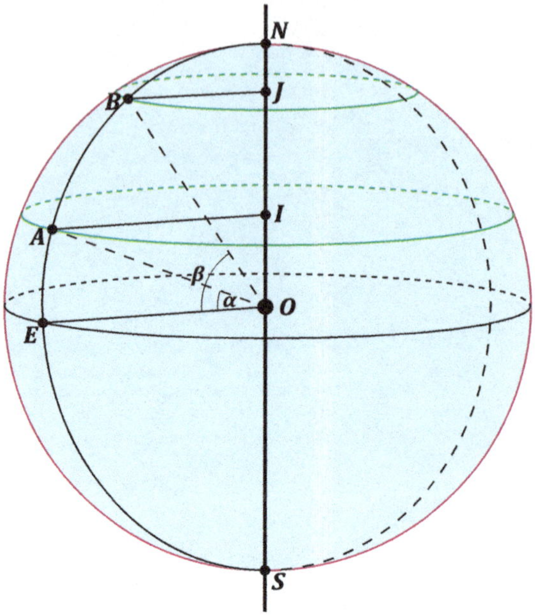

Ainsi, sur le dessin ci-dessus, le cercle de centre O et de rayon $\overline{OE}$ représente l'équateur, et le cercle de diamètre $\overline{NS}$ passant par le point E représente le méridien de Greenwich.

Les points A et B sont sur le même méridien. Ils ont donc la même longitude. Ils ne sont pas au même niveau au-dessus de l'équateur; ils n'ont donc pas la même latitude.

La latitude du point A est donnée par la mesure de l'angle $\angle AOE$ (α) et la latitude du point B par la mesure de l'angle $\angle BOE$ (β). Si la latitude de A est 15°52'33'' N et celle de B est 45°39'18'N, quel est l'angle entre les points A et B?

7.3 Compléments didactiques

Nous développons ici quelques suggestions à propos de l'enseignement de la mesure. En effet, force est de constater que, dans les manuels ou dans les cahiers d'exercices, on propose aux élèves des exercices sur la mesure (même avec des unités non conventionnelles) alors que la grandeur mesurée n'a pas été identifiée, ni nommée. C'est pourquoi nous avons présenté quelques activités qui permettent de combler ce déficit. En effet, comment expliquer que des élèves, arrivant au secondaire, confondent, par exemple, les formules d'aire et de périmètres? Nous avons deux éléments de réponse : le premier serait qu'ils ne distinguent pas les deux grandeurs; le second serait qu'ils ont mémorisé les formules sans en avoir compris leur origine et qu'elles sont donc vides de sens pour eux.

7.3.1 La grandeur

Si nous suivons cette suggestion d'aborder la notion de grandeur avant celle de la mesure, on doit commencer par nommer ces grandeurs (ou attributs) et faire travailler les élèves sur celles-ci. Ainsi, dès la maternelle, ils peuvent être confrontés aux comparaisons d'objets, que ce soit selon des grandeurs au sens mathématique (longueurs, aires, masses, etc.) ou non (couleur, aspérité de la surface, etc.). La première activité est la comparaison par le tri. Elle consiste à séparer la collection d'objets en deux catégories : ceux qui ont le critère sélectionné (ou annoncé) d'une part et ceux qui n'ont pas ce critère d'autre part. Par exemple, c'est mettre tous les objets verts d'un côté, et ceux qui ne le sont pas de l'autre. Vient ensuite l'activité de classement où l'on regroupe tous les objets qui ont une caractéristique commune, géométrique, mesurable ou non. Dans ces activités, les élèves peuvent classer (regrouper) les objets selon leurs couleurs, le nombre de leurs côtés, etc. Par les activités de classement, l'élève peut être amené à accepter l'idée que, selon les critères que l'on se donne, le même objet peut appartenir à deux classes différentes.

Ainsi, à partir du lot de formes géométriques ci-dessus, on peut commencer par demander à l'élève de trier toutes les pièces qui sont rouges ou celles qui ont exactement 4 côtés, ou celles qui ont au moins 4 côtés. Le carré rouge est accepté dans chacun des tris alors que le triangle bleu est toujours rejeté. Si on demande un classement par couleur ou par nombre de côtés, les mêmes pièces ne seront pas dans les mêmes classes. On aura la classe des verts, celle des bleus, etc. puis, à l'issue d'un autre classement, celle des triangles, celle des quadrilatères, etc.

Les classes d'objets étant établies, dans certaines situations, on peut ordonner (ranger) les objets selon un nouveau critère : du plus court au plus long, du plus récent au plus âgé, du plus clair au plus foncé, etc. Apparaît alors la notion d'ordre ou de rangement.

C'est au cours de telles activités que, dans certains cas, la mesure permettra de lever certaines ambiguïtés. Les activités de rangement en ordre (croissant ou décroissant) sont d'autant plus importantes qu'elles permettent aussi aux élèves d'accéder à la notion de transitivité : « si A est plus petit que B et B plus petit que C, alors A plus petit que C ». Or, cette relation est difficile et certains élèves l'acquièrent très lentement. On aura donc intérêt à la faire pratiquer autant dans le micro-espace que dans le méso-espace : ordre croissant sur les élèves par leur taille, leur date d'anniversaire, etc.

L'enseignant devra être vigilant et cohérent dans l'utilisation du vocabulaire avec les élèves. En effet, les sens que nous venons de donner à « trier », « classer » et « ordonner » sont très particuliers et ces mêmes mots ont des sens différents dans la vie courante. Ainsi quand on demande à un enfant de « trier ses affaires » ou de « les ranger », on lui demande en fait de les classer (au sens où nous venons de l'utiliser) en remettant chaque objet « à sa place », que ce soit des vêtements, des jouets, ou autres. De la même façon, le « classement des concurrents » à l'issue d'une compétition correspond au rangement (à l'ordre) tel que nous venons de présenter.

Après les activités de classement viennent les activités de classification comme celles que nous avons décrites à propos de la classification des quadrilatères où certaines caractéristiques sont spécifiques d'un groupe d'objets déjà contenu dans une classe. C'est ainsi que parmi toutes les pièces ayant 4 côtés (la classe des quadrilatères), on peut remarquer que certaines d'entre elles ont des angles droits : les rectangles et les carrés. Mais ce genre d'activités relève de la fin de l'école primaire et non pas de la maternelle ou du 1er cycle. Au premier cycle, les classes obtenues sont exclusives les unes des autres. On est bien au niveau identification-visualisation de la théorie de niveaux de pensée en géométrie de van Hiele.

7.3.2 La mesure

Nous l'avons dit dans le paragraphe précédent, la mesure des objets est d'autant mieux comprise par les élèves qu'elle permet de répondre à des questions de comparaisons d'objets (ordre) selon certaines grandeurs et que ces rangements ne sont pas perceptibles à l'œil nu ou par un autre sens. Par exemple, on peut imaginer que tout élève saura dire qu'un pamplemousse est plus lourd qu'une clémentine mais est-il toujours plus léger qu'un ananas? Ce n'est pas certain surtout si l'élève ne connaît pas l'ananas au sens où il n'en a pas tenu un dans ses mains.

Pour mesurer une grandeur, l'élève pourra utiliser un étalon qui soit porteur de sens, c'est-à-dire pris dans l'environnement de l'élève : un bâtonnet à café, une gommette carrée, etc. Ce sont des unités non conventionnelles mais qui permettront à l'élève de donner du sens à l'activité de mesurage et à la mesure de l'objet. Ainsi, dans un premier temps, on pourra demander à l'élève de construire un objet dont la mesure est le double, le triple ou quadruple de celle de l'étalon. Une telle activité permettra à l'élève de comprendre comment utiliser cet étalon, comment le reporter ou organiser les différents exemplaires de l'étalon pour construire un tel objet. Par exemple, construire un rectangle (ou une figure) dont l'aire est 10 fois plus grande que celle d'une dalle carrée donnée amènera les élèves à constater que la forme obtenue ne peut être un carré.

Ensuite, on pourra demander aux élèves d'estimer le nombre d'exemplaires de l'étalon correspondants à la mesure d'un objet. Par exemple : Combien de cure-dents doit-on prévoir pour mesurer la longueur du bureau d'un élève? Une telle question vise à donner du sens à la mesure, c'est-à-dire au nombre de fois que l'on va reporter l'unité.

L'estimation faite, on pourra passer au mesurage (l'action de mesurer) pour donner ensuite la mesure de l'objet selon l'étalon choisi. Dans un premier temps, l'étalon sera reproduit autant de fois que nécessaire pour établir la mesure de l'objet. Les conditions de mesurage seront scrupuleusement établies : les différents exemplaires de l'étalon devront être jointifs, sans superposition ni espace entre deux exemplaires successifs. Si on mesure la longueur de la salle de classe avec l'empreinte d'un soulier d'un élève, il faudra autant d'exemplaires de l'empreinte que nécessaire et on veillera à suivre le bord du mur ou une trace au sol parfaitement rectiligne et parallèle à la longueur de la salle de classe. En particulier, on évitera de prendre un soulier de chaque élève pour couvrir plus rapidement la longueur de la salle de classe : tous les élèves n'ont pas la même longueur de pieds et, d'un modèle à l'autre, l'empreinte du soulier peut avoir une longueur différente : ce ne sont pas des étalons! Dans un second temps, on pourra passer au mesurage par report de l'unité étalon. Toutes les précautions dans le report devront alors être respectées : le report se fait sans chevauchement ni espace, l'ensemble des reports recouvre parfaitement l'objet à mesurer. S'il s'agit d'une longueur, les reports se font en suivant soigneusement le bord de l'objet. S'il s'agit d'une aire, la surface est totalement recouverte ou s'il s'agit d'un volume, celui-ci est totalement rempli.

Quand les élèves ont acquis une bonne habitude de mesurage avec des étalons liés à des unités non-conventionnelles, ils peuvent commencer à utiliser les instruments utilisant les unités conventionnelles de longueur, de masse, de capacité ou d'angle avec les mêmes précautions (il n'y a pas d'instrument qui mesure les aires!). À l'école primaire, ces instruments sont avant tout la règle graduée pour les longueurs et le rapporteur pour les mesures d'angles. Mais leur utilisation n'est pas transparente pour tous les élèves.

En effet, le passage des uns aux autres repose sur deux principes différents : quand il utilise une unité non-conventionnelle, l'élève reporte l'étalon autant de fois que nécessaire pour donner la mesure de l'objet alors que la mesure donnée par la règle ou le rapporteur est faite par la lecture d'un nombre sur une graduation. Nous illustrons, dans le cas de la mesure d'angles, l'utilisation de deux rapporteurs : l'un est un rapporteur non-conventionnel, l'autre est un rapporteur classique (conventionnel).

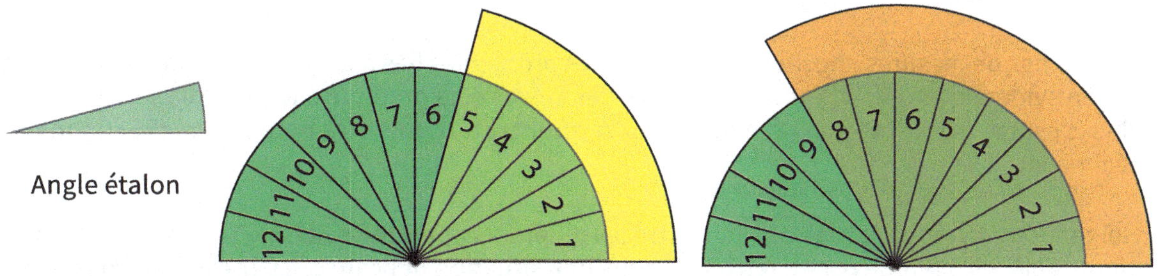

Pour obtenir une mesure avec ce rapporteur non-conventionnel, l'élève compte combien de fois l'angle – étalon peut être reporté dans chacun des angles. Ainsi, l'angle jaune mesure 5 unités et l'angle orange mesure 8 unités.

Avec un rapporteur d'angles conventionnel, il en va tout autrement.

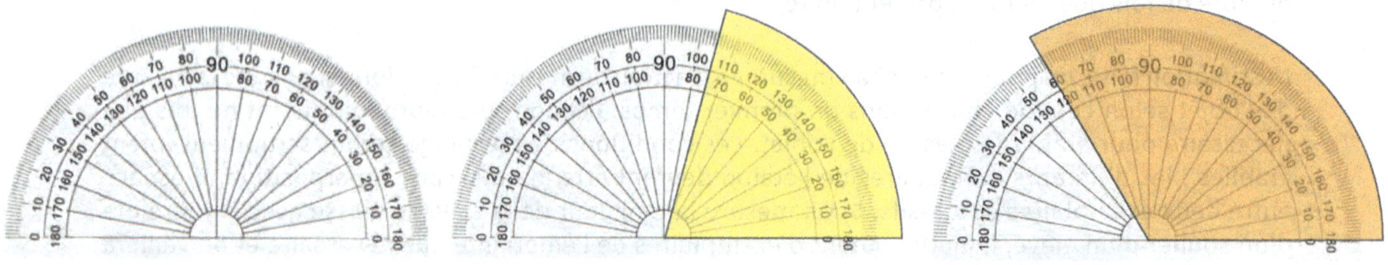

L'élève doit placer le centre du rapporteur sur le sommet de l'angle, le faire tourner jusqu'à ce que le 0 d'une graduation soit sur l'un des côtés de l'angle). Puis, **en suivant la même graduation**, il lit directement la mesure des angles, soit 75° pour l'angle jaune et 120° pour l'angle orange. Les erreurs les plus courantes sont les suivantes : l'élève change de graduation dans sa lecture (ici la graduation à suivre est la graduation intérieure du rapporteur où on ne lit que les dizaines de degrés) ou l'élève change de sens dans la lecture sur la graduation (par exemple, pour un angle de 78°, au lieu de lire 78° parce que c'est près de 80°, il donnera 82°comme réponse). C'est dire combien l'utilisation du rapporteur conventionnel est complexe.

De surcroît, comme nous le verrons dans les activités didactiques, le matériel dont les élèves disposent peut être, à lui seul, source de difficulté. D'une façon générale, les validations des réponses des élèves seront faites à 2° près par rapport à la mesure attendue.

Dans tous les cas, que ce soit à partir des unités conventionnelles ou non, les élèves devront être sensibilisés à la « taille » de l'étalon :

Est-ce qu'un bâtonnet à café peut me permettre de comparer tous les bureaux qui sont dans la classe? Qu'est-ce qu'un mètre par rapport à moi? Peut-on dire que le corridor de l'école mesure 1 km tellement il est long? Est-ce que je peux recouvrir mon bureau avec des gommettes carrées? Quel objet de la classe ou de la maison occupe une surface de 1 m^2? À quoi je reconnais que cet objet peut peser 1 kg ou 1 g?

C'est dire que l'estimation de la mesure est déterminante et pourra être réinvestie dans la validation de certaines réponses.

Les problèmes de mesures engendrent toujours des problèmes liés à la précision dans le mesurage. Il est bien évident que celle-ci évolue avec l'âge des élèves et la pratique à laquelle ils sont habitués. De plus, c'est par la mesure que les élèves sont confrontés aux nombres non-entiers (fractionnaires ou décimaux).

L'enseignant a alors intérêt à faire le lien entre les différents apprentissages qu'il vise et les connaissances des élèves, pour ne pas se retrouver dans une situation délicate où, par exemple, des élèves de 1re année doivent mesurer à la règle des segments de 7,3 cm ou 10,7 cm alors que des élèves de 6e année doivent mesurer des longueurs de 8 cm ou 12 cm.

Enfin, quand on fait des calculs, les problèmes de mesures renvoient aux problèmes d'unités. Nous développerons cette question dans le chapitre suivant.

7.4 Activités didactiques (productions d'élèves)

L'activité qui suit s'intéresse à la difficulté pour les élèves d'entrer dans l'apprentissage de l'utilisation d'un instrument : le rapporteur d'angles. La situation est la suivante : à l'aide de leur rapporteur, les élèves doivent mesurer trois angles représentés sur une feuille. Les trois angles α, β et γ mesurent respectivement 37°, 148° et 78°. Pour vous aider à appréhender les démarches de certains élèves, nous avons reproduit, d'une part, les angles à mesurer dans la position où ils ont été proposés aux élèves et, d'autre part, les différents modèles de rapporteurs d'angles utilisés[3].

a) Reproduisez les angles sur une feuille de papier calque.

b) En utilisant ce calque, posez-le sur l'image du rapporteur pour essayer de trouver comment l'élève a pu agir.

7.4.1 Les angles

Angle α

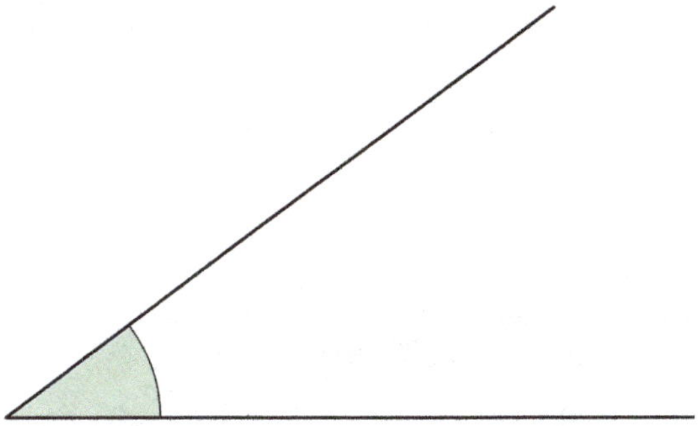

Angle β

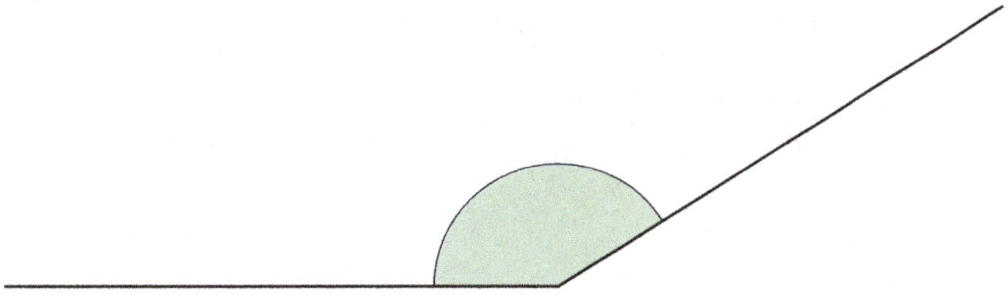

Angle γ

[3] Les rapporteurs utilisés dans ce chapitre sont quelques-uns de ceux que possédaient les étudiants d'un groupe de 1er cycle à l'Université de Montréal en 2012.

7.4.2 Les rapporteurs

Rapporteur A

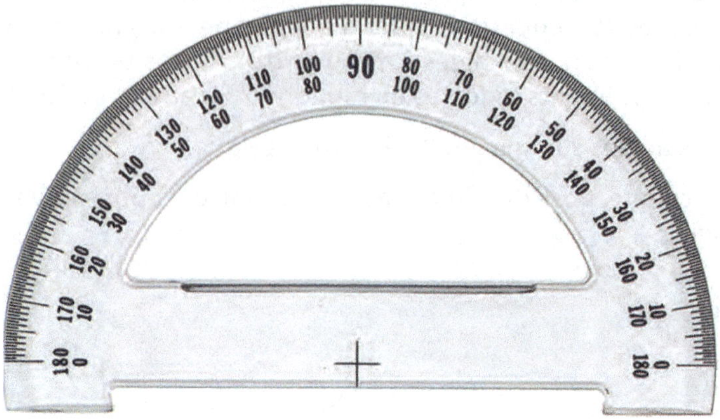

Rapporteur B

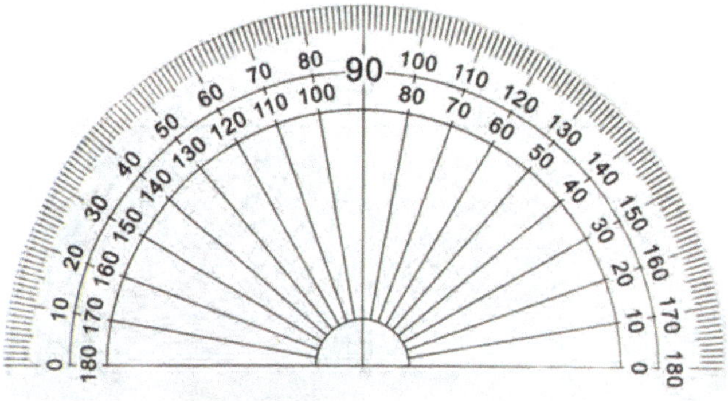

Rapporteur C

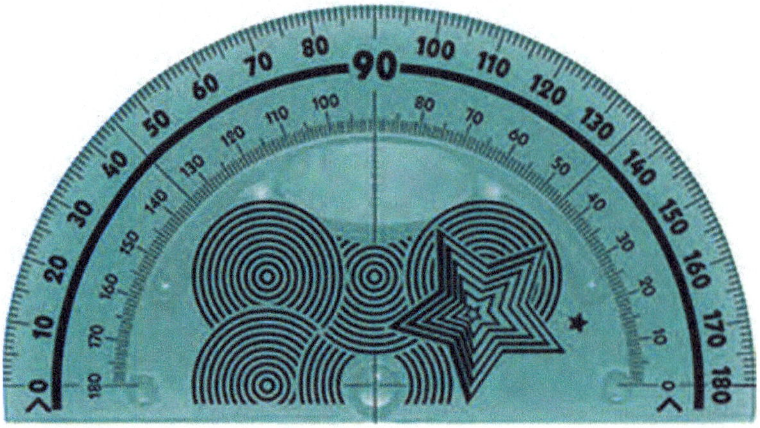

7.4.3 Réponses des élèves

À propos de l'angle α

Réponse des élèves	Explication de la démarche de l'élève
43° en utilisant le rapporteur A	
147° en utilisant le rapporteur C	
153° en utilisant le rapporteur C	
35° en utilisant le rapporteur F	

À propos de l'angle β :

Réponse des élèves	Explication de la démarche de l'élève
163° en utilisant le rapporteur B	
332° en utilisant le rapporteur E	
5,5° en utilisant le rapporteur F	
152° en utilisant le rapporteur C	

À propos de l'angle γ :

Réponse des élèves	Explication de la démarche de l'élève
12° en utilisant le rapporteur C	
75° en utilisant le rapporteur D	
102° en utilisant le rapporteur F	
53 mm en utilisant le rapporteur D	
82° en utilisant le rapporteur A	

a) Quel bilan faites-vous à propos de l'apprentissage de l'utilisation du rapporteur d'angles?

8 | Périmètres et aires

Dans ce deuxième chapitre sur la mesure, on s'intéressera uniquement à deux grandeurs particulièrement importantes à l'école primaire : les longueurs avec les calculs de périmètres et les aires des figures planes.

Dans la partie théorique, nous présenterons les formules de périmètres et d'aires, même si celles-ci ne sont pas explicitement au programme de l'école primaire. Là encore, dans un souci d'arrimage avec le secondaire, il nous semble important que l'enseignant au primaire maîtrise ces connaissances pour mieux accompagner ses élèves dans ses apprentissages.

Dans la partie didactique, nous reviendrons sur la distinction à faire entre ces deux grandeurs et, en particulier, la difficulté dans laquelle on peut mettre les élèves en leur demandant trop rapidement d'appliquer des formules qu'ils n'auraient pas comprises.

8.1 Rappels théoriques

8.1.1 Les longueurs

Vocabulaire

La grandeur « longueur » porte des noms différents selon les objets sur lesquels cette grandeur est mesurée ou calculée.

Ainsi, les deux dimensions d'un rectangle s'appellent « longueur » et « largeur », sur un prisme on aura aussi, en 3e dimension, la « hauteur ». Dans d'autres problèmes ou contextes, on parlera de « profondeur », d'« altitude », de « dénivelé », de « distance », etc.

Il est important d'associer à cette grandeur des instruments qui permettent de la mesurer, que ce soit des cure-dents, des pailles à boire, une règle graduée, un « galon » à mesurer, ou un décamètre.

Si on peut (et on doit) entraîner les élèves à estimer des longueurs comme celles d'un timbre-poste, la hauteur d'un meuble, la distance entre deux arbres dans la cour. En revanche, d'une façon générale, le périmètre d'une figure est assez difficile à estimer, même quand il s'agit d'un polygone. Par exemple, le périmètre d'une porte est souvent compris entre 5 et 6 m.

Le périmètre d'un polygone est la somme des mesures des longueurs de tous ses côtés.

Les unités de longueur

L'unité de longueur officielle du système métrique est le **mètre** (m), avec ses multiples et ses sous-multiples.

Chaque unité de longueur est dix fois plus grande ou dix fois plus petite que l'unité voisine.

Par exemple : 1 décamètre = 10 mètres (1 dam = 10 m). On peut donc dire que les unités de longueur sont décimales.

On rassemble les unités de longueur dans un tableau[1].

Multiples				Sous-multiples		
kilomètre	hectomètre	décamètre	**mètre**	décimètre	centimètre	millimètre
km	hm	dam	**m**	dm	cm	mm
0	2	4	5	3	0	

Ce tableau permet d'écrire l'égalité : 245,3 m = 0,2453 km = 24 530 cm.

Les unités les plus courantes sont le mètre, le centimètre, le millimètre et le kilomètre. Le décimètre est une unité qui est utilisée avant tout à l'école primaire pour l'apprentissage de la mesure.

Calculs de périmètres[2]

a) Carré

$$\text{Périmètre} = \textit{côté} + \textit{côté} + \textit{côté} + \textit{côté}$$
$$= \textit{côté} \times 4$$

Périmètre = c × 4

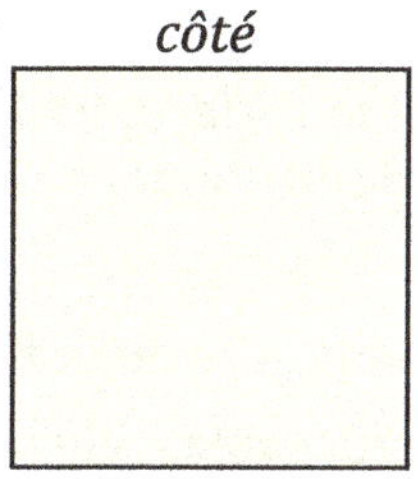

b) Rectangle

$$\text{Périmètre} = \textit{Longueur} + \textit{largeur} + \textit{Longueur} + \textit{largeur}$$
$$= \textit{Longueur} \times 2 + \textit{largeur} \times 2$$
$$= (\textit{Longueur} + \textit{largeur}) \times 2$$

Périmètre = (L + l) × 2

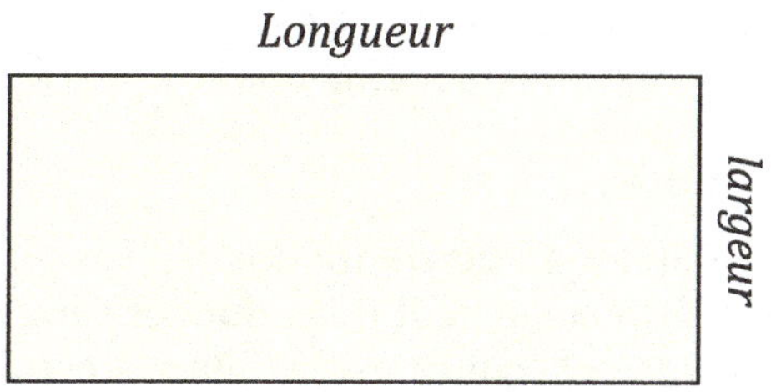

c) Triangle équilatéral

$$\text{Périmètre} = \textit{côté} + \textit{côté} + \textit{côté}$$
$$= \textit{côté} \times 3$$

Périmètre = c × 3

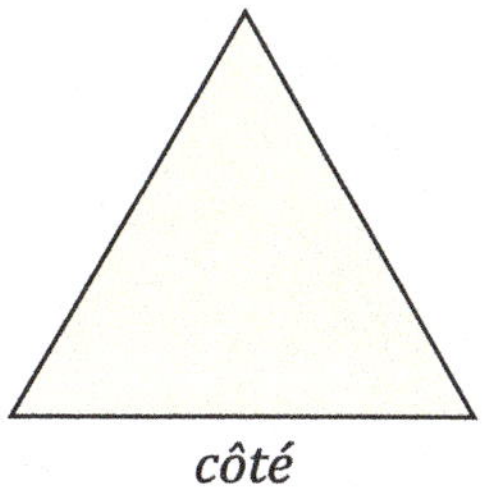

[1] Attention : Les majuscules ne sont pas autorisées pour les unités de longueur. M signifie « méga », soit « 1 million de… ». 3 Mm représentent donc 3 mégamètres, soit 3 000 km.

[2] Pour des raisons de lisibilité, nous prenons quelques libertés avec la rigueur mathématique. C'est ainsi que nous faisons le choix d'écrire seulement le nom des segments utilisés dans le calcul du périmètre de la figure plutôt que d'écrire « mesure du côté », « mesure de la longueur », etc.

d) Longueur du cercle (ou périmètre du disque)

Le cercle est la ligne formée par les points qui sont à la même distance du centre : le cercle a donc une longueur. La longueur du cercle s'appelle aussi circonférence. Le disque est la surface limitée par le cercle : le disque a donc un périmètre. Dans l'illustration ci-dessous, le cercle est en rouge et le disque est en jaune.

Circonférence = $2 \times \pi \times Rayon$

$= \pi \times Diamètre$

Circonférence = $\pi \times D = 2\pi R$

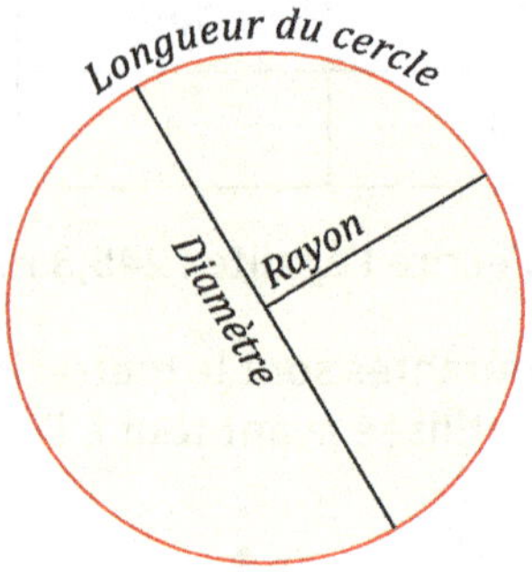

8.1.2 L'aire

L'aire est la mesure de la surface occupée par la figure. Il n'y a pas d'instrument qui permette de mesurer les surfaces, donc qui donne l'aire de la figure, comme une règle donne la longueur d'un segment.

Deux surfaces ont la même aire quand :

- Elles sont superposables : elles coïncident en tous points quand on les place l'une sur l'autre;
- Elles sont composées de surfaces telles que, lorsque par découpage et recollement, on obtient deux surfaces superposables;
- Il est possible de paver (ou de « daller », c'est-à-dire recouvrir exactement) les deux surfaces à l'aide du même nombre de « dalles unités ».

Les unités

Les unités non conventionnelles sont des gommettes, des tuiles ou des dalles utilisées dans la classe. Un élève peut donc donner l'aire d'une figure sur un quadrillage en dénombrant le nombre de carreaux occupés par la figure. Ainsi, dans la situation ci-dessous, l'unité d'aire est le carreau.

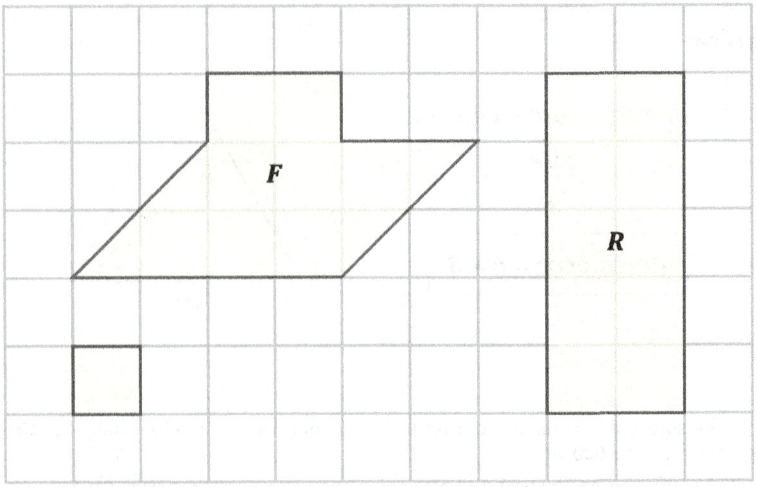

Les figures F et R ont la même aire : 10 carreaux.

Dans l'exemple suivant, on utilise trois unités d'aires différentes pour mesurer l'aire de la figure F : l'unité R, rose, qui recouvre un demi-carreau; l'unité V, verte, qui recouvre un carreau, et l'unité B, bleue, qui recouvre deux carreaux.

L'aire de la figure F s'exprime à l'aide de nombres différents selon l'unité que l'on choisit.

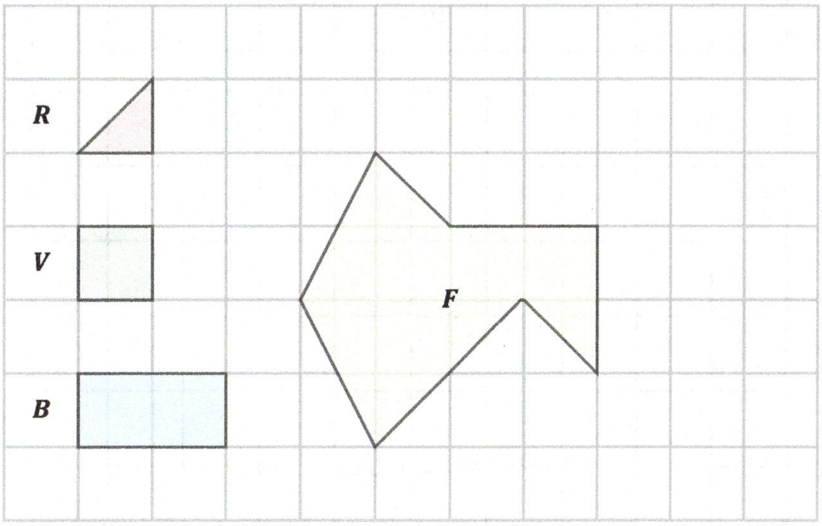

Ainsi, on a les égalités : aire $F = 16R = 8V = 4B$.

Pour arriver à ces résultats, les élèves peuvent avoir recours à des découpages, recompositions de la figure en unités ou, au contraire, à un recouvrement de la figure par de multiples exemplaires de chaque unité.

Les **unités conventionnelles** sont définies ainsi :

- 1 cm^2 est la mesure de la surface occupée par un carré de 1 cm de côté;
- 1 dm^2 est la mesure de la surface occupée par un carré de 1 dm de côté;
- 1 m^2 est la mesure de la surface occupée par un carré de 1 m de côté;
- etc.

Si le quadrillage sur lequel travaille l'élève est un quadrillage au centimètre, alors les mesures des surfaces seront exprimées en centimètre carré (cm^2).

Les relations entre les unités conventionnelles sont difficiles d'accès, en particulier pour les élèves de l'école primaire.

Il est important de bien établir qu'avec dix carrés de 1 cm^2, on ne recouvre pas un carré de 1 dm de côté. Pour établir la relation entre 1 dm^2 et 1 m^2, il faut recouvrir un carré de côté 1 dm par des carrés de 1 cm de côté.

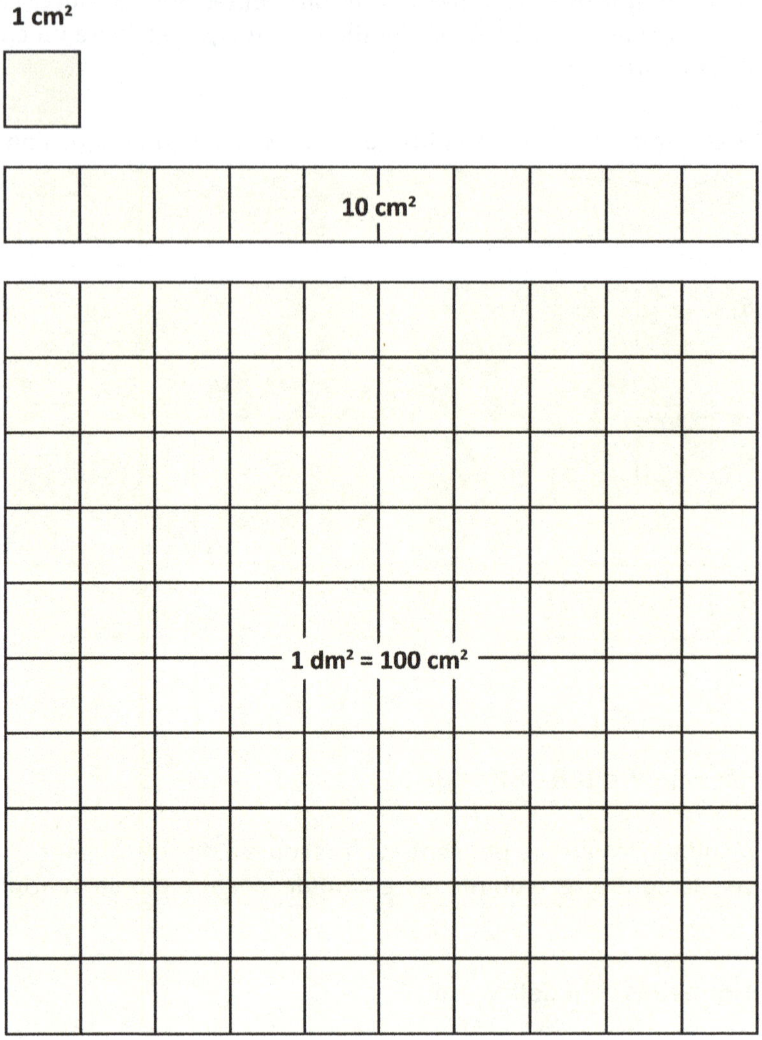

En classe, on aura intérêt à faire faire l'activité en dimensions réelles pour que les élèves réalisent que les relations entre les unités d'aires ne sont pas les mêmes que les relations entre les unités de longueurs.

Le tableau de conversion des unités d'aires, qui ne relève pas du programme du primaire, n'est pas une aide pour tous les élèves, même au secondaire. Il est donc important de bien travailler le fait que chaque unité d'aire est 100 fois plus grande ou 100 fois plus petite que l'unité voisine.

km^2		hm^2		dam^2		m^2		dm^2		cm^2		mm^2	
		ha		a		ca							
							2	3	6	5			

D'après ce tableau, on peut écrire les égalités : $2{,}365\ m^2 = 236{,}5\ dm^2 = 23\ 650\ cm^2 = 0{,}02365\ dam^2$.

Les unités agraires sont plus rarement utilisées, mais leur équivalence avec le système métrique doit être précisée.

- 1 hectare = 1 ha = 1 hm^2 = 10 000 m^2;
- 1 are = 1 a = 100 m^2;
- 1 centiare = 1 ca = 1 m^2.

Les formules[3]

Si on sait calculer l'aire d'un rectangle, on peut retrouver les formules d'aire de la plupart des polygones. Le vocabulaire change d'une figure à l'autre, mais les calculs reposent tous sur l'aire du rectangle initial.

a) Carré

Aire = *côté* × *côté* = $c \times c$

Aire du carré = c^2

b) Rectangle

Aire = *Longueur* × *largeur*

Aire du rectangle = L × l

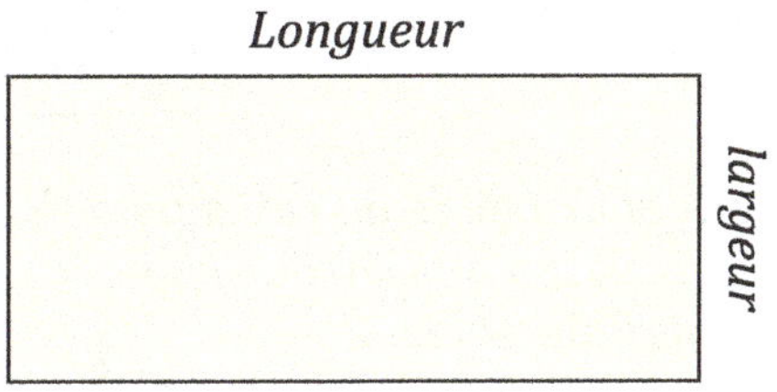

c) Triangle rectangle

Quand on découpe un rectangle selon l'une de ses diagonales, on obtient deux triangles rectangles superposables.

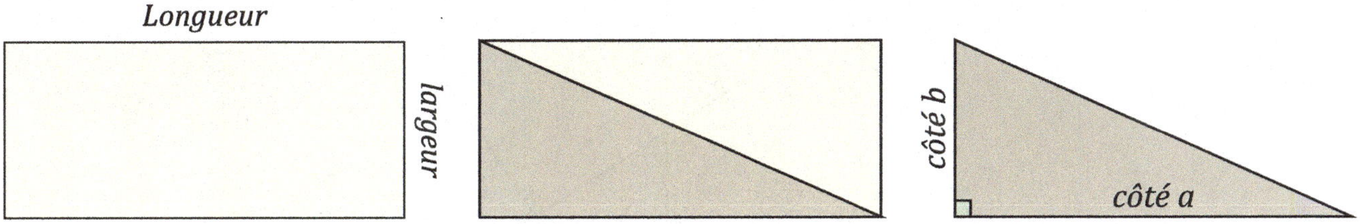

$$\text{Aire du triangle rectangle} = \frac{\text{côté}\,a \times \text{côté}\,b}{2}$$

$$\textbf{\textit{Aire du triangle rectangle}} = \frac{a \times b}{2}$$

[3] Comme pour les formules de périmètres, pour des raisons de lisibilité, nous faisons le choix d'écrire seulement le nom des segments utilisés dans le calcul de l'aire de la figure au lieu d'écrire « mesure du côté », « mesure de la longueur », etc.

d) Aire du parallélogramme

Si, dans un rectangle, on découpe un triangle rectangle que l'on déplace par translation sur le côté opposé, on obtient un parallélogramme dont l'aire est égale à celle du rectangle. Les dimensions sur le parallélogramme changent de nom : « Longueur » devient « côté », et « largeur » devient « hauteur ».

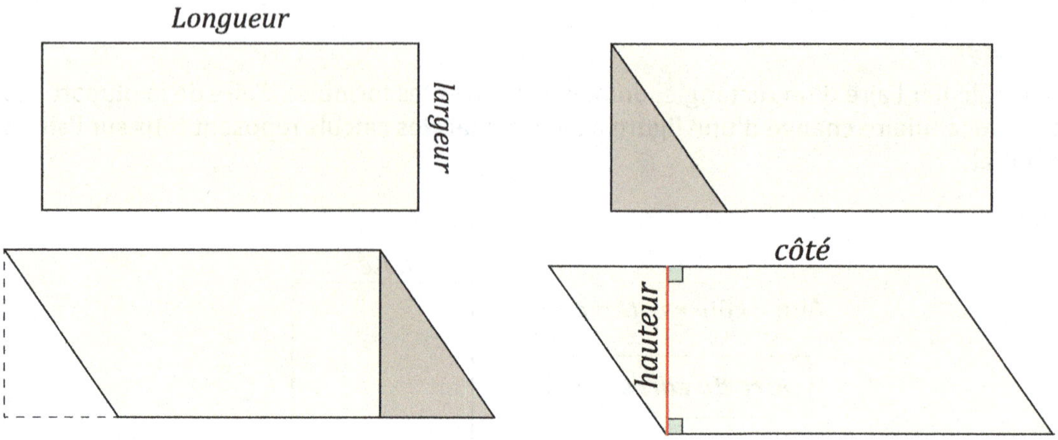

Aire = *côté* × *hauteur*

Aire = c × h

Le parallélogramme a deux paires de côtés parallèles et isométriques. Il y a donc deux hauteurs perpendiculaires respectivement à chaque paire de côtés. On peut donc calculer l'aire du parallélogramme de deux façons différentes.

Ici, les longueurs des côtés sont en cm et l'aire est en cm².

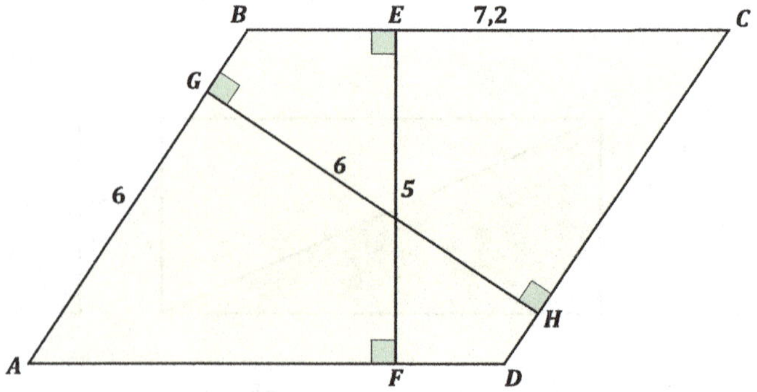

$m\overline{AB} = 6$ cm; $m\overline{GH} = 6$ cm

$m\overline{BC} = 7{,}2$ cm; $m\overline{EF} = 5$ cm

Aire $ABCD = m\overline{AB} \times m\overline{GH} = 6 \text{ cm} \times 6 \text{ cm} = 36 \text{ cm}^2$

Aire $ABCD = m\overline{BC} \times m\overline{EF} = 7{,}2 \text{ cm} \times 5 \text{ cm} = 36 \text{ cm}^2$

e) Aire du triangle

Quand on partage un parallélogramme selon l'une de ses diagonales, on obtient deux triangles de même aire. L'aire d'un triangle est donc la moitié de l'aire du parallélogramme initial.

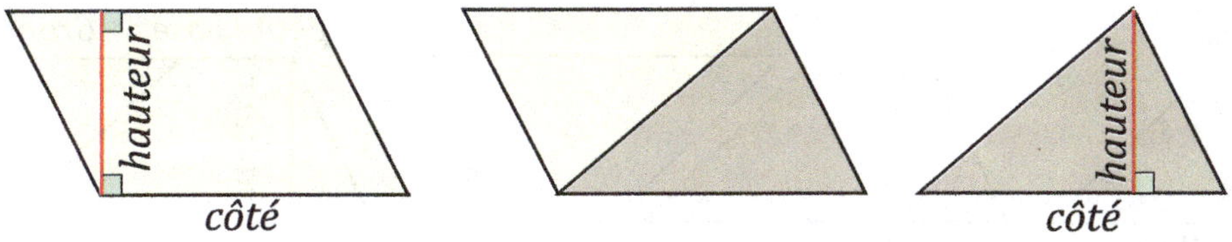

$$\text{Aire} = \frac{\textit{côté} \times \textit{hauteur}}{2} \text{ ou encore } \frac{\textit{base} \times \textit{hauteur}}{2}$$

$$\textbf{Aire} = \frac{c \times h}{2}$$

Un triangle a trois côtés, donc trois hauteurs issues de chaque sommet. Le calcul de l'aire d'un triangle peut donc se faire de trois façons différentes.

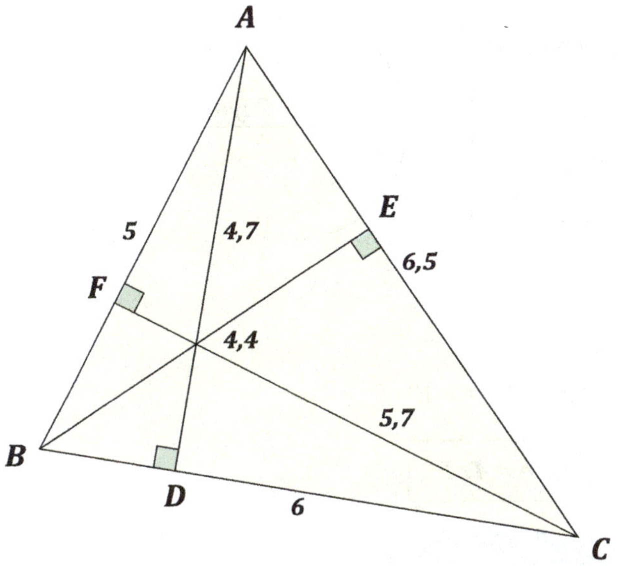

$m\overline{BC} = 6$ cm; $m\overline{AD} = 4{,}7$ cm

$m\overline{AB} = 5$ cm; $m\overline{FC} = 5{,}7$ cm

$m\overline{AC} = 6{,}5$ cm; $m\overline{BE} = 4{,}4$ cm

$$\text{aire } ABC = \frac{m\overline{AC} \times m\overline{BE}}{2} = \frac{6{,}5 \text{ cm} \times 4{,}4 \text{ cm}}{2} = 14{,}2 \text{ cm}^2$$

$$\text{aire } ABC = \frac{m\overline{BC} \times m\overline{AD}}{2} = \frac{6 \text{ cm} \times 4{,}7 \text{ cm}}{2} = 14{,}2 \text{ cm}^2$$

$$\text{aire } ABC = \frac{m\overline{AB} \times m\overline{CF}}{2} = \frac{5 \text{ cm} \times 5{,}7 \text{ cm}}{2} = 14{,}2 \text{ cm}^2$$

f) Aire du trapèze

Comme indiqué dans les illustrations ci-dessous, quand on assemble deux trapèzes superposables, ils constituent un parallélogramme qui a pour côté, la somme des bases du trapèze, et pour hauteur, celle du trapèze. Donc, l'aire du trapèze est égale à la moitié de celle du parallélogramme.

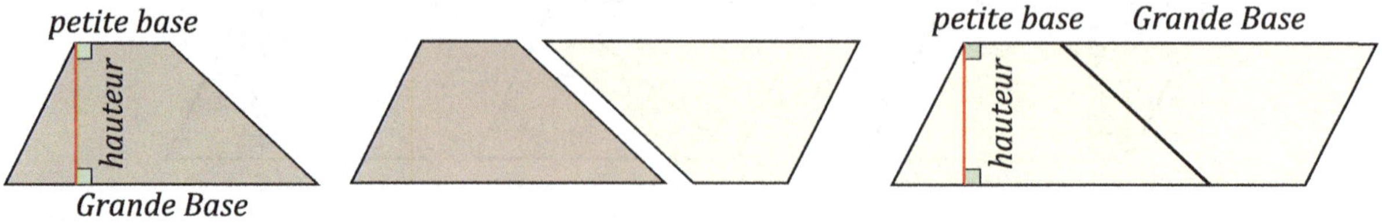

$$\text{Aire} = \frac{\left(\textit{Grande Base} + \textit{petite base}\right) \times \textit{hauteur}}{2}$$

$$\textbf{Aire} = \frac{(B+b)\times h}{2}$$

g) Aire du disque

Cette formule ne sera pas démontrée.

$$\text{Aire} = \pi \times \textit{Rayon} \times \textit{Rayon} = \pi \times R^2$$

$$\textbf{Aire} = \pi \times R^2 = \pi \frac{D^2}{4}$$

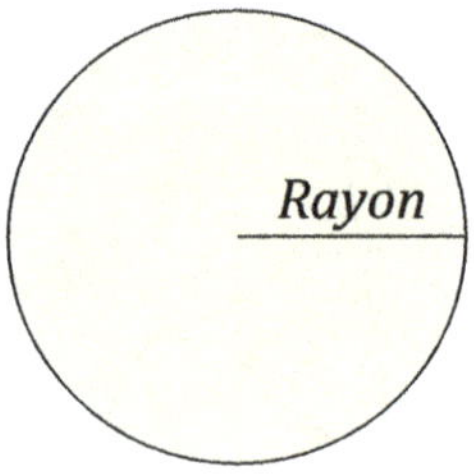

h) Aire de la sphère

Cette formule ne sera pas démontrée.

$$\text{Aire} = 4 \times \pi \times R^2$$

$$\textbf{Aire} = 4\pi R^2$$

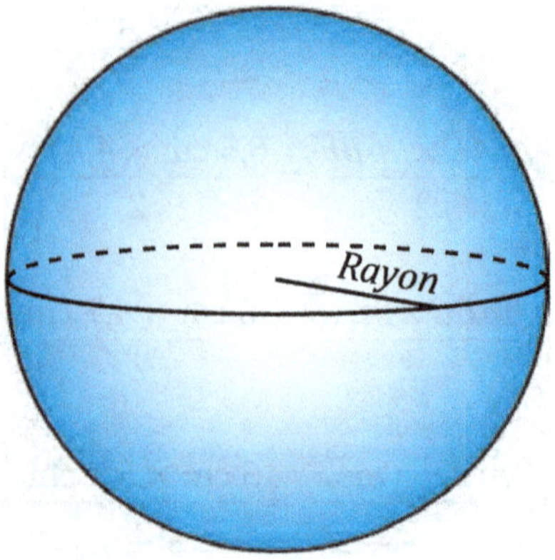

8.2 Activités personnelles

8.2.1 Les « moulins »

À partir du triangle rectangle dont les côtés mesurent 4,5 cm, 6 cm et 7,5 cm, on a construit deux « moulins » : un moulin A et un moulin B. Les figures ne sont pas à l'échelle.

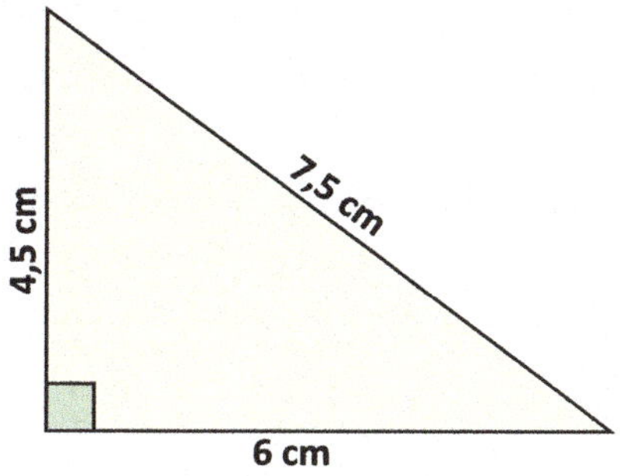

Moulin A

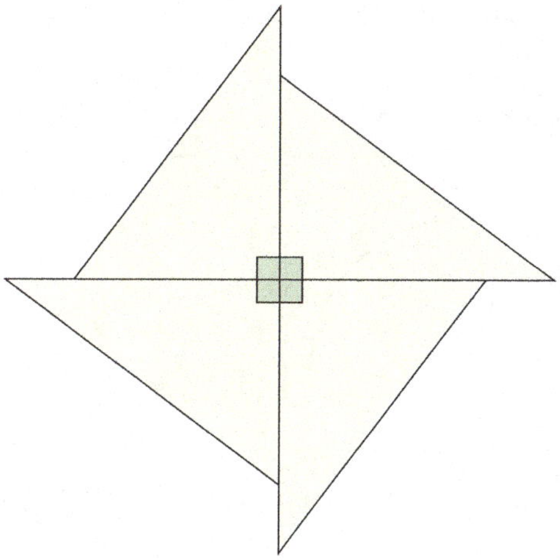

Moulin B

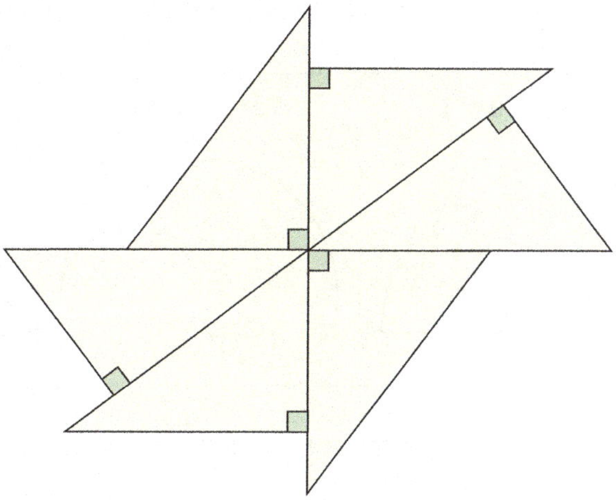

a) Calculez le périmètre et l'aire de chaque moulin.

	Moulin A	Moulin B
Périmètre		
Aire		

b) Quels sont les calculs qui vous ont paru les plus simples? Donnez une explication.

8.2.2 Les « parterres de fleurs »

Les quatre « parterres de fleurs » sont dessinés à partir de demi-disques. Le parterre n°1 est un demi-disque de rayon 4 m. Les demi-disques ajoutés ou enlevés au parterre n°1 ont le même rayon.

Parterre n°1	Parterre n°2	Parterre n°3	Parterre n°4
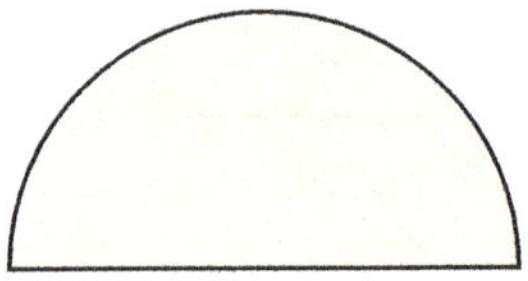	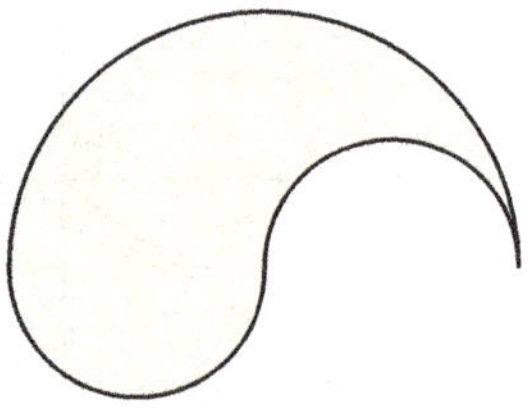	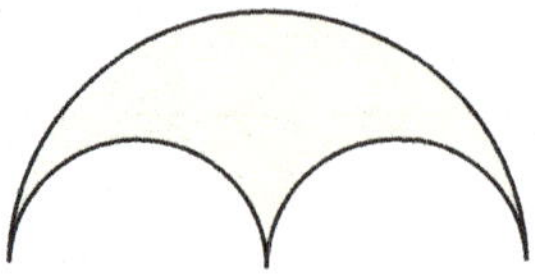	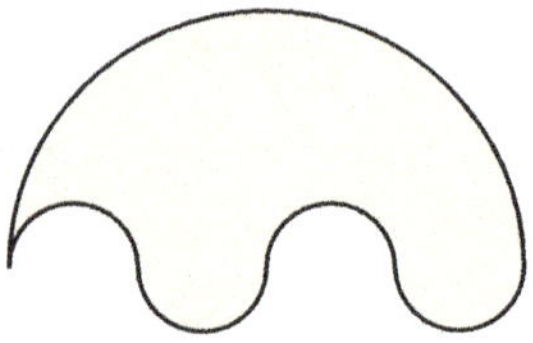

a) Calculez les aires et les périmètres de chaque parterre. (*Il sera préférable d'écrire les calculs en utilisant la lettre* π.)

	Périmètre	Aire
Parterre n°1 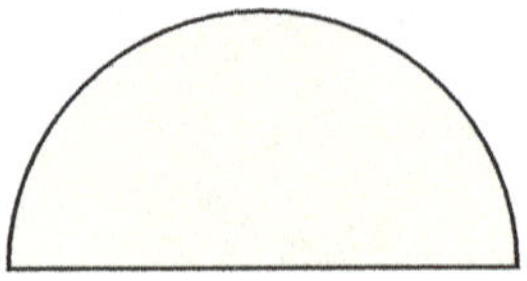		
Parterre n°2 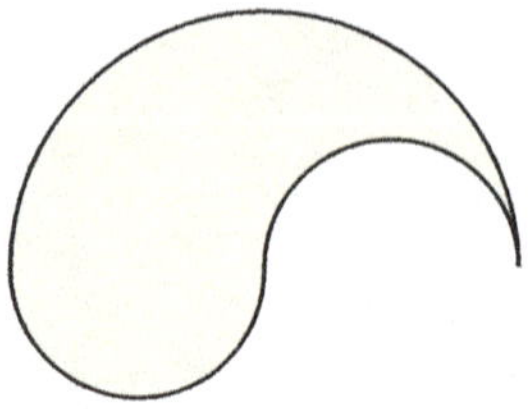		

	Périmètre	Aire
Parterre n°3 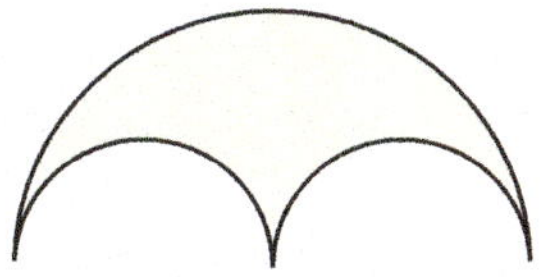		
Parterre n°4 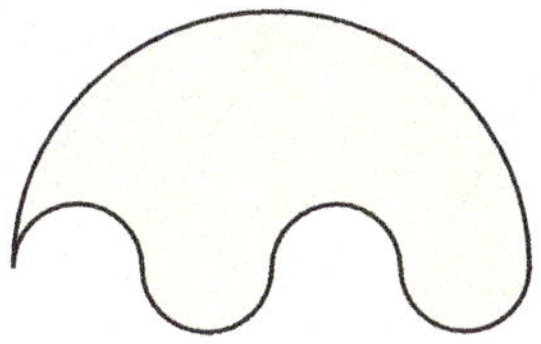		

b) Quelle remarque pouvez-vous faire à propos des périmètres de ces quatre parterres? Pouvez-vous l'expliquer?

c) Quelle remarque pouvez-vous faire à propos des aires de ces quatre parterres? Pouvez-vous l'expliquer?

8.2.3 L'hexagone

Les 10 modèles de pièces illustrés ci-dessous ont été utilisés pour composer un hexagone (voir page suivante), et certains d'entre eux l'ont été plusieurs fois. Chaque modèle est formé à partir d'un triangle équilatéral auquel on a ajouté ou retranché des demi-disques. Le diamètre des demi-disques est égal au tiers de la longueur du côté du triangle équilatéral.

Modèle de découpe d'un côté de triangle équilatéral

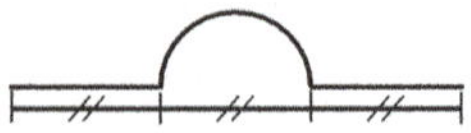

Modèles de pièces

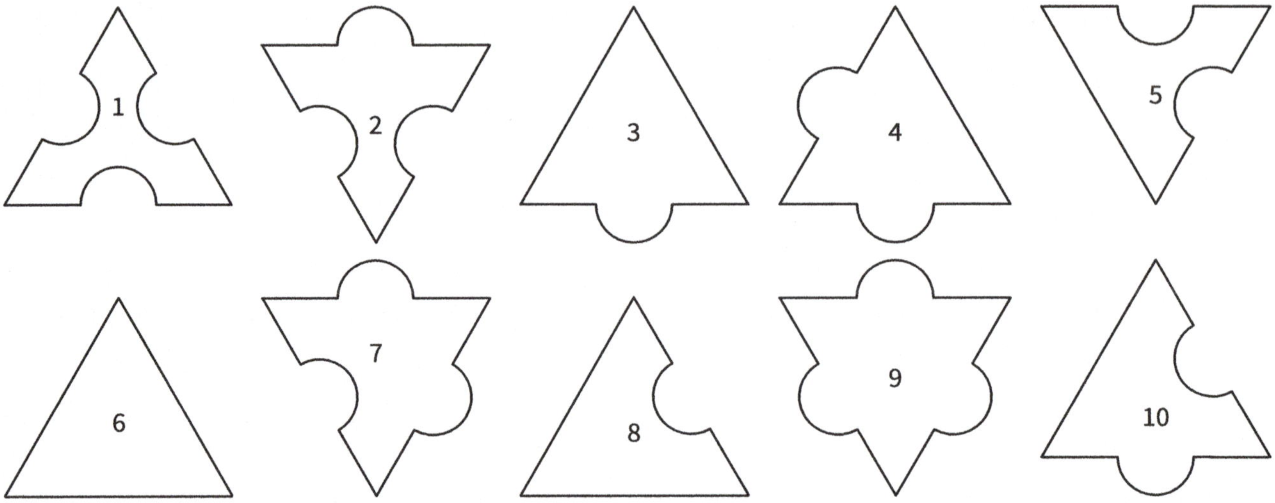

a) Classez les périmètres des 10 pièces par ordre croissant.

b) Classez les aires des 10 pièces par ordre croissant.

L'hexagone est composé de 13 pièces.

c) Quels sont les modèles de pièces qui ont été utilisés plusieurs fois? Et en quelle quantité?

8.2.4 Les points alignés

a) Construisez la figure suivante où le triangle ABC est un triangle rectangle en A et le quadrilatère $ADEF$ est un carré. Le point F appartient au côté $\overline{AC}$ et le point D appartient au côté $\overline{AB}$.

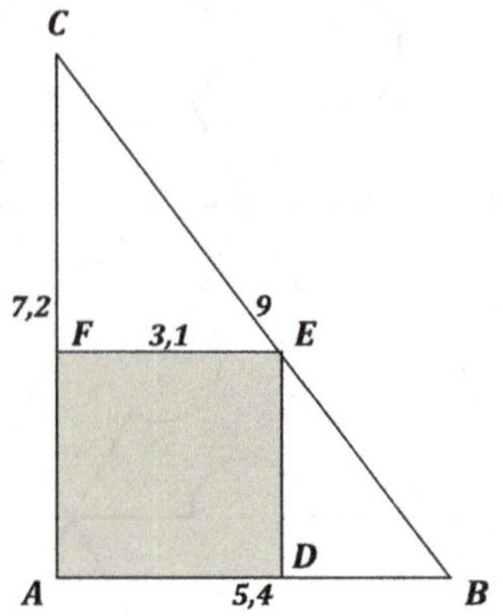

Les mesures sont les suivantes : $m\overline{AB} = 5{,}4$ cm; $m\overline{AC} = 7{,}2$ cm; $m\overline{BC} = 9$ cm; $m\overline{AD} = 3{,}1$ cm.

b) Êtes-vous certain que les points B, E et C sont alignés? Justifiez votre réponse.

8.2.5 Les deux figures dans le carré

Le carré est partagé en deux figures : la figure A qui est jaune et la figure B qui est laissée en blanc dans le quadrillage.

Situation n°1	Situation n°2	Situation n°3
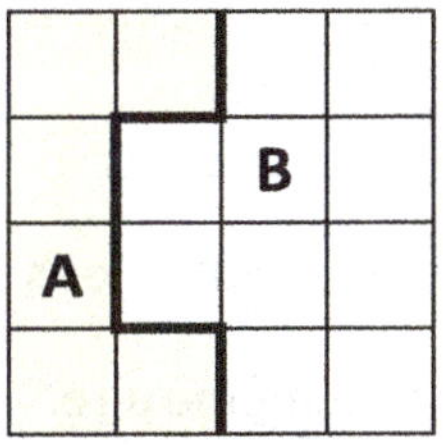	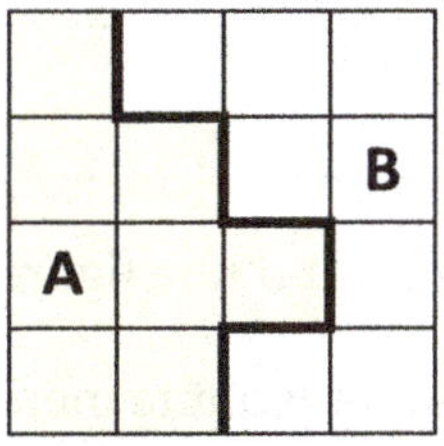	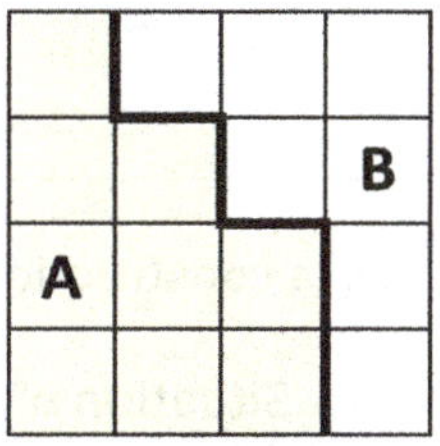
Situation n°4	**Situation n°5**	**Situation n°6**
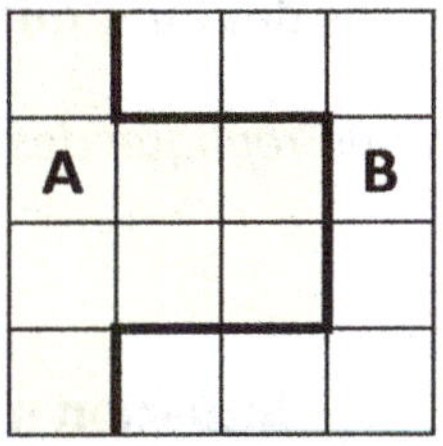	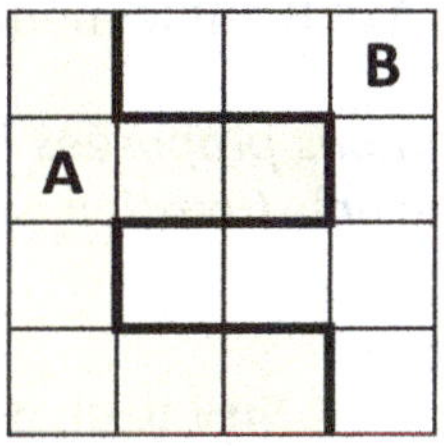	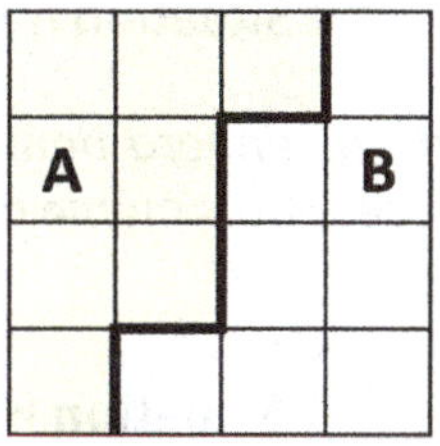

a) Pour chaque situation, comparez le périmètre de la figure A à celui de la figure B.

Situation 1	Situation 2	Situation 3
Situation 4	**Situation 5**	**Situation 6**

b) Pour chaque situation, comparez l'aire de la figure A à celle de la figure B.

Situation 1	Situation 2	Situation 3
Situation 4	**Situation 5**	**Situation 6**

c) Y a-t-il des comparaisons qui soient plus faciles à faire que d'autres? Donnez une explication.

d) Faites la construction d'une figure A et d'une figure B qui respecte les conditions suivantes :

- Situation n°7 : les figures A et B ont le même périmètre et la même aire.
- Situation n°8 : les figures A et B ont la même aire mais des périmètres différents.
- Situation n°9 : les figures A et B ont le même périmètre mais des aires différentes.

On s'arrangera pour que les situations proposées ne soient pas une réplique des situations précédentes même à une isométrie près (rotation, symétrie, etc.)

Situation n°7	**Situation n°8**	**Situation n°9**

e) Y a-t-il une situation parmi les situations 7, 8 et 9 qui soit plus difficile que les autres? Pourquoi?

8.3 Compléments didactiques

Dans ce paragraphe, nous essaierons avant tout d'expliciter les causes des difficultés des élèves à propos des périmètres et des aires et nous proposerons des pistes de solutions.

En effet, la recherche en didactique a montré depuis longtemps que l'enseignement des formules est souvent précipité et les élèves n'en comprennent pas le sens. C'est ainsi qu'ils essaient de mémoriser des formules pour lesquelles ils demandent : « Longueur fois largeur, c'est pour le périmètre ou l'aire du rectangle? » Une autre erreur, très fréquente et liée à un manque d'activités mettant l'accent sur chaque notion, se traduit par ce « théorème-élève »[4] : « Si l'aire augmente, le périmètre augmente » ou « si le périmètre diminue, l'aire diminue ». De plus, rien ne dit explicitement dans le programme qu'un élève, au sortir de l'école primaire, doit savoir calculer le périmètre et l'aire de tout polygone. Dans le même ordre d'idées, il nous semble important de mentionner que, pour bon nombre d'élèves, les tableaux de conversion sont des outils vides de sens : ils savent qu'une longueur en mètre s'exprime avec un nombre 100 fois plus petit que la même mesure en centimètres. Dans le cas des conversions des unités d'aires, ils progressent par unités voisines en multipliant (ou en divisant) la mesure donnée par 100 et obtiennent les mêmes résultats. On ne saurait donc les imposer à toute une classe, surtout auprès des élèves qui ont développé d'autres techniques tout aussi efficaces.

La grande difficulté dans la distinction entre ces deux notions peut venir du fait que, tous les problèmes, qu'ils soient de périmètres ou d'aires, s'appuient sur des figures où l'élève « voit » aussi bien le contour que la surface délimitée. Autrement dit, même si on parle du périmètre, la forme de la figure est présente, ou si l'on parle de l'aire, le contour de la figure est dessiné. Il faut donc amener l'élève à se concentrer sur l'aspect de la figure qui est pertinent (son contour ou la surface intérieure) pour limiter les confusions.

8.3.1 Le périmètre

Avant d'aborder les problèmes de périmètre, il faut s'assurer que la notion de longueur est acquise, que les élèves sont capables d'estimer certaines longueurs dans des unités pertinentes, qu'elles soient de l'ordre du centimètre, du mètre ou du kilomètre. Le périmètre d'un polygone est égal à la somme des mesures de longueurs de ses côtés. Donc, les élèves peuvent calculer le périmètre d'une figure dès le 1er cycle de l'école primaire. Mais, avant le calcul, les élèves doivent vivre des activités où ils constatent que l'estimation qu'ils pouvaient faire et la réalité sont distinctes comme en témoigne l'illustration suivante.

En effet, si on demande aux élèves de trouver laquelle de ces trois figures a le plus grand périmètre, on peut s'attendre à ce qu'ils choisissent le carré (figure A), tout simplement parce que c'est la figure la plus « simple » et la plus « grosse » donc celle qui a le plus grand périmètre (confusion entre aire et périmètre). Certains élèves peuvent supposer que la figure B a le plus grand périmètre parce qu'elle a deux côtés très longs. Ces élèves sont dans une approche que l'on pourrait qualifier de « qualitative » du périmètre. Ils ne font pas l'addition de toutes les longueurs qui composent le périmètre : ils s'attardent sur les longueurs de deux côtés. La prise en compte de tous les côtés de la figure C pour anticiper que c'est la figure qui a le plus grand périmètre est très difficile. Pour valider les réponses, l'usage de la règle graduée n'est pas nécessaire. Il suffit de reporter les mesures des côtés sur une même demi-droite et le résultat de la comparaison apparaît directement. Ces

[4] Un théorème-élève ou théorème en acte est un théorème inventé par l'élève (souvent à l'issue de diverses expériences vécues en classe) qui a son domaine de validité mais conduit à des résultats faux en dehors de ce domaine. Un autre exemple bien connu est : « pour multiplier par 10, on ajoute un zéro » qui est acceptable sur les entiers mais faux sur les décimaux.

reports de mesures peuvent être faits à l'aide d'une bande de papier sur laquelle chaque longueur est notée, ou à l'aide du compas. Une telle procédure est ainsi accessible dès le 1er cycle où les élèves ne connaissent pas encore les nombres fractionnaires et décimaux.

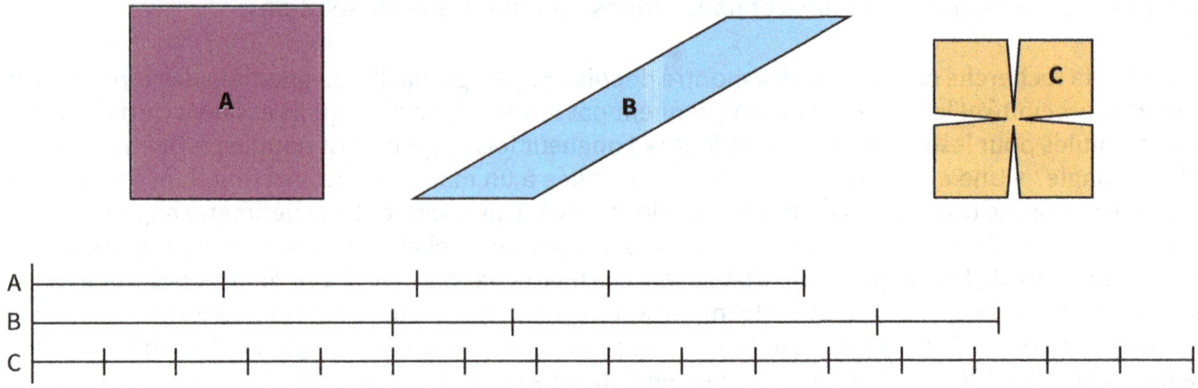

Ces activités peuvent être menées dans le micro-espace et dans le méso-espace : estimation puis mesure du périmètre de la salle de classe, d'un bureau d'élève, de la porte d'entrée de la salle de classe, etc. Quand l'élève maîtrise la notion de périmètre, on peut lui demander de construire une figure de même périmètre qu'une figure donnée ou un rectangle de périmètre donné. Ces activités peuvent être menées autant avec des unités non-conventionnelles qu'avec des unités conventionnelles. Dans le 1er cas (figure de même périmètre qu'une figure donnée), si on travaille en unités conventionnelles, on pourra suggérer que la nouvelle figure soit un triangle, un rectangle ou un quadrilatère pour que les recherches de longueurs ne soient pas trop complexes. Dans le 2e cas (rectangle de périmètre donné), on pourra donner la longueur du périmètre sous la forme d'un segment. L'élève aura alors la responsabilité de trouver la mesure du demi-périmètre et de choisir la longueur et la largeur possibles pour sa figure. La mise en commun des productions permettra de mettre en évidence que des figures non superposables peuvent avoir le même périmètre et que le calcul du périmètre d'un polygone est égal à la somme des mesures de longueurs de ses côtés et que ces mesures doivent être exprimées dans la même unité, que celle-ci soit conventionnelle ou non.

8.3.2 L'aire

L'enseignement de l'aire pourra suivre le même cheminement que celui que nous venons de suggérer pour le périmètre; la première étape étant de s'assurer que les élèves ont compris que, lorsqu'on parle de l'aire d'une figure, on s'intéresse à la quantité de surface qu'elle occupe. Comme il n'existe pas d'instrument qui permette de mesurer l'aire d'une figure, on pourra déjà proposer aux élèves diverses situations et leur demander dans lesquelles on parle d'aire ou de périmètre : la quantité de peinture pour repeindre un mur ou la quantité de baguettes de bois pour entourer un cadre, la quantité de graines de gazon pour garnir une pelouse ou la clôture d'une piscine, le nombre d'animaux qui peuvent paître confortablement dans un pré ou la clôture pour délimiter le pré, etc.

Avant même d'aborder les unités de mesure, les élèves peuvent, par superposition, découpage et recomposition, créer des figures d'aires égales mais de formes différentes. Ils peuvent aussi comparer les aires de différentes figures comme dans l'illustration ci-dessous où, par découpage et recomposition, ils constatent que les quatre figures ont la même aire.

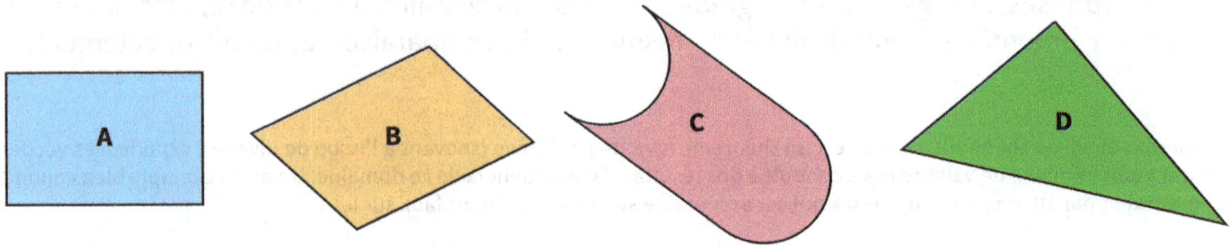

Pour ce type d'activité, les pièces d'un Tangram sont très pratiques puisqu'elles permettent de construire différentes figures de même aire mais de natures différentes (formes différentes). Elles peuvent aussi amener à comparer des aires et introduire des mesures en unités non-conventionnelles (Braconne-Michoux, A., Juteau, M.C.; 2012). Les élèves sont alors confrontés au fait que, si l'on accole deux figures l'une à l'autre, l'aire de la nouvelle figure est la somme des aires des deux figures initiales; ce qui est faux pour les périmètres.

Puisqu'il n'existe pas d'instrument de mesure de l'aire, les premières activités de mesure de l'aire d'une figure sont effectuées à l'aide d'unités non-conventionnelles (gommettes, carreaux de quadrillage, etc.) : les mesures sont le résultat du dénombrement de ces unités posées les unes à côté des autres sans recouvrement ni espace libre. L'ensemble des unités doit constituer un dallage de la surface à mesurer. Les activités de découpage – recomposition sur des pièces réelles peuvent alors être réinvesties dans des activités sur quadrillage (voir les activités évoquées au paragraphe 8.1.2).

Les illustrations ci-dessous permettent à un élève de dire que les trois figures ont la même aire : 8 carreaux. Si le quadrillage est au centimètre, il peut dire que l'aire commune est de 8 cm^2. Au primaire, on prendra soin d'introduire l'unité centimètre carré (cm^2) comme la mesure de l'aire d'un carré de 1 cm de côté, sans référence aucune au calcul de l'aire du carré, soit le résultat de la multiplication de 1 cm par 1 cm.

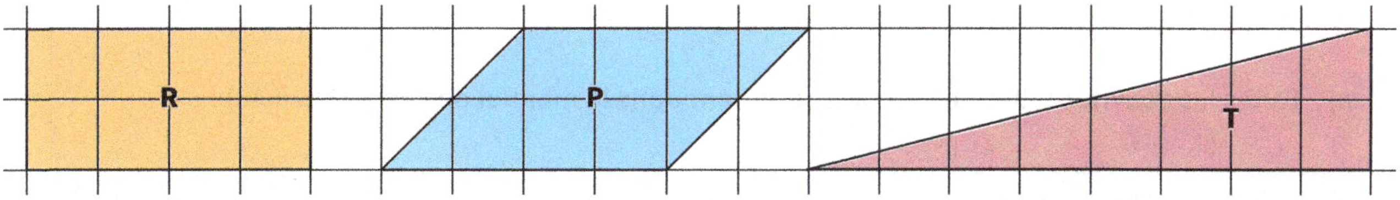

Un saut cognitif important se situe justement dans le passage du calcul de l'aire par dénombrement d'unités à son calcul par une multiplication de deux dimensions linéaires (à un scalaire[5] près) : Longueur × largeur; côté × hauteur; etc.

En se référant au rectangle R, on dénombre 2 rangées de 4 carreaux ou 4 colonnes de 2 carreaux. Pour trouver son aire, dans les deux cas, on multiplie, le nombre de carreaux sur une rangée (ou dans une colonne) par le nombre de rangées (de colonnes) et le résultat est exprimé en carreaux, soit 8 carreaux. Quand le rectangle devient trop grand ou que le dénombrement des carreaux et des rangées devient fastidieux, l'enseignant pourra aider les élèves à remarquer que le nombre de carreaux sur la longueur est aussi le nombre de centimètres qui donne la mesure de la longueur et qu'il en est de même pour la largeur : le nombre de rangées est aussi la mesure en centimètres de la largeur. On obtient donc le même résultat 8 cm^2 en multipliant la mesure de la longueur (4 cm) par la mesure de la largeur (2 cm). Mais cette multiplication n'est pertinente que si les deux mesures sont exprimées dans la même unité, et elle ne s'applique qu'au rectangle.

Pour les autres figures comme le parallélogramme, le triangle, le losange, etc. il faudra les décomposer et les recomposer en un rectangle pour savoir quelles sont les deux dimensions linéaires que l'on multiplie l'une par l'autre.

[5] Un scalaire est un nombre sans dimension (sans unité). Dans le cas des formules d'aire, il s'agit souvent du nombre 2. L'aire d'un triangle rectangle est la moitié de l'aire d'un rectangle, l'aire du losange est la moitié du produit des longueurs de ses diagonales, etc. π est aussi un scalaire qui permet de calculer la longueur du cercle et l'aire du disque.

La confusion entre aire et périmètre se rencontre aussi à propos des calculs relatifs aux polyèdres. En effet, l'aire totale d'un polyèdre est égale à la somme des aires de toutes les faces du polyèdre et l'aire latérale d'un prisme droit est égale à la somme des aires des faces latérales de celui-ci. Mais de telles additions ne sont pas pertinentes pour les longueurs : la longueur totale des arêtes d'un polyèdre est la somme des longueurs de chacune des arêtes et non pas la somme des périmètres des faces.

Dans le paragraphe suivant, on étudie un chapitre de manuel de 2e année où les auteurs prennent soin de présenter les deux notions simultanément, sans jamais formaliser les procédures : les élèves devront utiliser deux unités non-conventionnelles pour mesurer le tour de la maison et pour donner la taille de la maison en nombre de pièces.

8.4 Activités didactiques (analyse d'un manuel)

L'activité qui suit est l'étude d'une leçon complète extraite du manuel *Défi mathématique – 2e année*. La leçon est répartie sur six pages consécutives : A1 à A6. Pour chacune de ces pages, nous étudierons deux documents : d'une part, la page du manuel telle que l'élève la voit, et d'autre part, les informations données dans le guide de l'enseignant à propos de cette même page. Nous pourrons alors voir en quoi le guide de l'enseignant peut être une aide à la mise en œuvre d'une leçon.

8.4.1 Les pages du manuel

a) Faites les activités telles qu'elles se présentent dans le manuel de l'élève (A1 à A6) :

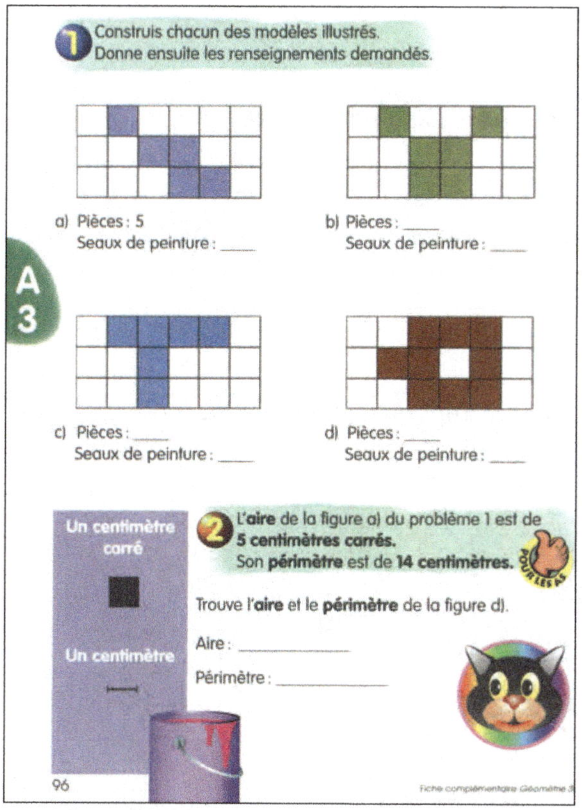
A3

1 Construis chacun des modèles illustrés. Donne ensuite les renseignements demandés.

a) Pièces : 5
Seaux de peinture : ____

b) Pièces : ____
Seaux de peinture : ____

c) Pièces : ____
Seaux de peinture : ____

d) Pièces : ____
Seaux de peinture : ____

Un centimètre carré

Un centimètre

2 L'**aire** de la figure a) du problème 1 est de **5 centimètres carrés.**
Son **périmètre** est de **14 centimètres.**

Trouve l'**aire** et le **périmètre** de la figure d).

Aire : ____________

Périmètre : ____________

POUR LES AS

96 Fiche complémentaire Géométrie 3

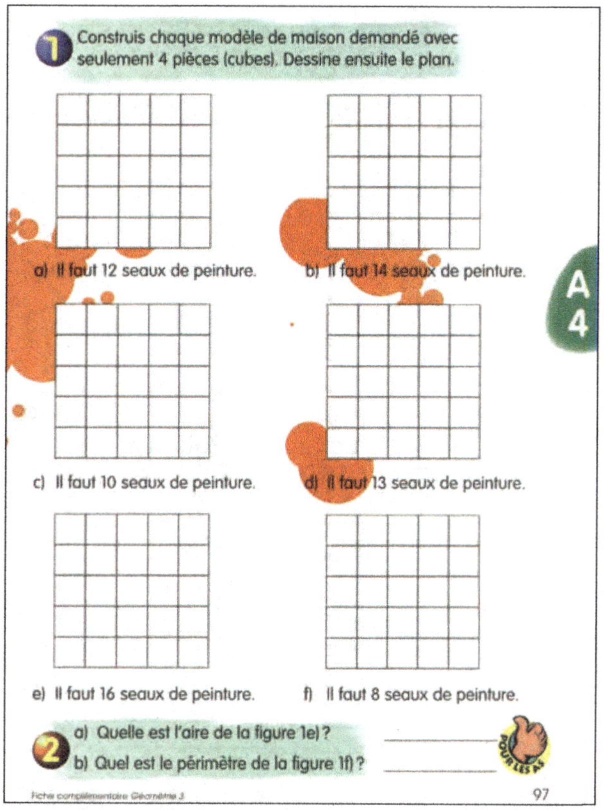
A4

1 Construis chaque modèle de maison demandé avec seulement 4 pièces (cubes). Dessine ensuite le plan.

a) Il faut 12 seaux de peinture.

b) Il faut 14 seaux de peinture.

c) Il faut 10 seaux de peinture.

d) Il faut 13 seaux de peinture.

e) Il faut 16 seaux de peinture.

f) Il faut 8 seaux de peinture.

2 a) Quelle est l'aire de la figure 1e) ? ____________

b) Quel est le périmètre de la figure 1f) ? ____________

POUR LES AS

Fiche complémentaire Géométrie 3 97

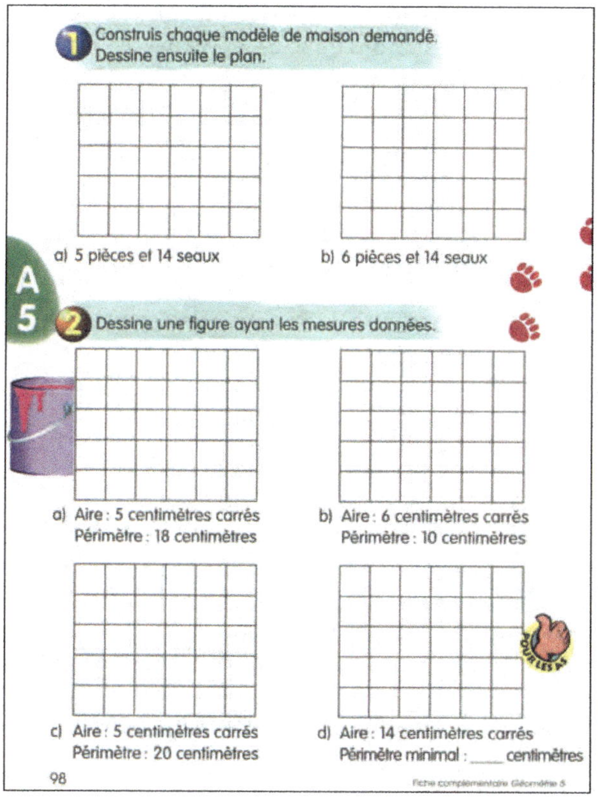
A5

1 Construis chaque modèle de maison demandé. Dessine ensuite le plan.

a) 5 pièces et 14 seaux

b) 6 pièces et 14 seaux

2 Dessine une figure ayant les mesures données.

a) Aire : 5 centimètres carrés
Périmètre : 18 centimètres

b) Aire : 6 centimètres carrés
Périmètre : 10 centimètres

c) Aire : 5 centimètres carrés
Périmètre : 20 centimètres

d) Aire : 14 centimètres carrés
Périmètre minimal : ____ centimètres

POUR LES AS

98 Fiche complémentaire Géométrie 5

A6

Trouve l'aire et le périmètre de chaque figure.

a) Aire : ____ centimètres carrés
Périmètre : ____ centimètres

b) Aire : ____ centimètres carrés
Périmètre : ____ centimètres

c) Aire : ____ centimètres carrés
Périmètre : ____ centimètres

d) Aire : ____ centimètres carrés
Périmètre : ____ centimètres

POUR LES AS

e) Aire : ____ centimètres carrés
Périmètre : ____ centimètres

f) Imagine un rectangle. Son aire est de ● centimètres carrés. Son périmètre est de ● centimètres. Les cercles cachent deux fois le même nombre. C'est ____.

Fiche complémentaire Géométrie 5 99

8.4.2 Page A1

Du manuel

a) Quelles sont les grandeurs mathématiques évoquées dans cette page?

b) Pensez-vous que des élèves de 2e année puissent répondre directement à ces questions, sans support matériel? Pourquoi?

D'après le guide de l'enseignant

Dans le guide de l'enseignant, il est bien précisé que, par équipe de trois, les élèves doivent construire les enclos à l'aide de bâtonnets à café, de cure-dents ou autres, pour former les différents enclos et déterminer celui qui offre le plus d'espace aux chèvres. Dans la discussion en classe, il apparaît qu'il faut convenir d'un quadrillage des surfaces délimitées par les enclos. Ce quadrillage peut être fait à partir de bâtonnets ou autres. Quelle propriété mathématique est alors mise en évidence à l'issue de cette activité, sans qu'elle soit explicitement nommée?

8.4.3 Page A2

Du manuel

a) Quelle est la grandeur mathématique abordée dans cette page?

b) Il est question de peinture, vendue dans des seaux. Avec quelles grandeurs les élèves pourraient-ils éventuellement confondre?

D'après le guide de l'enseignant

Dans le guide de l'enseignant, le déroulement proposé est le suivant :

- Les élèves disposent de trois cubes (environ 2 cm d'arête) et d'une grille quadrillée (adaptée à la taille des cubes).
- Diverses possibilités d'installation des trois cubes sont envisagées collectivement et les règles de disposition des cubes sont alors précisées : ils ne peuvent être empilés, doivent se toucher au moins « par un coin » et seuls les murs extérieurs verticaux seront peints. Le plancher et le plafond ne sont pas comptés.
- L'enseignant présente au rétroprojecteur la situation décrite dans la page A2 utilisant deux cubes. Au tableau, il colorie les deux plans de maisons et trace à la craie le contour (le périmètre) de chaque maison (et non pas chaque pièce), puis il fait compter par les élèves le nombre de murs à peindre, donc le nombre de seaux à utiliser dans chaque cas : 8 seaux dans l'un, 6 seaux dans l'autre.
- Ensuite, les élèves travaillent individuellement avec leurs trois cubes sur leur feuille quadrillée.

a) À votre avis, pourquoi les auteurs font-ils cette proposition de déroulement?

____

____

____

b) Si vous n'avez pas de rétroprojecteur à votre disposition, comment pouvez-vous adapter ce déroulement?

____

____

____

8.4.4 Pages A3 et A4

Du manuel

a) Quels risques prend l'enseignant en donnant l'activité 1 de la page A3 s'il n'a pas suivi la démarche proposée par le guide de l'enseignant pour la page A2?

____

____

____

____

b) Dans le manuel de l'élève, les illustrations du centimètre carré et du centimètre sont à taille réelle. Quelles sont les différences entre les questions de l'activité 2 et celles de l'activité 1 dans la page A3?

c) Dans l'activité 1 de la page A4, les modèles de maisons comprennent tous 4 pièces. À votre avis, pourquoi seulement 4?

d) À quelles erreurs peut-on s'attendre de la part des élèves dans l'activité 1 de la page A4? Pourquoi? Comment les prévenir ou les corriger?

e) Les questions dans cette activité ne sont pas en ordre croissant de difficulté. Proposez un ordre croissant qui permettrait aux élèves en difficulté de mieux comprendre la tâche demandée.

f) Quel est l'intérêt des questions de l'activité 2 dans la page A4?

D'après le guide de l'enseignant

Dans le guide de l'enseignant, pour les pages A3 et A4, il est proposé de distribuer à chaque équipe de quatre élèves, quatre cubes par élève et une feuille sur laquelle on trouve quatre quadrillages comme ci-dessous, accompagnés des questions suivantes :

a) Trace un X dans chaque case où l'on peut ajouter un carré **sans changer le périmètre** de la figure. Trouve toutes les solutions.

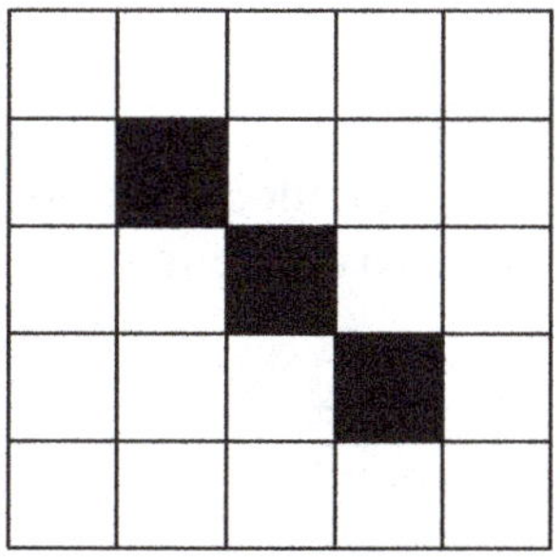

b) Trace un X dans chaque case où l'on peut ajouter un carré **pour augmenter le périmètre de 2 unités**. Trouve toutes les solutions.

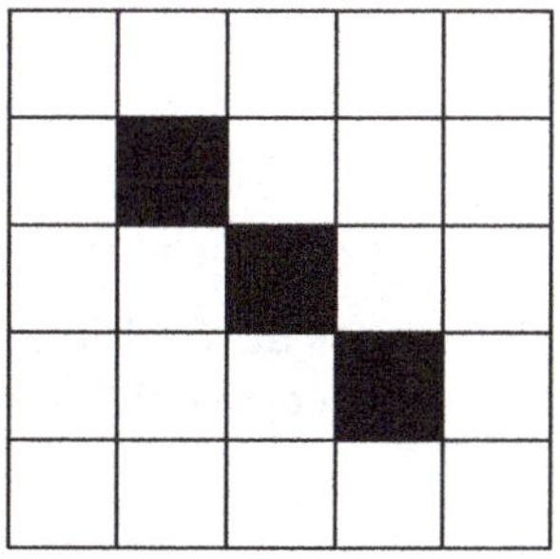

c) Trace un X dans chaque case où l'on peut ajouter un carré **pour augmenter le périmètre de 4 unités**. Trouve toutes les solutions.

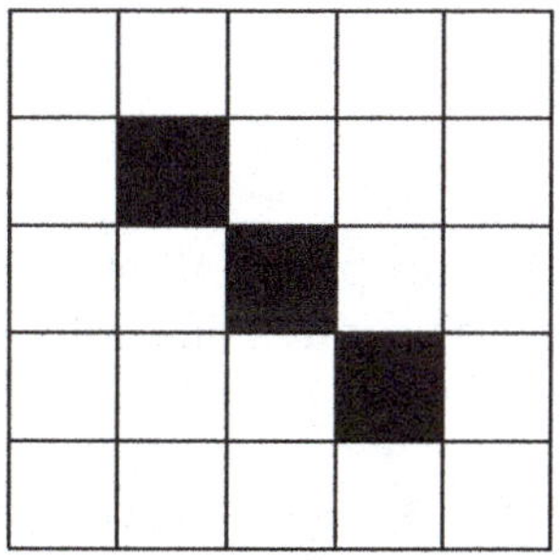

d) Trace un X dans chaque case où l'on peut ajouter un carré **pour augmenter le périmètre de 1 unité**. Trouve toutes les solutions.

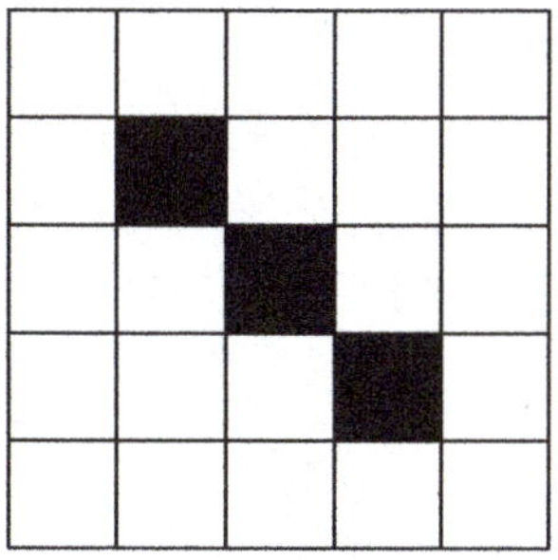

Dans un premier temps, l'enseignant demande aux élèves de trouver le nombre de seaux nécessaires pour peindre la maison de trois pièces telle que proposée sur le quadrillage, et projetée au tableau. Le travail collectif se poursuit avec l'ajout d'un cube sur le rétroprojecteur. Les élèves travaillent ensuite par équipe sur la feuille et proposent leurs réponses aux quatre questions. Après une mise en commun de tous les résultats, les élèves travaillent individuellement sur les exercices des pages A3 et A4.

a) Quel est le mot de vocabulaire qui est institutionnalisé dans cette séance?

____

b) Quel est l'intérêt du questionnement collectif sur les périmètres des maisons de 3 pièces, puis de 4 pièces, présentées au rétroprojecteur?

____

____

c) Pourquoi proposer aux élèves de travailler en équipes sur la feuille contenant les quatre quadrillages?

____

____

d) Dans l'activité 1 de la page A4, les élèves doivent imaginer des maisons de 4 pièces. À votre avis, quel lien les auteurs font-ils entre cette contrainte et l'activité menée précédemment, en grand groupe ou par équipe?

____

____

8.4.5 Pages A5 et A6

Le déroulement de la séance répartie sur les pages A5 et A6 est du même type que celui qui a été présenté précédemment : travail en équipe sur des quadrillages avec des cubes, mises en commun puis travail individuel sur le manuel.

Quelles sont les variables didactiques mises en jeu sur ces deux pages? Quelles en sont les conséquences sur les démarches des élèves, s'il y en a?

____

____

____

____

____

8.4.6 Conclusion

a) D'après la progression des apprentissages, les mesures de longueur devraient être abordées au premier cycle, et les mesures d'aire à partir du deuxième cycle. Quels sont les concepts qui sont abordés et institutionnalisés dans cette leçon de ce manuel?

____

____

____

b) Ces apprentissages ont-ils été liés à des formules?

____

____

____

c) Que pensez-vous d'un tel choix des auteurs?

____

____

____

9 Autres grandeurs

Dans ce dernier chapitre sur la mesure, on s'intéressera aux autres grandeurs que l'on rencontre à l'école primaire : les volumes et capacités, les masses, les durées, les températures. Dans la partie théorique, nous reverrons les calculs de volume et autres activités liées aux conversions entre les unités d'une même grandeur. Dans la partie didactique, nous reprendrons l'analyse d'une leçon extraite d'un autre manuel en vue de préparer une évaluation sommative sur cette notion.

9.1 Rappels théoriques

9.1.1 Volumes et capacités

Vocabulaire

Le volume d'un objet est la mesure de l'espace qu'il occupe. Sa capacité (ou sa contenance) est la mesure de l'espace qu'il contient. Par exemple, sur une étagère, un vase peut occuper un grand volume, mais avoir une petite capacité s'il est très étroit et très épais.

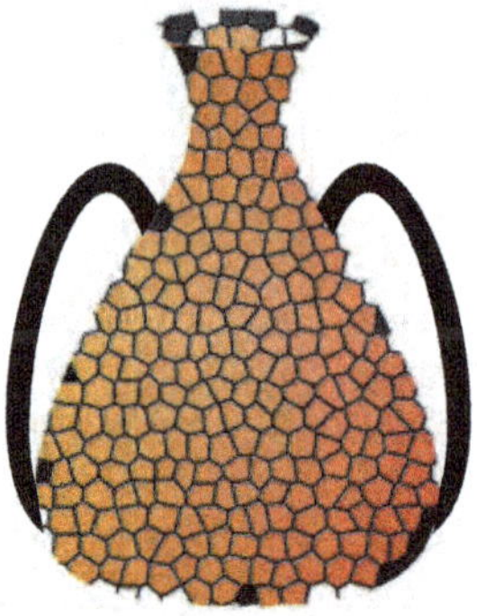

Dans les problèmes de mathématiques, on considère souvent que les objets n'ont pas d'épaisseur. Par exemple dans le problème suivant : « On dispose de boîtes en carton en forme de prismes droits à base rectangulaire dont les dimensions sont 50 cm de long, 20 cm de large et 25 cm de haut. Combien de ces boîtes pourra-t-on ranger dans une caisse cubique de 1 m d'arête? Combien de cubes de 5 cm d'arête pourra-t-on ranger dans chaque boîte? » Dans un tel problème, même si les mots ne sont pas mentionnés, la première question vise à établir une relation entre la capacité de la caisse et le volume de chaque boîte alors que dans la 2e question, on établit une relation entre le volume des petits cubes et la capacité de chaque boîte. Dans les deux questions, les mesures, qu'elles soient de volume ou de capacité, seront exprimées en cm^3.

Les unités de volume et de capacité

L'unité de volume du système métrique est le **mètre cube** (**m^3**), avec ses multiples et ses sous-multiples. L'unité de capacité dérivée du système métrique est le **litre** (**L** ou **l**[1]) et ses multiples et sous-multiples.

Comme pour les unités d'aire :

- 1 m^3 est la mesure de l'espace occupé par un cube d'arête 1 m;
- 1 dm^3 est la mesure de l'espace occupé par un cube d'arête 1 dm;
- 1 cm^3 est la mesure de l'espace occupé par un cube d'arête 1 cm;
- etc.

[1] Il n'y a pas de règle précise à propos de l'usage du L (majuscule) ou du l (minuscule) pour le symbole de « litre ». Toutefois, pour lever toute ambiguïté liée au fait que, souvent en Amérique du Nord, le chiffre 1 est écrit l, dans cet ouvrage, nous choisirons d'utiliser le L (majuscule) pour les mesures de capacité.

Pour établir la relation entre deux unités voisines (dm^3 et cm^3), on remplit un cube d'arête 1 dm par des cubes d'arête 1 cm.

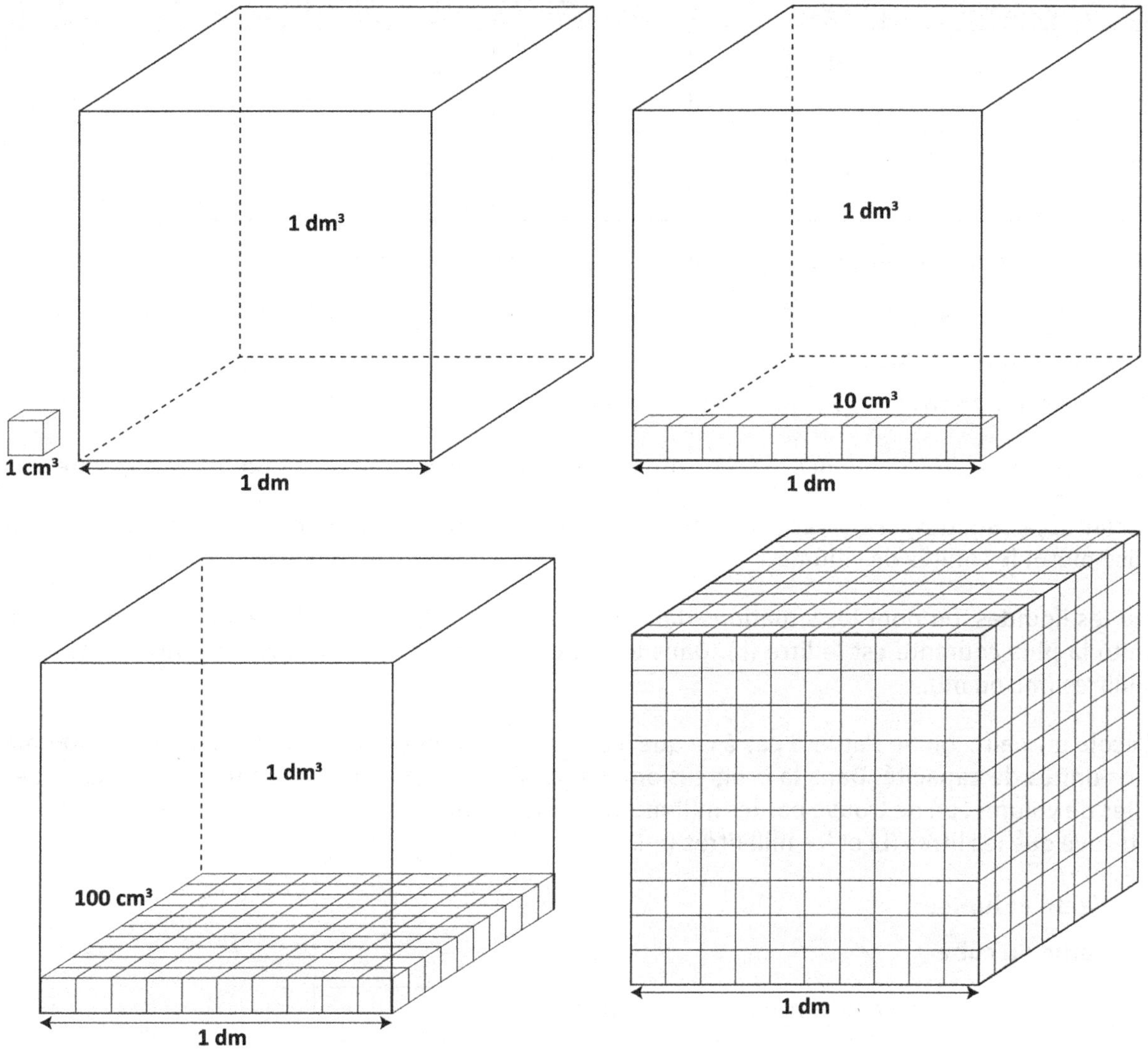

1 dm^3 = 1 000 cm^3

Il faut 1 000 cm^3 pour remplir le dm^3.

Chaque unité de volume est donc 1 000 fois plus grande ou plus petite que l'unité voisine.

La correspondance entre les unités de volume et les unités de capacité se fait ainsi : **1 litre = 1 dm^3**.[2]

Les unités de capacité sont décimales : chaque unité est 10 fois plus grande ou plus petite que l'unité voisine.

[2] Pour être précis, historiquement, le litre est le volume occupé par la masse de 1 kilogramme d'eau pure à la pression atmosphérique normale (760 mmHg). Mais ce volume est égal à 1 dm^3 à quelques millionièmes près. Aussi la Conférence Générale des Poids et Mesures a déclaré, en 1964, que le mot « litre » pouvait être utilisé comme un nom spécial donné au décimètre cube mais n'en recommande pas son utilisation pour exprimer des mesures de volumes de haute précision.

Le tableau de conversion et de correspondance entre les deux systèmes d'unités est le suivant :

		m³			dm³			cm³			mm³
		kL	hL	daL	**L**	dL	cL	mL			
				2	5	7					

À partir de l'exemple proposé dans le tableau, on peut écrire les égalités :

- 25,7 dm^3 = 25,7 L
- 25,7 dm^3 = 25 700 cm^3 = 0,0257 m^3
- 25,7 L = 2 570 cL = 0,257 hL

Selon le contexte des problèmes, on rencontrera les unités de volume ou les unités de capacité.

Pour les objets solides ou en vrac (sable, terre, etc.), on s'intéresse à la quantité d'espace occupé. On utilise plutôt les unités de volume.

Pour les liquides, ou pour les situations dans lesquelles on s'intéresse à la capacité (contenance), l'unité la plus courante est le litre (L). Dans les épiceries, les quantités sont souvent affichées en millilitres (mL ou ml).

À l'école primaire, on ne s'attend pas à ce que les élèves fassent les liens entre les unités de volume et les unités de capacité. Dans la progression des apprentissages à l'école primaire, à propos des unités de volume, on ne trouve pas les millimètres cubes (mm^3). À propos des unités de capacité, on ne trouve que les litres (L) et les millilitres (mL).

Calculs de volumes[3]

a) Volume du cube

Volume = arête × arête × arête

$= a \times a \times a$

$Volume = a^3$

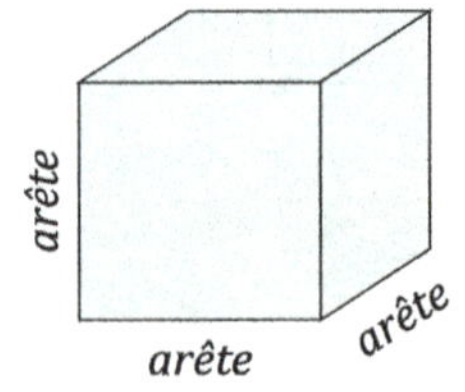

b) Volume du prisme droit à base rectangulaire (parallélépipède rectangle)

Volume = Longueur × largeur × hauteur

$= L \times l \times h$

$Volume = L \times l \times h$

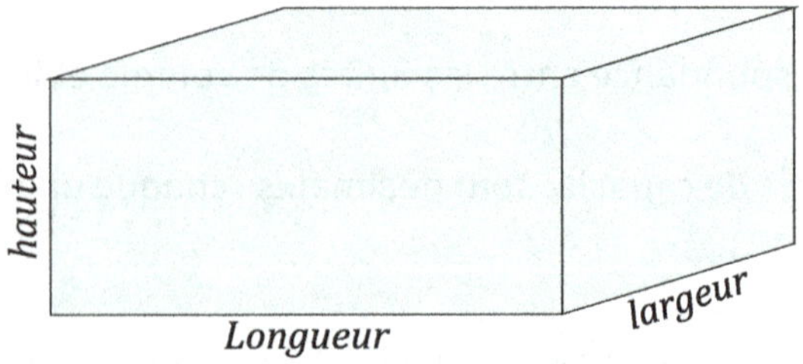

[3] Dans ce chapitre, comme dans le chapitre précédent, pour des raisons de lisibilité, nous faisons le choix d'écrire seulement le nom des segments utilisés dans le calcul du volume du solide au lieu d'écrire « mesure de l'arête », « mesure de la longueur », etc.

c) Volume du prisme droit

D'une façon générale, le volume de tout prisme droit (peu importe la base) est égal au produit de l'aire de sa base par la mesure de la hauteur.

La base est un trapèze

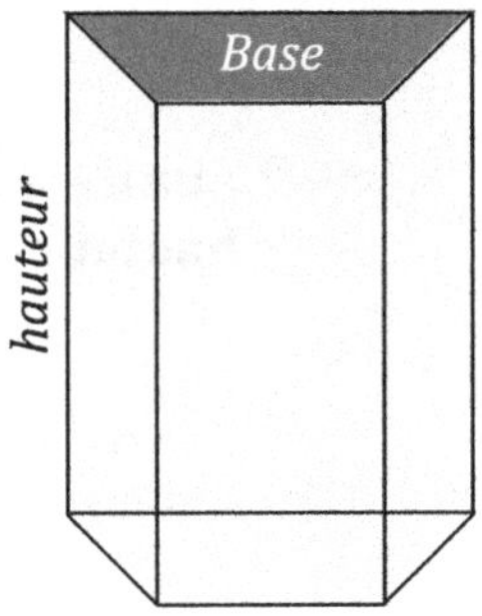

La base est un triangle

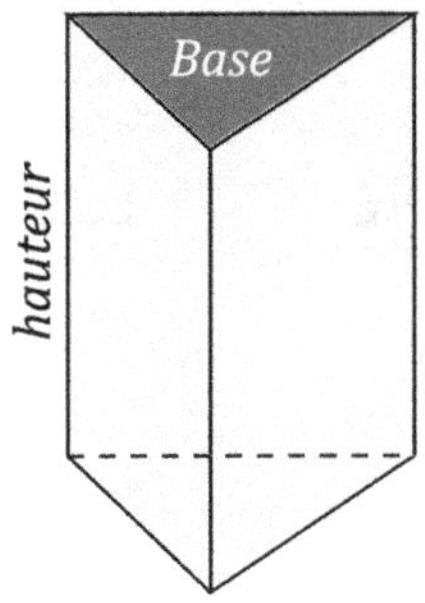

La base est un pentagone

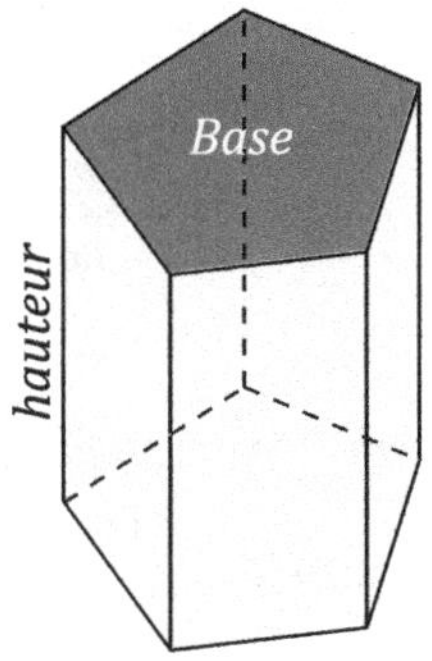

La base est un octogone

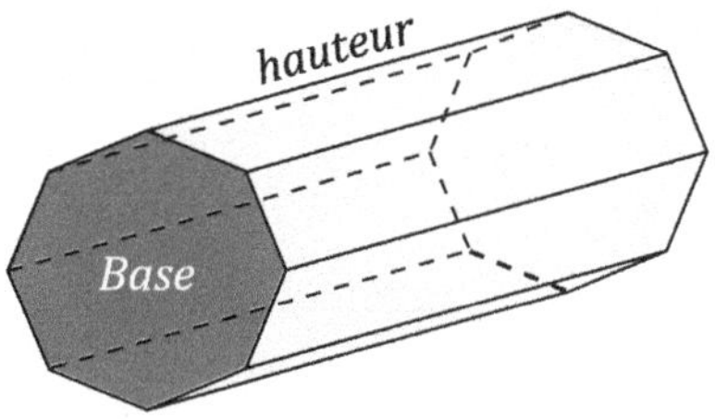

Volume = Aire de la base × hauteur

Si la base du prisme est un triangle, on calcule l'aire du triangle et on multiplie par la mesure de la hauteur. Si la base du prisme est un hexagone, on calcule l'aire de l'hexagone et on multiplie par la mesure de la hauteur. Etc.

d) Volume du cylindre

Comme pour le volume d'un prisme droit, le volume d'un cylindre est égal au produit de l'aire du disque de base par la hauteur.

$$Volume = \pi \times Rayon \times Rayon \times hauteur$$

$$= \pi \frac{D^2}{4} \times h$$

$$\textbf{Volume} = \pi R^2 \times h$$

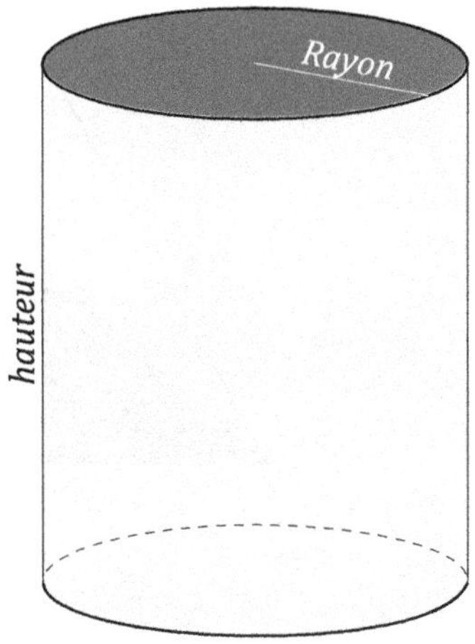

e) Volume de la pyramide

Le volume d'une pyramide est égal au tiers du produit de l'aire de sa base par la mesure de la hauteur (hauteur de la pyramide). C'est le tiers du volume du prisme droit qui a la même base et la même hauteur. Nous en avons illustré la preuve dans le chapitre 6 propos de la pyramide à base carrée et dont la hauteur est aussi une arête.

La base est un carré

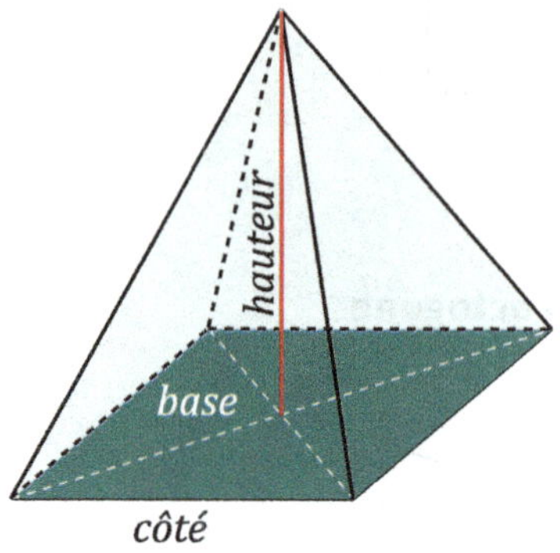

La base est un hexagone

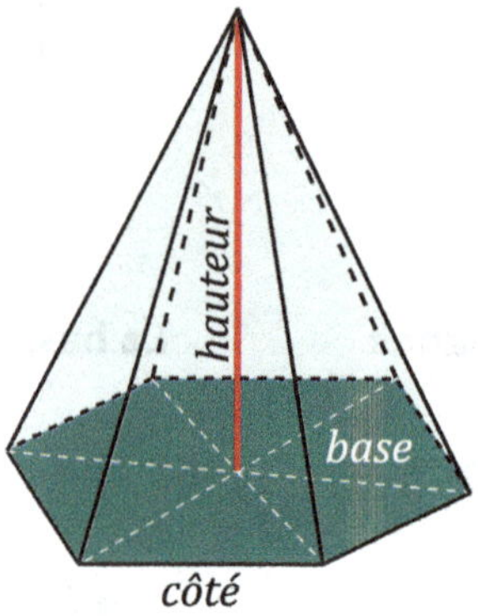

La base est un carré et la hauteur est aussi une arête

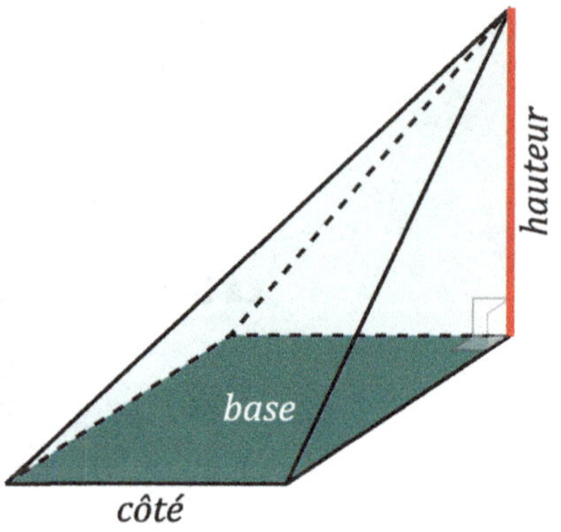

$$\textit{Volume} = \frac{1}{3} \times \textit{Aire de base} \times \textit{hauteur}$$

Attention : ne pas confondre la hauteur d'une pyramide régulière (toutes les faces latérales sont des triangles isocèles isométriques) avec son apothème. L'apothème de la pyramide est la hauteur de chaque face triangulaire dont l'une des extrémités est le sommet de la pyramide.

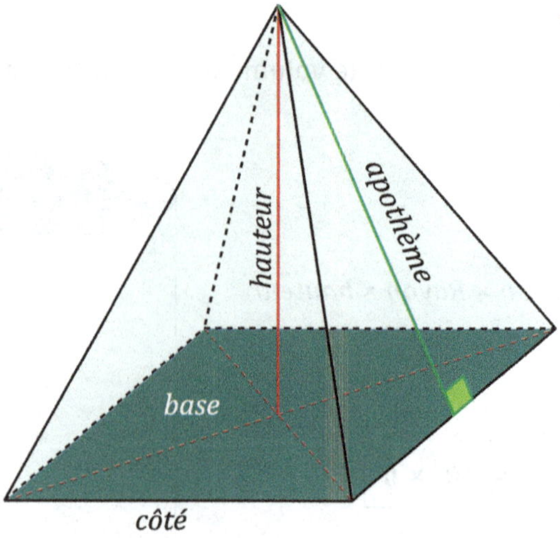

f) Volume du cône

Comme pour la pyramide, le volume du cône est égal au tiers du volume du cylindre qui a le même disque de base et la même hauteur.

$$Volume = \frac{1}{3} \times \pi \times Rayon \times Rayon \times hauteur$$

$$\boldsymbol{Volume = \frac{1}{3}\pi R^2 \times h}$$

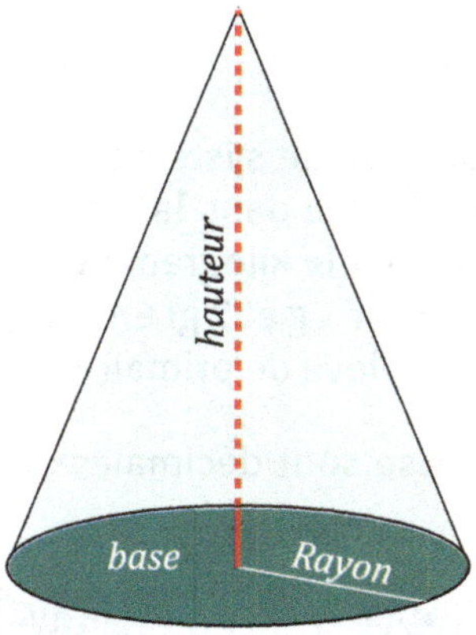

g) Volume de la boule

Comme pour la surface de la sphère, nous admettrons la formule qui permet de calculer le volume d'une boule de rayon R :

$$Volume = \frac{4}{3} \times \pi \times R^3$$

$$\boldsymbol{Volume = \frac{4}{3}\pi R^3}$$

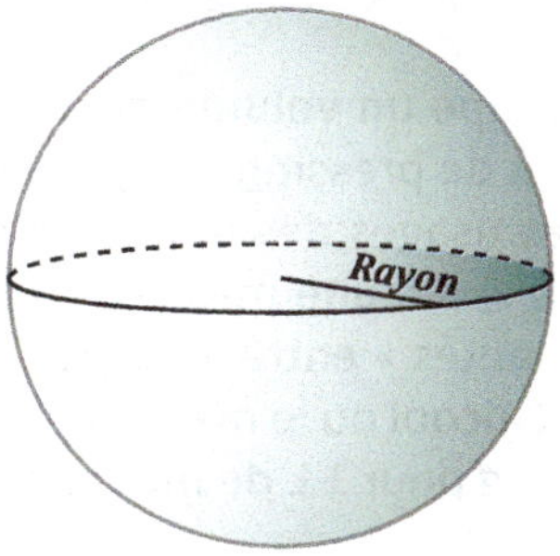

9.1.2 Les masses

Distinction entre masse et poids

La masse[4] d'un objet est liée à la quantité de matière de cet objet et le fait qu'il soit plus ou moins lourd selon sa composition, alors que son poids est la force avec laquelle il est attiré sur la Terre ou sur une autre planète. Que l'on pense à un cube de sucre : utilisé sur Terre ou sur la Lune, il aura le même pouvoir sucrant dans le café (il y a la même quantité de sucre), mais il n'aura pas le même poids (il est attiré plus fortement sur la Terre que sur la Lune; il pèse davantage sur la Terre que sur la Lune). Aussi, en équilibrant les plateaux d'une balance, on connaît la masse d'un objet et non son poids.

[4] En fait, la masse est définie aujourd'hui par son unité : le kilogramme. C'est la masse du prototype international, un objet fabriqué spécialement en platine iridié, conservé au BIPM dans les conditions très rigoureuses (1901).

La distinction entre masse et poids est très difficile pour les élèves de l'école primaire. Elle pourra être abordée dans les cours de sciences et sera approfondie au secondaire. C'est pourquoi, dans les problèmes de mathématiques, on acceptera une expression comme « le chien pèse... » alors que l'expression correcte serait « la masse du chien est... ».

Les unités

L'unité de masse dans le système métrique est le gramme[5] **(g)**. Cette unité est particulièrement petite pour être utilisée dans la vie courante et ceci explique sans doute que l'unité officielle de masse soit définie par le kilogramme. Si la distinction entre 1 m et 2 m est facile à percevoir, il n'en est pas de même pour 1 g et 2 g! En revanche la distinction entre 1 kg et 2 kg peut être délicate, mais accessible pour un élève de primaire.

Les unités de masse sont décimales : une unité est 10 fois plus grande ou plus petite que l'unité voisine.

Multiples							**Sous-multiples**		
tonne	quintal		kilo-gramme	hecto-gramme	déca-gramme	**gramme**	déci-gramme	centi-gramme	milli-gramme
t	q		**kg**	hg	dag	**g**	dg	cg	mg
		2	3	7	5				

D'après l'exemple proposé dans le tableau ci-dessus, on peut écrire les égalités :

23,75 kg = 23 750 g = 0,02375 t.

De plus, comme 1 litre d'eau pure occupe un volume de 1 dm^3, et a une masse de 1 kg dans des conditions normales de température et de pression (4°C; 760 mmHg), il n'est pas rare que certaines personnes en arrivent à confondre les usages des unités de capacité, de volume et de masse. On pourra garder en mémoire que 1 m^3 d'eau a une masse de 1 t sous ces mêmes conditions de température et de pression. Mais ces « égalités » entre volumes (ou capacités) et masses sont fausses pour d'autres liquides comme l'huile, l'alcool ou le mercure : 1 L d'huile a une masse d'environ 900 g; 790 g environ pour 1 L d'alcool et 13,6 kg pour 1 L de mercure.

Dans certains domaines de la vie courante au Québec, on utilise encore le système impérial de mesures des masses : les livres (lb) et les onces (oz). Ainsi, les prix des fruits et légumes sont affichés en dollars par livre ($/lb), chez le médecin, on peut être « pesé » en livres. Mais ce système n'est pas décimal : 1 lb = 16 oz.

9.1.3 Les durées

Distinction entre date et durée

La date, l'heure, l'instant sont des repères que l'on se donne dans le temps. Ce sont les rôles du calendrier, de l'horloge, de l'agenda, etc. Ainsi, le 15 avril 2016 de notre calendrier est le 7 Rajab de l'année 1437 du calendrier hégirien, le 27 Farvardin 1395 du calendrier persan. À cause du décalage

[5] Attention : La majuscule G n'est pas autorisée pour les unités de masse. G signifie « giga », soit « 1 milliard de... ». 3 Gg représentent 3 000 000 000 g, donc 3 000 tonnes!

horaire à la surface de la Terre, le même instant n'est pas repéré par la même heure dans toutes les provinces et tous les territoires canadiens : quand il est 9 heures à Montréal, il est « une heure plus tard dans les Maritimes ».

Les durées sont les mesures des écarts entre ces repères : du 15 avril au 18 avril inclus s'écoulent quatre jours inclusivement, et de 9 heures à 13 heures s'écoulent quatre heures. Les durées sont une grandeur mesurable : on peut les ajouter, les soustraire, les multiplier par un nombre.

Les unités

Les durées ne s'expriment pas dans le système décimal. À commencer par le calendrier où la journée dure 24 heures, la semaine, 7 jours et les mois, de 28 jours (février) à 31 jours (janvier, mars, mai, juillet, août, octobre, décembre) et l'année, 365 jours sauf les années bissextiles (366 jours).

Dans une heure, il y a 60 minutes et dans une minute, il y a 60 secondes; c'est le système sexagésimal qui est aussi utilisé pour la mesure des angles. En dessous de la seconde, le système devient décimal. On parle alors de dixième, de centième de seconde, etc.

Effectuer des opérations sur les durées en heures, minutes, secondes, c'est appliquer les règles du système sexagésimal où une unité est 60 fois plus grande ou plus petite que l'unité voisine.

Par exemple :

3 h 35 min 28 s + 5 h 59 min 48 s = 9 h 35 min 16 s

12 h 18 min 26 s - 7 h 46 min 37 s = 4 h 31 min 49 s

	3 h	35 min	28 s
+	5 h	59 min	48 s
	8 h	94 min	~~76 s~~
	8 h	~~95 min~~	16 s
	9 h	**35 min**	**16 s**

	11 h	77 min	
	~~12 h~~	~~17 min~~	86 s
	12 h	~~18 min~~	~~26 s~~
−	7 h	46 min	37 s
	4 h	**31 min**	**49 s**

9.1.4 Les températures

Les températures sont repérées en degrés Celsius (C) sur une échelle de 100 degrés, le 0 °C correspondant à la température de la glace fondante et le 100 °C étant la température d'ébullition de l'eau pure au niveau de la mer dans des conditions de température et de pression normale.

Il existe deux autres échelles de température :

- l'échelle Kelvin (K) est utilisée par les scientifiques : elle est décalée de 273,15 par rapport à l'échelle Celsius et le point 0°K correspond à -273,15 °C, soit le zéro absolu, la température la plus basse possible.
- l'échelle Fahrenheit (F) est encore utilisée aux États-Unis (et dans d'autres pays) ainsi que dans certains domaines de la vie courante au Québec et au Canada (température corporelle, recettes de cuisine, etc.) : 0 °C correspond à 32 °F et 100 °C à 212 °F. Cette échelle de température n'est pas retenue par le Système International des Unités.

9.2 Activités personnelles

9.2.1 Les cylindres de Galilée

Avec une feuille de papier rectangulaire enroulée sur elle-même, on peut former deux cylindres, selon que la feuille est enroulée dans le sens de la longueur ou dans le sens de la largeur du rectangle.

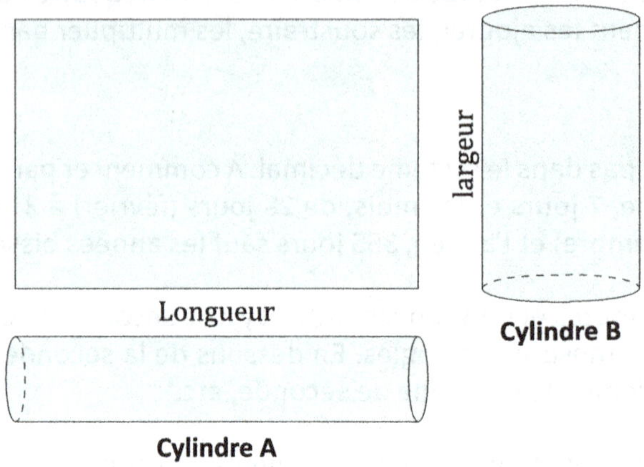

Le cylindre A est obtenu en enroulant la feuille autour de la largeur. Le cylindre B est obtenu en enroulant la feuille autour de la longueur.

La feuille rectangulaire mesure 30 cm de long sur 20 cm de large.

Les deux cylindres ont-ils le même volume? Justifiez votre réponse.

9.2.2 L'aquarium

On veut remplir aux trois quarts un aquarium avec un petit arrosoir qui contient 2,5 L. L'aquarium a une forme de prisme à base rectangulaire et ses dimensions sont les suivantes : 6 dm, 40 cm et 540 mm. Combien d'arrosoirs faudra-t-il pour remplir cet aquarium aux trois quarts? *(On arrondira au nombre entier le plus proche.)*

9.2.3 À la quincaillerie (ou un problème d'autrefois)

Dans un vieux manuel québécois, on aurait pu rencontrer ce problème :

Combien de poteaux blanchis de 2 par 4
et de 6 pieds de long faut-il pour remplir un pied cube?

Pour vous aider à mieux comprendre le problème, voici quelques informations.

Un « poteau blanchi de 2 par 4 » est un poteau de bois utilisé dans la construction. C'est un prisme dont la base est un rectangle qui mesure un peu moins de 4 pouces de long sur 2 pouces de large, d'où son appellation « 2 par 4 ». La longueur du poteau est la hauteur du prisme, soit 6 pieds.

Dans le système impérial de mesures de longueur, 1 pied est divisé en 12 pouces : 1 pi = 12 po.

Comme dans le système métrique, un pied cube est le volume d'un cube de 1 pied d'arête.

Résolvez le problème par la méthode de votre choix.

9.2.4 Le cube et la pyramide et la boule

a) Un cube et une pyramide régulière à base carrée ont le même volume. L'arête du cube mesure 6 cm et le côté de la base carrée de la pyramide mesure 9 cm. Quelle est la hauteur de la pyramide?

b) Ce cube, cette pyramide et une boule de 7 cm de diamètre sont fabriqués dans des bois différents, un bois pour chaque type de solide.

Ensemble, deux cubes et une pyramide ont une masse totale de 0,405 kg. Deux cubes et deux boules ont une masse totale de 6,5 hg. Une pyramide et deux boules ont une masse totale de 455 g.

Quelle est la masse de chaque objet?

9.3 Compléments didactiques

Faire travailler les élèves sur d'autres grandeurs que longueurs et aires est à la fois une obligation, un défi mais aussi une nécessité pour eux. En effet, on voudrait croire que leur culture générale leur donne accès aux volumes, aux masses, aux températures, aux durées, etc., quand rien n'est moins sûr.

9.3.1 Les volumes

Nous avons vu dans le 1er paragraphe de ce chapitre que la confusion entre volume, capacité et masse pouvait être fréquente à cause du lien qui existe à propos de l'eau pure. Pour éviter de mettre en place une telle confusion, on évitera autant que possible les situations dans lesquelles ces grandeurs (et les unités) seraient présentes et nécessaires à la résolution du problème.

À l'école primaire, les élèves n'ont pas à connaître par cœur les formules de calcul du volume des prismes, du cylindre ou des pyramides. Il est préférable qu'ils aient une connaissance pratique et perceptive des unités : le centimètre cube (les « centicubes » sont à cet égard particulièrement importants), le décimètre cube (gros comme une boîte de mouchoirs fantaisie), le mètre cube (plus gros que l'espace occupé par le bureau d'un élève). Ensuite, ils peuvent expérimenter le remplissage de boîtes avec des cubes et anticiper le dénombrement de ceux-ci. Des situations intéressantes consistent à proposer aux élèves de remplir les mêmes boîtes avec des cubes d'arêtes différentes et leur demander de prévoir les conséquences sur le nombre de cubes. Par exemple : *si on dispose d'une boîte prismatique dont les dimensions sont 20 cm, 40 cm et 50 cm, combien de cubes de 5 cm d'arête peut-on y ranger? Si on remplace les cubes de 5 cm d'arête par des cubes de 10 cm d'arête, le nombre de cubes va-t-il augmenter ou diminuer et de combien? Si dans la même grande boîte, on cherche à ranger de plus petites boîtes de dimensions 5 cm par 5 cm par 10 cm, comment faudra-t-il les placer pour en ranger un maximum dans la grande boîte?*

De la même façon que nous l'avons dit à propos des aires, il est vain de penser que le tableau de conversion des unités de volume sera d'une grande utilité à l'école primaire. L'important est que les élèves sachent que si les mesures sont en centimètres, le volume sera exprimé dans l'unité de volume correspondante, soit en cm^3, et ainsi de suite.

Dans la vie courante, les unités de volume et de capacité sont tout autant métriques qu'impériales. Ainsi, bon nombre de sodas, de jus, de conserves, etc., même s'ils sont étiquetés en mL, sont en fait conditionnés dans des capacités impériales converties dans le système métrique. L'exemple peut être donné par deux boîtes de soupe : l'une de 796 mL soit un peu plus que 28 onces et l'autre de 284 mL soit un peu moins que 10 onces. Le système métrique est utilisé avant tout pour l'essence, le lait, certaines eaux en bouteilles qui sont vendues au litre ou dans des formats qui en sont des multiples ou des fractions simples.

9.3.2 Les masses

À propos de cette grandeur, les élèves sont aussi confrontés aux deux systèmes de mesure. Leurs expériences de la vie courante à l'épicerie, dans la cuisine pour préparer une recette ou chez le médecin peuvent être éloignées des activités proposées en classe. À l'épicerie, le prix des fruits est affiché à la livre (en $/lb) en gros caractères, mais il apparaît en dollars quand les fruits sont posés sur la balance à la caisse du magasin. À la maison, pour suivre une recette, les quantités des ingrédients sont souvent données en cuillères à table, en tasses et quelques fois en millilitres. Chez le médecin, on est « pesé » en livres ou en kilogrammes ou les deux. En classe, les manipulations sur les masses se font avec une balance de Roberval et des masses marquées, situation que l'on ne trouve plus du tout en dehors de l'école. Donc pour permettre aux élèves d'acquérir le concept de masse et de sa mesure, l'enseignant a intérêt à proposer des activités d'estimation et de mesurages des masses d'objets, en particulier ceux qui, dans la vie courante, sont mesurés dans une autre unité : quelle est la masse d'une enveloppe? D'un paquet de beurre? D'un enfant de 10 ans? D'un wagon de chemin de fer? Etc. Autre forme de questionnement : quelle quantité de farine doit-on prévoir pour faire un gâteau : 25 g; 250 g, 2 500 g? Est-ce qu'une vache « pèse » 75 kg, 750 kg ou 7 500 kg?

9.3.3 Les durées

Le temps est sans doute la grandeur que les élèves acquièrent le plus lentement, que ce soit la date (l'instant) ou la durée (longtemps ou rapidement). En 1re année, certains élèves confondent encore « hier » et « demain » et peuvent avoir des difficultés à distinguer « avant » et « après ». Toutes les occasions pour fixer des repères dans le temps (date, instant) sont donc autant d'opportunités pour les élèves de progresser dans leurs apprentissages et doivent être exploitées : repérage sur le calendrier, emploi du temps de la semaine, de la journée, etc. Les différentes unités de durées sont aussi introduites progressivement en allant de l'heure à la seconde. Les activités sur cette grandeur sont intéressantes à plusieurs titres. À commencer par la lecture et l'affichage de l'heure sur une horloge analogique (à aiguilles) ou sur un cadran numérique (affichage digital). En effet, même si l'usage d'une horloge analogique commence à disparaître, les liens entre ces différents affichages et les lectures que l'on en fait doivent être enseignés. Par exemple, « 14:45 » ou « 2:45 pm », c'est « trois heures moins le quart de l'après-midi »; l'affichage est le même sur une horloge analogique et la petite aiguille de l'horloge est plus près du 3 que du 2! La situation n'a donc rien d'évident pour les élèves, même en 6e année.[6]

Les opérations sur les durées sont aussi une situation intéressante où les élèves peuvent mettre en œuvre des techniques personnelles très efficaces, mais, si l'occasion devait se présenter, où la technique de soustraction avec emprunt dans une autre base que dans le système décimal de numération pourra être réinvestie. Toutefois, les situations les plus nombreuses seront celles où les élèves utilisent des procédures personnelles et le rôle de l'enseignant consiste alors à faire la mise en commun de ces procédures. Elles peuvent être très variées dans une même classe!

En dernière remarque à propos des diverses grandeurs et de leurs mesures, nous évoquerons la grandeur « prix » qui n'est pas explicitement au programme mais qui est très présente dans le quotidien des élèves, en classe ou en dehors. Les élèves savent assez rapidement que dans 1 $, il y a 100 ¢, mais l'usage de cette grandeur pour l'introduction des nombres décimaux présente un très gros risque : celui de laisser entendre aux élèves que les nombres décimaux sont des nombres à deux chiffres derrière la virgule et qu'entre 3,56 et 3,57, il n'y a aucun nombre ou encore que ces deux nombres sont deux nombres décimaux consécutifs. De plus, à l'oral, à propos d'un prix de 3,45 $, on pourra entendre « Trois dollars quarante-cinq » ou encore « Trois et quarante-cinq », soit une lecture qui n'évoque pas la nature décimale du nombre.

[6] http://www.informatique-enseignant.com/horloge-interactive-pour-apprendre-heure/#une-horloge-interactive-en-flash

9.4 Activités didactiques (analyse d'un manuel)

L'activité qui suit est l'étude d'extraits de la leçon 84 du livre *Presto*, pour la 6e année (Les Éditions CEC, collection *Presto*, manuel B, volume 3) et de la proposition d'évaluation qui suit cette leçon.

9.4.1 La leçon 84

a) Faites les activités telles qu'elles se présentent dans le manuel de l'élève de la page 43 à la page 47, à l'exception des rubriques « Tour de table » des pages 44 et 45. Dans les cadres, sous les reproductions des pages du manuel, notez les démarches que vous avez suivies pour y répondre.

Leçon 84

Avec un panier, deux bananes, une pomme et une orange, Matisse a effectué différentes pesées sur une balance à plateaux.
Quel fruit est le plus lourd : la banane, la pomme ou l'orange ?

quarante-trois 43

Page 44

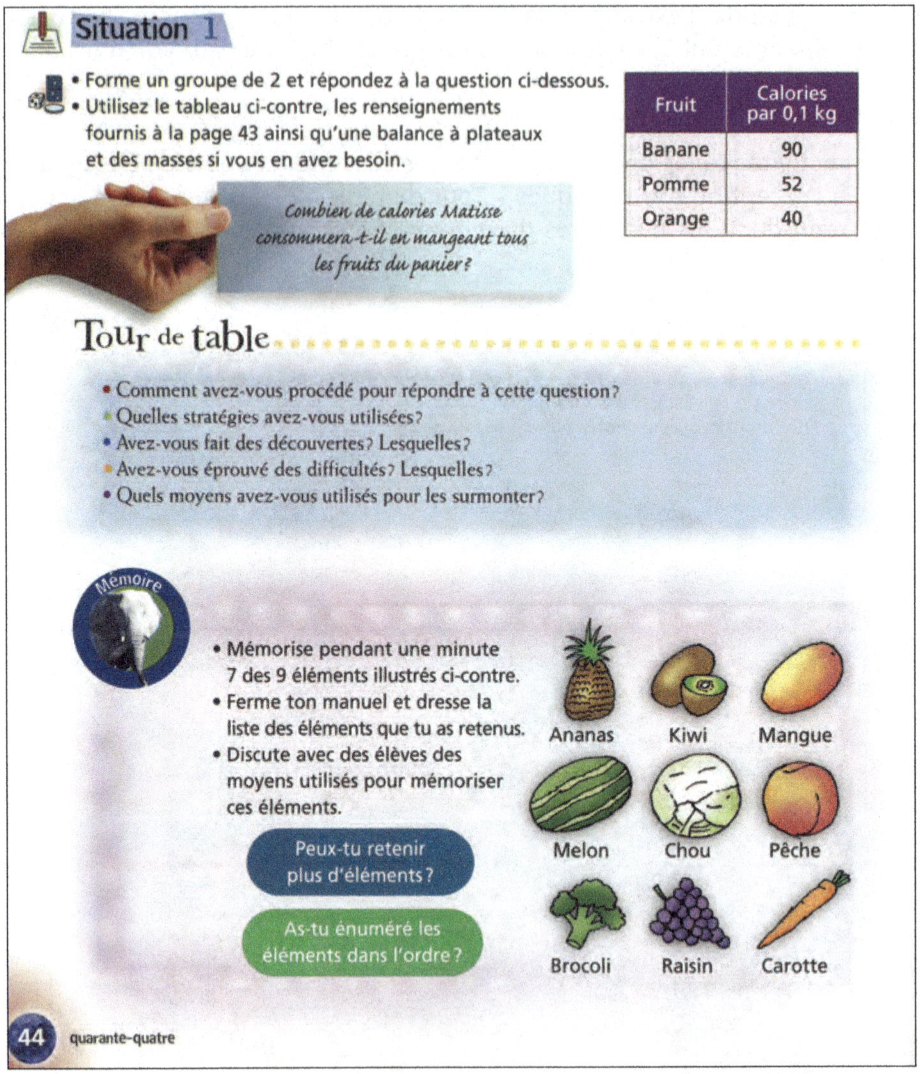

Situation 1

- Forme un groupe de 2 et répondez à la question ci-dessous.
- Utilisez le tableau ci-contre, les renseignements fournis à la page 43 ainsi qu'une balance à plateaux et des masses si vous en avez besoin.

Fruit	Calories par 0,1 kg
Banane	90
Pomme	52
Orange	40

Combien de calories Matisse consommera-t-il en mangeant tous les fruits du panier?

Tour de table

- Comment avez-vous procédé pour répondre à cette question?
- Quelles stratégies avez-vous utilisées?
- Avez-vous fait des découvertes? Lesquelles?
- Avez-vous éprouvé des difficultés? Lesquelles?
- Quels moyens avez-vous utilisés pour les surmonter?

Mémoire

- Mémorise pendant une minute 7 des 9 éléments illustrés ci-contre.
- Ferme ton manuel et dresse la liste des éléments que tu as retenus.
- Discute avec des élèves des moyens utilisés pour mémoriser ces éléments.

Peux-tu retenir plus d'éléments?

As-tu énuméré les éléments dans l'ordre?

44 quarante-quatre

Page 45

Situation 2

Résous les situations suivantes avec un ou une élève.
Utilisez une balance à plateaux et des masses si vous en avez besoin.

A Une boîte de fruits en conserve de 250 mL a une masse de 380 g. Quelles sont les 3 masses que l'on doit choisir parmi celles ci-dessous pour équilibrer la balance ?

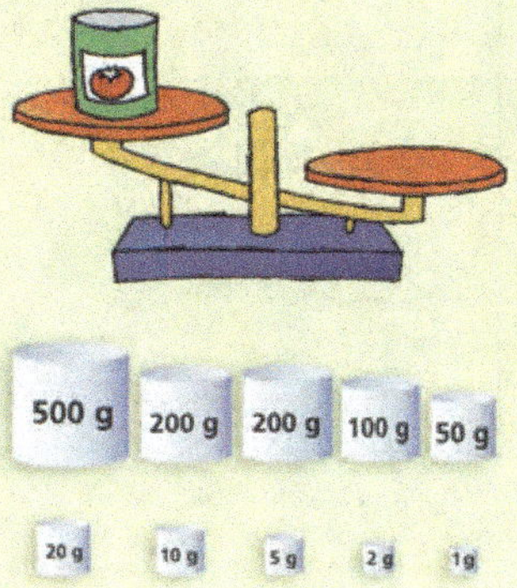

B Trois sacs contiennent des fruits. Ordonne ces sacs du plus lourd au plus léger.

Tour de table

- Quelles solutions (démarches et résultats) avez-vous élaborées ?
- Y a-t-il des données superflues dans ces situations ? des données manquantes ?
- Quelles déductions avez-vous faites ?
- Qu'avez-vous fait pour comprendre ces situations ?
- Quel sens avez-vous donné aux illustrations ?

quarante-cinq 45

Page 46

1

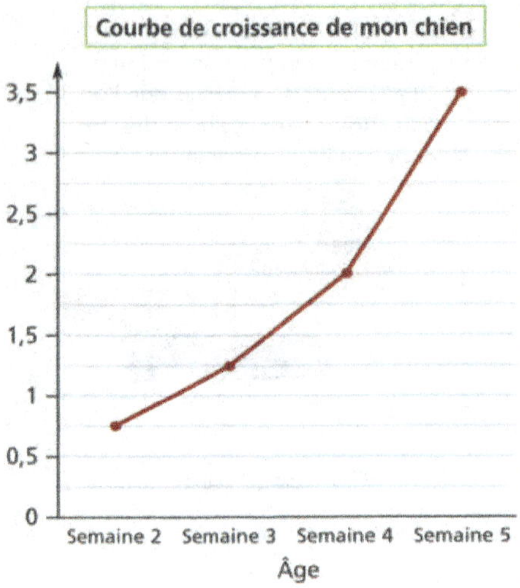

A De combien de kilogrammes ce chien a-t-il grossi de sa naissance à l'âge de 2 semaines ?

B De combien de grammes ce chien a-t-il grossi entre la deuxième et la troisième semaine ?

C De combien de kilogrammes ce chien a-t-il grossi entre la troisième et la cinquième semaine ?

D De combien de grammes ce chien a-t-il grossi de sa naissance à l'âge de 4 semaines ?

46 quarante-six

Page 47

2 Avec une orange de 200 g, on obtient environ 0,1 L de jus.
Avec une boîte de jus d'orange concentré de 355 mL, on obtient 1,42 L de jus.
Combien d'oranges faut-il pour obtenir la même quantité de jus que celle de la boîte de jus concentré ?

3 On place tour à tour chacune des boîtes ci-dessous sur l'un des plateaux d'une balance.
Quelle masse, en grammes, faut-il mettre chaque fois sur l'autre plateau pour équilibrer la balance ?

A) Une boîte de 0,25 kg
B) Une boîte de 0,7 kg
C) Une boîte de 0,40 kg
D) Une boîte de 0,5 kg

4 La masse d'une pièce de 1 $ est de 7 g.
Un rouleau de pièces de 1 $ contient 25 pièces.
Combien de rouleaux de pièces de 1 $ faut-il mettre dans un sac en papier pour obtenir une masse d'environ 1,5 kg ?

Cherche et trouve

- La masse, en grammes, d'anciennes unités de mesure.
- La capacité, en litres, d'anciennes unités de mesure.
- Le nombre de gouttes d'eau qui permettent d'obtenir 10 mL à l'aide d'un compte-gouttes.

quarante-sept 47

b) Quelle est la grandeur mathématique étudiée dans cette leçon?

9.4.2 Page 43

a) L'élève doit déterminer lequel des trois fruits, pomme, banane ou orange, est le plus lourd. Il n'a donc pas l'obligation d'en déterminer la masse. Donnez un exemple du raisonnement que pourrait avoir un élève de 6e année, sans calculer les masses des fruits, que ce raisonnement aboutisse ou non.

b) Le guide de l'enseignant préconise un travail en groupes de deux élèves avant une mise en commun de toutes les démarches utilisées, et la durée suggérée est de 20 minutes. Que pensez-vous d'une telle organisation pédagogique et en particulier de son minutage?

9.4.3 Pages 44 et 45

Situation 1

a) Donner au moins deux interprétations de la question « *Combien de calories Matisse consommera-t-il en mangeant tous les fruits du panier* »?

____

____

____

b) Que pensez-vous du caractère réaliste d'une telle question?

____

____

____

c) Si un élève n'a pas trouvé (ou pas retenu) les masses des fruits utilisés à la page 43, pensez-vous que le recours à une balance à plateaux et à des masses marquées va l'aider à répondre à la question?

____

____

____

d) Si un élève n'a pas trouvé ou retenu la masse de chaque fruit de la page 43, comment pouvez-vous modifier la question sans dénaturer la tâche proposée dans la situation 1?

____

____

____

e) Quelle propriété des unités de masse est utilisée dans cette situation?

____

____

____

f) Quelle est la propriété mathématique qui permet de répondre à la question?

____

____

____

Situation 2

a) Dans la question A, l'illustration peut induire l'élève en erreur. Pourquoi?

____

____

____

b) À la question A, les élèves peuvent donner une réponse différente de la réponse attendue. Donnez un exemple et justifiez-le.

____

____

____

c) La question B demande de comparer les masses de trois sacs. À quelles difficultés peut-on s'attendre de la part des élèves?

____

____

____

d) Dans le guide de l'enseignant, on suggère de mettre à la « disposition [des élèves] des balances à plateaux et des masses métriques »[7]. Précisez les conditions dans lesquelles ce dispositif pourra aider les élèves à s'approprier le problème.

____

____

____

[7] LACASSE, C. (2004). *Presto, 3e cycle du primaire, Guide En un coup d'œil*, manuel B, volume 3, Les Éditions CEC, p. 87.

e) D'après le guide de l'enseignant, les élèves peuvent choisir de ne faire que l'une ou l'autre des deux activités.

- Que peut-on prévoir du choix des élèves? Pourquoi?

- Quels sont les apprentissages sur les masses qui peuvent être atteints à l'issue de l'une ou de l'autre des activités?

9.4.4 Pages 46 et 47

Activité 1

a) La mise en page de l'activité peut être source de difficulté pour certains élèves au moment de répondre aux questions. Pourquoi?

b) Le « diagramme » proposé présente plusieurs ambiguïtés. Décrivez-en une, au moins.

c) Que pouvez-vous faire pour lever au moins l'une d'entre elles?

d) Quelle relation entre les unités de masse est mise en œuvre dans les questions A, B, C et D?

e) Il est assez facile de retrouver l'organisation sous-jacente aux quatre questions A, B, C et D. Sur quelles variables joue-t-on dans ces questions?

f) Certains élèves vont donner des réponses différentes des réponses attendues. Donnez un exemple et expliquez-le.

Activité 2

a) Quelle propriété mathématique permet de répondre à la question?

b) Quelles sont toutes les données inutiles de cet énoncé?

c) Est-ce un problème de masse? Sinon, de quelle grandeur s'agit-il?

d) Quelle relation sur les unités de cette grandeur l'élève doit-il connaître pour répondre à la question?

Activité 3

a) Cette activité est une activité de conversion sur les mesures de masse. Quelles sont les unités en jeu?

b) On peut penser qu'un élève qui réussit la question A réussira aussi la question C, et la situation peut se répéter pour les questions B et D. Proposez de nouvelles mesures de masse à convertir pour que l'élève puisse témoigner de sa connaissance des relations entre les unités de masse, g et kg.

Intégration (pages 46 et 47)

a) Sur l'ensemble des quatre activités proposées dans les pages 46 et 47, les élèves n'ont pas eu besoin d'utiliser une balance pour « peser » un objet, et il ne leur a pas été demandé d'estimer la masse de différents objets. Ils ont travaillé à l'écrit. Quels apprentissages ont-ils pu faire?

b) Dans le guide de l'enseignant, la durée suggérée est de 60 minutes pour l'ensemble des deux pages 46 et 47. Comment envisagez-vous de gérer la situation dans une classe où des élèves sont en difficulté et d'autres sont très rapides?

9.4.5 Pages 50 et 51

Dans les pages 50 et 51 se trouve l'évaluation sommative associée aux leçons qui précèdent.

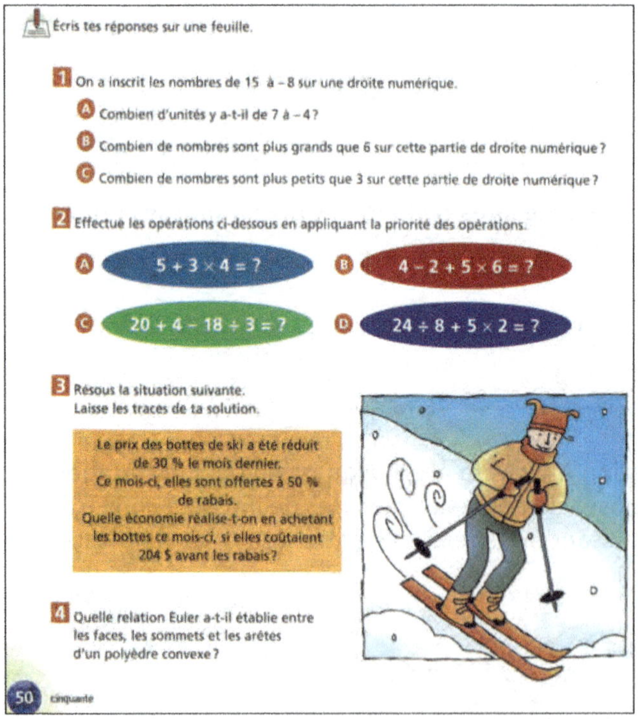

Écris tes réponses sur une feuille.

1 On a inscrit les nombres de 15 à −8 sur une droite numérique.

A Combien d'unités y a-t-il de 7 à −4 ?

B Combien de nombres sont plus grands que 6 sur cette partie de droite numérique ?

C Combien de nombres sont plus petits que 3 sur cette partie de droite numérique ?

2 Effectue les opérations ci-dessous en appliquant la priorité des opérations.

A $5 + 3 \times 4 = ?$

B $4 - 2 + 5 \times 6 = ?$

C $20 + 4 - 18 \div 3 = ?$

D $24 \div 8 + 5 \times 2 = ?$

3 Résous la situation suivante.
Laisse les traces de ta solution.

Le prix des bottes de ski a été réduit de 30 % le mois dernier.
Ce mois-ci, elles sont offertes à 50 % de rabais.
Quelle économie réalise-t-on en achetant les bottes ce mois-ci, si elles coûtaient 204 $ avant les rabais?

4 Quelle relation Euler a-t-il établie entre les faces, les sommets et les arêtes d'un polyèdre convexe ?

50 cinquante

5 Quels sont les 3 nombres que Cynthia a écrits sur sa feuille ? Voici des indices :

- La somme des deux chiffres du produit de ces nombres est 12.
- L'un des nombres est à la fois le demi du troisième nombre et le tiers du deuxième nombre.

6 Il y a 360 km entre Saint-Georges et Roberval. Quelle est la longueur, en centimètres, de la route qui mène de Saint-Georges à Roberval sur la carte routière qui a la légende ci-contre ?

7 Quelle est la capacité, en millilitres, de chacun des contenants ci-dessous ?

cinquante et un 51

a) Quelle question de l'évaluation est liée à la leçon 84?

---

b) Dans la question 7, les conversions demandées en B, C et D présentent toutes les trois la même caractéristique. Laquelle?

---

c) Proposez au moins deux conversions de mesures de capacité où l'élève devra témoigner d'une connaissance approfondie de la relation entre litre et millilitre.

d) Quelles questions pourrait-on poser à des élèves de 6e année pour évaluer leurs connaissances de la grandeur « masse » et de ses unités? Faites au moins trois propositions de questions.

Bibliographie

Berthelot, R.; Salin, M.H. (1999-2000) L'enseignement de l'espace à l'école primaire, *Grand N*, 35, 37-59, IREM de Grenoble, France

Braconne-Michoux (2008) Évolution des conceptions et de l'argumentation en géométrie chez les élèves: *paradigmes et niveaux de van Hiele à l'articulation CM2-6e*, Thèse de Doctorat, Université de Paris Diderot, Paris 7; 593 p.

Braconne-Michoux (2014) Les niveaux de pensée en géométrie : de la théorie à l'épreuve de la classe, *Bulletin de l'AMQ*, Vol. LIV (1), 24-51, Québec

Braconne-Michoux, A.; Juteau, M.C. (2012) Le Tangram : un défi au Congrès, des activités en classe au primaire, *Chronique du primaire, Bulletin de l'AMQ, Vol. LII (1), 43-54.*

Brousseau, G. (2000). Les propriétés didactiques de la géométrie élémentaire, *Actes du Séminaire de Didactique des Mathématiques,* Université de Crète, Rethymon.

Burger, W.F., Shaughnessy, J.M. (1986) Characterizing the van Hiele Levels of Development in Geometry, *Journal for Research in Mathematics Education* (17) 1, 31-48

Colmez, F. & Parzysz, B. (1993) Le vu et le su dans l'évolution de dessins de pyramides du CE2 à la Seconde, *Espaces graphiques et graphismes d'espaces*, Bessot, A. et Vérillon, P. éditeurs, La Pensée Sauvage Éditions, Grenoble

Dhombres, J.; Dahan-Dalmédico, A.; Bkouche, R.; Houzel, C.; Guillemot, M. (1987) Mathématiques au fil des âges; Bordas éditions, Paris.

Duval, R., Godin, M. (2005) *Les changements de regard nécessaires sur les figures*; Grand N 76, 7-27, IREM de Grenoble, France

ERMEL (2006) Apprentissages géométriques et résolution de problèmes, éditions Hatier, Paris, 609 p.

Fénichel, M.; Pauvert, M.; Pfaff, N. (2004) Donner du sens aux mathématiques, Tome 1. Espace et géométrie, éditions Bordas, Paris,260 p. (le titre de l'ouvrage doit être en italique)

Gutierrez, A. (1992) Exloring the links between the van Hiele Levels and 3-dimensional geometry, *Topologie structurale*, (18) 31-47

Houdement, C. & Kuzniak, A. (1998-1999). Réflexions sur l'enseignement de la géométrie pour la formation des maitres. *Grand N*, (64), 65 – 78

Houdement, C. (2007). À la recherche d'une cohérence entre géométrie de l'école et géométrie du collège. *REPÈRES-IREM*, (67), 69 – 84

Lurçat, L. (1982) *Espace vécu et espace connu à l'école maternelle*, ESF, Paris, 204 p.

MELS (2001) Programme de formation de l'école québécoise : http://www.education.gouv.qc.ca/fileadmin/site_web/documents/PFEQ/prform2001-061.pdf

Ministère de l'Éducation de l'Ontario (2005) : http://www.edu.gov.on.ca/fre/curriculum/elementary/math18curr.pdf

Offre, B., Perrin-Gloria, M.-J., Verbaere, O. (2006). Usage des instruments et propriétés géométriques en fin de CM2. *Grand N*, (77), 7 – 34.

Parzysz, B. (1988). "Knowing vs Seeing", *Educational Studies in Mathematics*, 19 (1), p. 79-92.

Parzysz, B. (2006) La géométrie dans l'enseignement secondaire et en formation de professeurs des écoles : de quoi s'agit-il? *Quaderni di Ricerca in Didattica*, 17, 128-151. http://www4.pucsp.br/pensamentomatematico/quad17_BParzysz_06.pdf

Perrin-Glorian, M.-J., Mathé, A.-C., Leclercq, R. (2013). Comment peut-on penser la continuité de l'enseignement de la géométrie de 6 à 15 ans? Le jeu sur les supports et les instruments. *REPERES - IREM*, (90), 5 - 41.

Piaget, J.; Inhelder, B. (1947) *La représentation de l'espace chez l'enfant*, PUF, Paris

Tanguay, D. & Geeraerts, L. (2012) D'une géométrie du perceptible à une géométrie déductive : à la recherche du paradigme manquant, *Petit x*, 88, 5-24, IREM de Grenoble, France

Van Hiele P.M. (1959). La pensée de l'enfant et la géométrie, *Bulletin de l'APMEP*, (198), 199-205, Paris.

Corrigé

Dans cette partie du manuel, sont présentés, chapitre par chapitre, quelques éléments de réponses à certaines questions posées dans les activités théoriques et didactiques. En particulier sont absentes les réponses aux questions extraites des manuels, telles qu'elles se présentent aux élèves. De plus, à propos des questions didactiques, il ne faudrait pas considérer que l'amorce de réponse proposée est LA réponse unique à la question. Nous n'avons pas l'intention, dans ce paragraphe de justifier toutes les réponses possibles à toutes les questions.

Chapitre 1

1.2 Activités personnelles

1.2.1 L'angle de sommet A

Les deux ont raison : chacun a son interprétation de la figure.

1.2.2 Constructions

c) $m\overline{HI} = 10$ cm

d) Le triangle rectangle JKL est plus difficile à construire

e) 8 cm et 4 cm : un triangle aplati; 5 cm et 3 cm : deux triangles possibles; 6 cm et 2 cm : impossible

1.2.3. La roue carrée

Tracer les diagonales du carré pour connaître le rayon des arcs de cercle.

1.4 Activités didactiques

1.4.1 Un exercice

a) Paul a tort : voir la définition du cercle.

b) Des arguments qui relèvent de la géométrie perceptive.

c) La définition du cercle.

d) Le cercle.

1.4.2 Analyse des productions d'élèves

a) Alex est en géométrie perceptive et a une validation instrumentée de sa perception.

b) Béa est dans une géométrie instrumentée.

c) Pour Bob, une droite est le tracé unique qui passe par deux points distincts (compréhension limitée d'une définition formelle de la droite).

d) Pour Chloé, une droite est aussi définie par deux points.

e) Dan témoigne d'un fonctionnement en géométrie instrumentée très abouti.

f) La réponse de Dom est ambigüe : usage scrupuleux de la règle?

g) Elia est la seule élève qui témoigne une connaissance pratique du cercle.

Chapitre 2

2.2 Activités personnelles

2.2.1 Construction d'un quadrilatère

Pour reproduire le quadrilatère $ABCD$, il faut exactement 5 informations.

2.2.2 Constructions particulières

- Parallélogramme
  - a) Une infinité.
  - b) Il faut ajouter une seule information.
- Rectangle
  - a) Il n'y a qu'un seul rectangle qui satisfasse à ces conditions.
  - b) Toute proposition où la longueur de la diagonale est plus petite que celle du côté.
- Losange
  - a) Il n'y a qu'un seul losange qui satisfasse à ces conditions.
  - b) Oui.
  - c) La mesure d'un angle du losange ou la longueur d'une diagonale.
- Carré
  - a) Il n'y a qu'un seul carré.
  - b) Non.
- Bilan

Plus le quadrilatère est particulier, plus le nombre d'informations nécessaires diminue.

2.4 Activités didactiques

2.4.1 Document 1 : Clicmath 4e année

b) L'élève pourra ne pas reproduire à l'identique les « lignes » proposées par le manuel.

c) Les propriétés d'angles droits, de côtés perpendiculaires et de côtés parallèles sont mises en œuvre dans toutes les constructions.

d) La seule figure en position prototypique est le rectangle.

e) Si l'on suit la numérotation des questions, la réponse est non.

f) Certaines constructions « débordent du cadre » et des élèves peuvent en être gênés et déformer leur production pour « rester dans le cadre ».

2.4.2 Document 2 : Presto 5e année

b) Le losange est un carré déformé donc un carré particulier, ce qui est contraire à la classification inclusive visée par les manuels en général.

c) « Quels sont tous les quadrilatères que tu peux former avec 4 cure-dents? »

2.4.3 Document 3 : Presto 5e année

b) Ce ne sont pas des applications directes mais des propriétés théoriques que l'élève devra avoir repérées.

c) Le segment $\overline{MN}$ peut être mal reproduit : longueur différente, orientation différente dans le quadrillage, etc.

d) Donner une amorce pour chaque construction.

e) Un mauvais usage du quadrillage en lien avec le report des mesures des longueurs et l'usage des nœuds du quadrillage.

f) Erreurs à ne pas reprendre : mauvaise reproduction du segment $\overline{MN}$ mais natures des quadrilatères respectées, etc. Erreurs à reprendre : toutes celles où l'élève ne respecte pas la nature du quadrilatère demandé.

2.4.4 Document 4 : Presto 5e année

b) Validation perceptive.

c) Oui, très vraisemblablement.

d) Louis nomme toutes les figures (nature) qu'il trouve.

e) Gino désigne maladroitement les 4 trapèzes. Pour Gino, être différent c'est avoir un nom différent.

f) Le losange est formé par la juxtaposition des deux parallélogrammes.

2.4.5 Document 5 : Presto 5e année (feuille reproductible)

b) Question A : « Dans un trapèze, il n'y a jamais d'angle droit. »; etc.

c) La proposition est fausse si les angles sont des angles droits : le losange est alors un carré.

2.4.6 Document 6 : Défi mathématique 4e année

b) Les propriétés travaillées sont celles des côtés et des angles droits.

c) Comprendre le fonctionnement de l'activité.

d) Demander aux élèves d'écrire la lettre représentant le bijou, etc.

e) Les erreurs liées aux difficultés identifiées en c) et l'erreur dans la désignation du quadrilatère : sur un même « ligne » horizontale dans la présentation de l'activité, on lit une propriété et l'élève doit écrire le nom d'un quadrilatère qui ne l'a pas.

f) Le jeu en groupe permet aux élèves de s'approprier l'activité.

Dans l'activité en groupe, les polygones en carton doivent être plus nombreux et repérés par des lettres différentes de celles qui sont sur le manuel pour qu'il n'y ait pas d'effet de mémorisation et donc de réussite sans analyse des figures (effet Jourdain).

Chapitre 3

3.2 Activités personnelles

3.2.1 Reconnaissance de transformations

De haut en bas : rotation, translation, rotation de 180°, symétrie d'axe horizontal, composée d'isométries.

3.2.2 Construction de l'image d'une figure par une transformation donnée

Symétrie

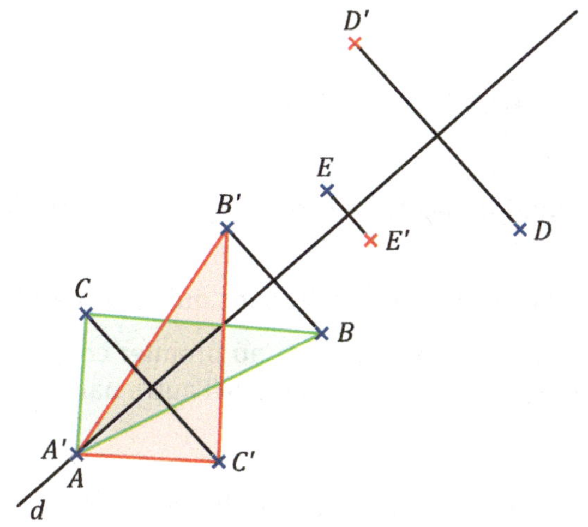

Translation

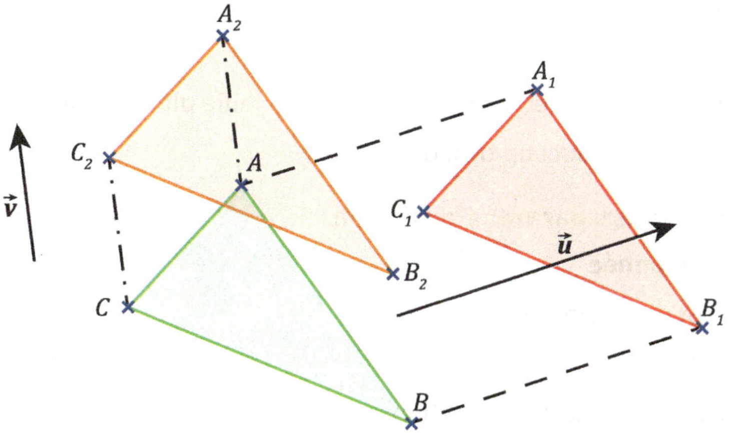

Rotation

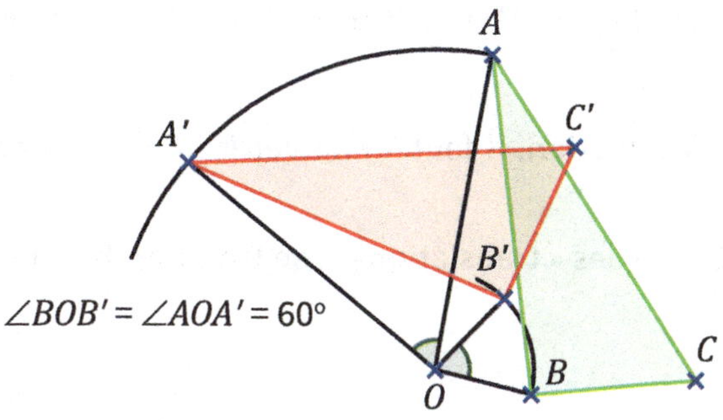

3.2.3 Analyse d'un dallage

a) Diverses translations ou des rotations de centre le sommet commun aux deux dalles.

b) Translation de vecteur le « côté » de la dalle ou une rotation de 180° de centre le milieu du côté commun aux deux dalles.

3.2.4 Problème de dallage

a) Les deux dallages sont toujours possibles.

b) Sans objet.

3.4 Activités didactiques

3.4.1 Retrouver une transformation

Extrait de Clicmaths 4e année

b) On procède par élimination des formes ou des dispositions des éléments composants les figures D et E.

c) Le « miroir » est d'axe vertical dans la page sans qu'on sache où.

d) Proposer trois situations assez semblables au premier coup d'œil, où on voit la figure E et son image proposée « symétriquement » l'un de l'autre par rapport à un axe vertical dessiné.

Autre question

b) Les translations sont plus faciles à trouver sur le dallage A.

c) Évaluation : Le dallage A, oui; le dallage B, non.

Extrait de Clicmaths

b) Non.

c) Tous les triangles doivent être isométriques et de taille plus grande.

d) La verbalisation est beaucoup trop délicate.

3.4.2 Compléter une figure par transformation

Extrait de Clicmaths 4e année

b) La symétrie est une isométrie.

c) La question a).

d) La question a) sous certaines conditions.

Extrait de J'apprends les maths CE1, éditions Retz

b) C'est une aide pour guider les élèves : ils ne vont pas tracer sur le bras de Nina!

c) Non.

d) Dans un contexte d'évaluation, il faut « enlever Nina » et ne pas commencer le tracé à la place des élèves.

e) Les élèves peuvent faire des « translations », se tromper dans les reports de longueur, etc.

3.4.3 Construire l'image d'une figure par transformation

Extrait de Clicmaths 6e année

b) Le motif sera isométrique (ou non) au modèle, et l'extrémité de la flèche ne sera pas utilisée comme elle doit l'être : l'image de la « tête du chien » dans les translations 1 et 2.

c) Les élèves vont « daller » le quadrillage dans le sens où ils vont colorier toute la surface avec des motifs qui ne sont pas tous isométriques les uns des autres ou vont reproduire des figures isométriques qui ne réalisent pas un dallage.

d) On peut proposer d'associer une couleur à chaque translation.

e) Veiller à la position des flèches de translation par rapport au motif à produire ainsi qu'à leur longueur et leur orientation. Ne pas demander le dallage.

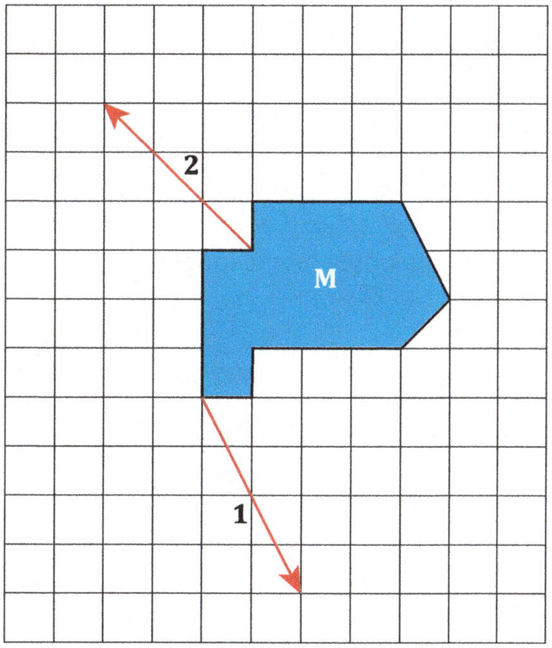

Cinq situations de symétrie

b) Un classement possible : n°3 – n°2 – n°5 – n°4 – (n°1).

c) Les situations n° 2, 3 et 5. (voir paragraphe 3.3 Compléments didactiques).

Une dernière question

b) La position de l'axe.

c) Les élèves vont appliquer des symétries d'axe vertical, des transformations non isométriques apparentées à des translations, etc.

d) Il faut donner du papier calque ou autoriser les élèves à plier leur feuille selon l'axe.

Chapitre 4

4.2 Activités personnelles

4.2.1 Joséphine et Clémentine

Décrire une position

a) Les deux ont raison, chacun selon son point de vue.

b) Vasco est en face du photographe. Gama est sans doute à la place du photographe ou à côté de celui-ci.

Décrire un déplacement

a) Oui.

b) Oui.

4.2.2 Itinéraires sur un plan

Paul va au centre d'achat.

Il a plusieurs possibilités.

Marie va à l'école.

Elle a le choix entre deux itinéraires qui ont la même longueur.

Comparaison des itinéraires

a) La description de l'itinéraire de Paul est plus facile.

b) Les indications s'expriment en mots différents.

4.2.3 Tours alignées

Tours en ligne

a) Oui pour les deux situations.

b) Oui.

Tours sur une grille

a) Non.

b) La réponse est « oui », aux deux questions.

c) La représentation A permet plusieurs réponses. En revanche la représentation B n'admet qu'une seule solution.

4.4 Activités didactiques

4.4.1 Logibul 1

a) Léa est dans le même sens que l'élève qui regarde la scène.

b) L'enseignant s'assure que l'élève a compris que la droite de l'enseignante est à la gauche de l'observateur.

c) Diverses réponses conviennent.

d) Oui.

e) La convention sociale de la main droite tendue pour dire « bonjour » peut être une solution.

f) Oui. (Voir compléments didactiques).

4.4.2 Défi mathématique 3e année

Les repères du magicien

a) Tout le codage est fait du point de vue du magicien.

c) Tous les élèves de 3e année ne réussiront pas du 1er coup.

Les tours de Prosperville

a) La tour verte constitue l'origine du repère.

b) Voiture rouge : devant la 3e tour à gauche de la tour verte.

Toutes les descriptions n'ont pas toutes le même niveau de difficulté.

c) Endroit a : 6e étage de la 2e tour à droite de la tour verte.

Toutes les descriptions ont le même niveau de difficulté.

d) Il faut 2 informations pour repérer une voiture au sol donc c'est un repérage dans le plan.

e) L'organisation est pertinente.

4.4.3 Défi mathématique 4e année

En sortant de la gare

b) L'erreur consiste à négliger l'entrée entre les maisons 32 et 26 parce qu'elle n'est pas marquée par un passage piéton.

c) L'erreur précédente amène à sortir du plan. Si l'on va trop loin sur la gauche en sortant de la gare, le reste de l'itinéraire ne fonctionne pas non plus mais ce n'est pas lié à une mauvaise orientation dans le plan.

d) Exemple : sortir à droite de la maison 11; 2e rue à droite; 2e rue à droite; 4e maison sur la droite.

e) L'orientation du plan est contraire à celle de l'élève.

4.4.4 D'après un vieux manuel

b) Il est sous-entendu que l'élève est dans la même position que les enfants dessinés dans l'entrée au parc.

c) La taille de l'enfant dans le bac à sable; la hauteur du lampadaire et de la balançoire ou de la statue; etc.

d) Non.

Chapitre 5

5.2 Activités personnelles

5.2.1 Dessin d'une pyramide

Diverses réponses exactes sont possibles.

5.2.2 Dessins à compléter

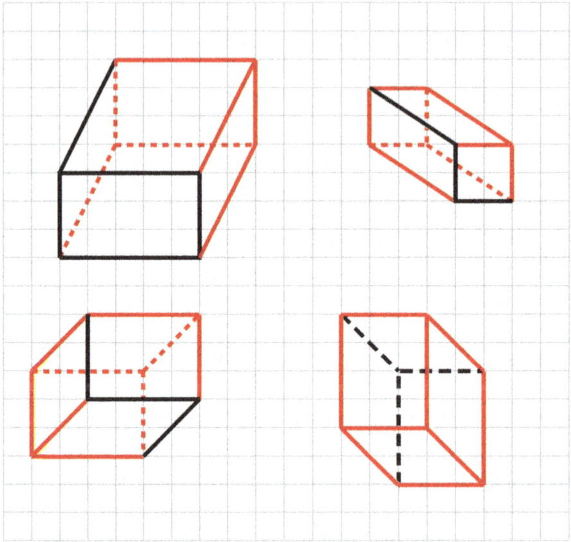

5.2.3 Vues planes

Dessiner les vues planes

a) Empilement A : 8 cubes; empilement B : 8 cubes

b) Il peut y avoir plus d'ambiguïtés dans une représentation en perspective axonométrique que dans une représentation en perspective cavalière.

c)

	Vue de face	Vue de droite	Vue de dessus
Empilement A	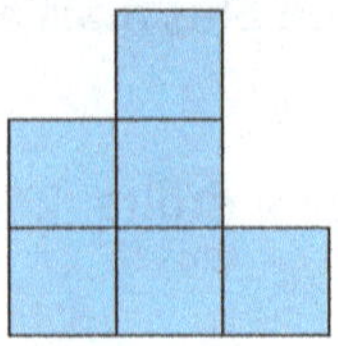	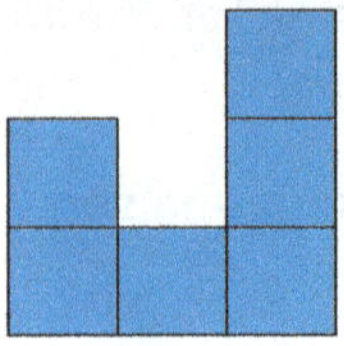	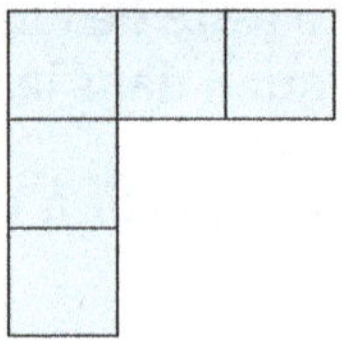
Empilement B	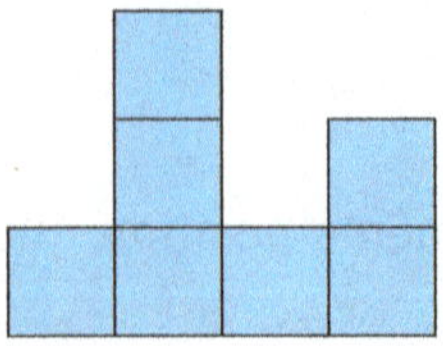	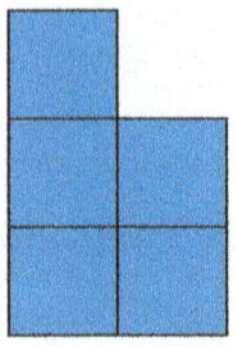	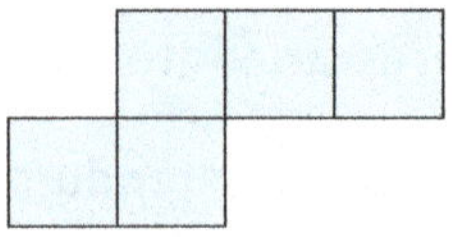

Retrouver l'empilement

Empilement C : il faut respecter simultanément les contraintes liées aux trois vues.

5.4 Activités didactiques

5.4.1 Le solide caché

b) Il manque des précisions sur la nature des faces.

5.4.2 Analyse de productions d'élèves

Dessins de vues planes

a) Empilement A

Marie	Face : profondeur traduite par un parallélogramme. Dessus et droite : la taille des carrés traduit l'éloignement du cube.
Victor	Face : taille des carrés liée à l'éloignement. Dessus : même problème + carrés dans des plans différents dessinés disjoints. Droite : intéressant!
Raoul	Face et dessus : seules les faces (carrés) les plus proches sont dessinées. Droite : la technique semble changer.

b) Empilement B

Marie	Le nombre de carrés semble respecté mais les faces situées dans des plans différents sont dessinées par des carrés disjoints.
Victor	Maîtrise de la technique.
Raoul	Maîtrise de la technique.

Pour aider Marie : utiliser des cubes beaucoup plus gros pour que les cubes cachés le soient réellement, ou lui faire construire des empilements à partir des vues planes (exercice inverse), etc.

Retrouver un empilement

a) Ils ont tous les deux tort.

b) Fatima prend en compte la vue de face et peut-être la vue de dessus. Joao a fait le contraire.

c) Tous les deux ont négligé de prendre en considération les trois vues simultanément.

d) On peut leur demander de construire l'empilement qu'ils ont sélectionné et d'en dessiner les 3 vues puis comparer avec l'énoncé. D'autres démarches sont possibles.

Chapitre 6

6.2 Activités personnelles

6.2.1 Développement d'un prisme

Il y a 54 solutions!

6.2.2 Le trajet de la fourmi

Le trajet le plus court suit la diagonale du rectangle formé par deux faces conjointes du développement.

6.2.3 Le tracé sur le cube

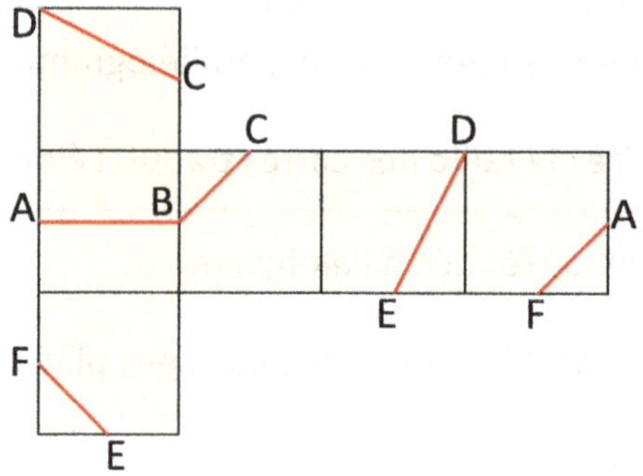

6.2.4 Le coloriage des pastilles

6.2.5 Le coloriage des poissons

Il suffit de suivre le contour noir de chacun des 12 poissons.

6.2.6 Le développement du solide : cylindre surmonté d'un cône.

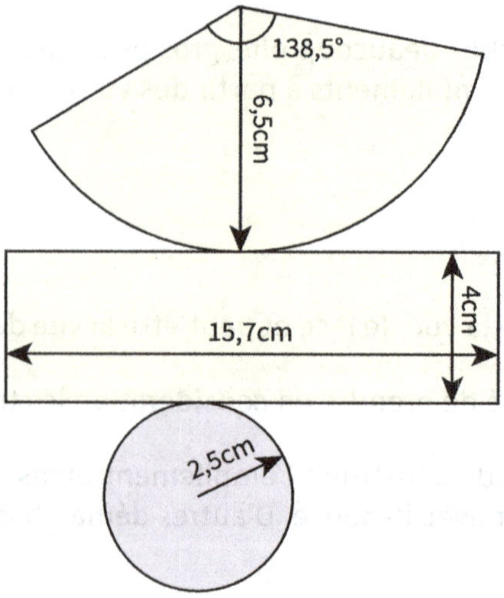

6.4 Activités didactiques

6.4.1 Allegro 1re année

a) Description de l'activité

Document A	Description de solides pour une classification.
Document B	Reconnaissance de solides (association d'un solide à son nom).
Document C	Description d'un solide (pyramide à base carrée).
Document D	Reconnaissance d'un développement (association d'un développement à un solide).
Document E	Reconnaissance de solides.
Document F	Identification de solides géométriques (à partir de solides sociaux).

b) Le document A est particulièrement difficile pour des élèves de 1re année.

c) Ordre proposé : F – B – E – C – D.

d) Modifications possibles du document C : donner une représentation en perspective de la pyramide et changer la mise en page des questions.

6.4.2 Adagio 4e année

a) Description de l'activité

Document A	Description de polyèdres.
Document B	Reconnaissance d'un développement (association d'un développement à un polyèdre).
Document C	Reconnaissance d'un développement (pyramide à base carrée).
Document D	Description de polyèdres.
Document E	Associations d'un ensemble d'empreintes à un polyèdre.
Document F	Description d'un polyèdre.
Document G	Description d'un polyèdre.

b) Le document G est particulièrement difficile pour des élèves de 4e année

c) Ordre proposé : C – B – F – A – D – E.

d) Modification du document B proposée : les nombres de polyèdres et de développements sont différents les uns des autres.

Chapitre 7

7.2 Activités personnelles

7.2.1 « Grand, petit, gros »?

Nous ne donnons ici que les adjectifs qui sont associés à des grandeurs mathématiques : 1. « Petite » : longueur; 2. Température; 3. « Grande » : volume; « petit » : aire; 5. « Petite » : température; 6. Longueur; 7. Longueur ou aire?; 9. Vitesse; 10. Angle; 11. Longueur; 12. Volume.

7.2.2 La ligne de 1 mètre

Il ne s'agit pas forcément d'une droite!

7.2.3 Construction de figures

Pour construire le triangle OLM, il faut calculer la mesure d'un angle.

Le polygone $ABCDE$:

a) $\angle CDE = 90°$

b) Oui.

d) Donner les informations dans l'ordre où elles sont utilisées.

e) Diverses erreurs liées à l'usage du rapporteur et à celui de la règle graduée.

7.2.4 Angle entre deux latitudes

29° 46' 45''.

7.4 Activités didactiques

a) Les erreurs commises par les élèves sont, entre autres : utilisation du rapporteur comme une règle avec réponses en mm, ou en °; le zéro d'une graduation n'est pas sur un côté de l'angle; le zéro d'une graduation est posé sur l'extrémité du tracé d'un côté; le centre du rapporteur n'est pas sur le sommet de l'angle; la poignée du rapporteur est appuyée sur le côté de l'angle; la mauvaise graduation est utilisée; la bonne graduation est utilisée mais la lecture n'est pas faite dans le bon sens; etc.

b) L'apprentissage est très difficile parce que beaucoup de contraintes sont à prendre en considération simultanément (voir paragraphe 7.3 Compléments didactiques).

Chapitre 8

8.2 Activités personnelles

8.2.1 Les moulins

a)

	A	B
Périmètre	36 cm	48 cm
Aire	54 cm²	81 cm²

b) Les calculs d'aire sont les plus simples.

8.2.2 Les « parterres de fleurs »

a)

	Parterre n°1	Parterre n°2	Parterre n°3	Parterre n°4
Périmètre	$4\pi + 8$ m	8π m	8π m	8π m
Aire	8π m²	8π m²	4π m²	8π m²

b) Seul le parterre n°1 a un périmètre différent à cause du diamètre qui clôt la figure.

c) Seul le parterre n°3 a une aire différente parce que les demi-disques sont tous en « creux ».

8.2.3 L'hexagone

c) Les modèles de pièces n°3, n°6 et n°8 ont été utilisés chacun deux fois.

8.2.4 Les points alignés

a) Les points ne sont pas alignés et on peut le prouver par diverses méthodes. Par exemple : aire ABC = 19,44 cm² et aire FEC + aire $ADEF$ + aire EDB = 19,53 cm²

8.2.5 Les deux figures dans le carré

c) Les aires sont plus faciles à comparer : dénombrement des carreaux.

d) Il y a plusieurs solutions.

e) Les réponses varient selon les procédures utilisées par les répondants.

8.4 Activités didactiques

8.4.1 Les pages du manuel

8.4.2 Page A1

Du manuel

a) Longueurs (périmètre constant) et aires.

b) Non.

D'après le guide de l'enseignant

À périmètre égal, deux figures peuvent avoir des aires différentes, même si ces mots ne sont pas prononcés.

8.4.3 Page A2

Du manuel

a) Le périmètre.

b) Il peut y avoir confusion avec les notions d'aire (peinture) et/ou de capacité (seaux).

D'après le guide de l'enseignant

a) Les auteurs veillent à ce que les élèves s'approprient la situation.

b) Par exemple, on peut utiliser des gros cubes posés sur le plancher de la salle de classe et tracer au sol le contour de la maison.

8.4.4 Page A3 et A4

Du manuel

a) Les élèves peuvent interpréter les plans des maisons colorés comme autant de surfaces à peindre.

b) On passe des unités non-conventionnelles aux unités conventionnelles et les mots « périmètre » et « aire » sont introduits.

c) Les possibilités d'agencement des 4 pièces sont assez variées tout en étant limitées.

d) Par exemple, les élèves peuvent oublier la contrainte des 4 pièces, surtout s'ils se sont déjà trompés à la page A3.

e) Plusieurs réponses possibles : c), f), e), a), b) d) par exemple.

f) Ici, les élèves doivent réactiver les mots « aire » et « périmètre » en unités non-conventionnelles.

D'après le guide de l'enseignant

a) Périmètre.

b) Les auteurs veillent à s'assurer que tous les élèves comprennent la tâche qui va leur être donnée.

c) La tâche est complexe et il est rassurant que les élèves échangent entre eux avant de passer au travail individuel.

d) L'idée est de limiter le nombre de variables didactiques.

8.4.5 Page A5 et A6

Du manuel

Parmi les variables didactiques, on a : le nombre de pièces et le nombre de seaux, les unités, périmètre et aire, etc.

Les conséquences sont variables.

8.4.6 Conclusion

a) Les concepts de périmètre et d'aire sont abordés dans la même leçon.

b) Non.

c) C'est un choix très intéressant. Il semble bien que ces auteurs aient cherché à surmonter la difficulté qu'ont tous les élèves à aborder la notion de périmètre sans l'avoir confrontée à la notion d'aire parce que la comparaison d'aire est plus facile (perceptible) que la comparaison de périmètre. (voir les compléments didactiques).

Chapitre 9

9.2 Activités personnelles

9.2.1 Le cylindre de Galilée

Volume du cylindre A : $\frac{3000}{\pi} cm^3$; volume du cylindre B : $\frac{4500}{\pi} cm^3$

9.2.2 L'aquarium

39 arrosoirs.

9.2.3 À la quincaillerie

6 poteaux.

9.2.4 Le cube, la pyramide et la boule

a) Hauteur de la pyramide : 8 cm.

b) Masse de la boule : 175 g; masse de la pyramide : 105 g; masse du cube : 150 g

9.4 Activités didactiques

9.4.1 La leçon 84

b) La masse

9.4.2 Page 43

a) L'élève se fie à son expérience personnelle : l'orange est le fruit le plus lourd! Ou la pomme est la plus lourde (voir l'image sur fond bleu); etc.

b) Des discussions entre les élèves sont nécessaires. La durée ne peut être qu'indicative.

9.4.3 Page 44 et 45

Situation 1

a) L'élève ajoute les calories affichées dans le tableau sans lien avec la masse; il multiplie les nombres du tableau par les masses des fruits sans prendre en compte que ces nombres sont donnés pour 100 g; etc.

b) Il est peu probable qu'un élève mange en une seule fois 2 bananes, 1 pomme et 1 orange soit 520 g de fruits d'après les données du problème.

c) La balance n'aidera sans doute pas.

d) On peut lui proposer les masses des fruits ou lui en proposer d'autres.

e) 0,1 kg = 100 g.

f) La proportionnalité.

Situation 2

a) Le plateau vide a l'air plus bas que le plateau avec la boîte de conserve (alourdi?).

b) Interprétation de l'ensemble des deux équilibres, etc.

c) Interprétation des deux équilibres, utilisation de la transitivité, etc.

d) Prévoir 3 sacs de masses différentes tels que la somme des deux premiers est égale à la masse du 3e.

e) Un choix variable selon la personnalité des élèves. Pas d'apprentissage sur la notion de masse en tant que telle.

9.4.4 Page 46 et 47

Activité 1

a) Prendre en considération le texte dans la bulle et le graphique.

b) L'origine du temps n'est pas la naissance du chien; l'unité de masse n'est pas précisée; etc.

c) Tracer les lignes de rappel pour les dates de pesée, et ajouter la masse à la naissance.

d) 1 kg = 1 000 g.

e) Les questions A et C demandent une réponse en kilogrammes. Etc.

f) Réponse en grammes pour les questions A et C : ce sont des nombres entiers.

Activité 2

a) La proportionnalité.

b) 200 g, 355 mL.

c) La capacité.

d) 1 L= 1 000 mL.

Activité 3

a) Grammes et kilogrammes.

b) Donner des nombres différents avec des nombres de chiffres derrière la virgule et demander des conversions dans les deux sens : g → kg et kg → g.

Intégration (pages 46 et 47)

a) Diverses conversions, utilisation de la proportionnalité.

b) Il faudra différencier pour ne pas imposer tous les exercices à tous les élèves, distinguer les activités abordées collectivement des activités individuelles; etc.

9.4.5 Page 50 et 51

a) Question 7.

b) Le nombre donné a une seule décimale.

c) 0,03 L = … mL; 450 mL =… L.

d) Questions à choix multiples sur les masses d'objets connus : un animal, une voiture, un bébé; etc.

Problème non verbal avec une balance et des unités identiques (ou différentes).

Problème verbal avec conversion et plusieurs opérations; etc.

Glossaire

Dans cet ouvrage, nous utilisons autant que possible les verbes et les expressions ci-dessous selon les définitions proposées.

Verbes

Ces verbes devraient permettre à l'étudiant (ou à l'enseignant) de décrire avec précision l'activité de l'élève, autant celle qui lui est demandée (analyse de tâches) que celle qu'il a menée (analyse de productions d'élèves). Dans la vie courante, dans certains manuels ou cahiers d'exercices, on rencontre ces mêmes verbes avec des sens légèrement différents. Ces précisions nous semblent néanmoins importantes pour que les échanges à propos du travail demandé à l'élève ou celui qu'il a produit soient clairs et constructifs.

Identifier (ou définir) : donner la définition, donner une liste exhaustive de caractéristiques permettant d'introduire un nom, une notion nouvelle. Identifier (ou définir), c'est apprendre à connaître.

Nous utilisons ce verbe à propos d'une activité de découverte, lors d'une première rencontre ou de l'initiation à une nouvelle notion, un nouveau mot de vocabulaire, une nouvelle figure, etc. En conséquence de quoi, nous suggérons de ne pas utiliser ce verbe dans une évaluation puisque l'élève a déjà rencontré la figure ou la situation en question. Plus précisément, nous ne donnons pas à ce verbe le sens qu'il a dans l'expression : « Léo s'est identifié à Sol » où il faut comprendre que Léo a essayé de ressembler ou de s'approprier la personnalité de Sol.

Exemple

Quelle caractéristique ont tous les triangles rouges que les autres triangles n'ont pas?

Une telle activité permettra d'**identifier** (de définir) les triangles isocèles.

Reconnaître : retrouver, parmi des figures, plusieurs descriptions ou différentes représentations des figures ou des configurations déjà connues. Nous utilisons ce verbe, en le distinguant du précédent, pour préciser que l'on ne peut reconnaître que des objets que l'on connaît déjà, exactement dans le même sens où l'on dit : « J'ai reconnu Kim à son manteau rouge! ».

Exemple

Parmi les triangles suivants, rayer ceux qui ne sont pas isocèles.

Dans cette activité, l'élève doit **reconnaître** les triangles isocèles et rayer les autres.

Tracer : utiliser la règle et le crayon pour donner à voir un segment dont les extrémités sont connues (ou non) ou une partie d'une droite passant par deux points connus (ou non).

On trace aussi un cercle quand on utilise le compas sans précision sur la mesure du rayon.

Note didactique : Les activités d'apprentissage de tracés à la règle peuvent être menées dès l'école maternelle ou en 1re année afin de rendre l'élève encore plus habile dans ses constructions.

Décrire : utiliser le vocabulaire géométrique pour que la figure proposée puisse être reproduite. Selon les cas, l'ordre dans lequel les éléments de la description sont donnés peut avoir une incidence sur les conditions plus ou moins faciles de la reproduction de la figure. La description de figures est une activité très particulière puisqu'elle demande à l'élève non seulement une bonne maîtrise du vocabulaire, mais aussi la connaissance des propriétés des figures pour que le texte soit efficace : quiconque le lisant pourra reproduire la figure.

Exemple

Décrire la figure ci-dessous.

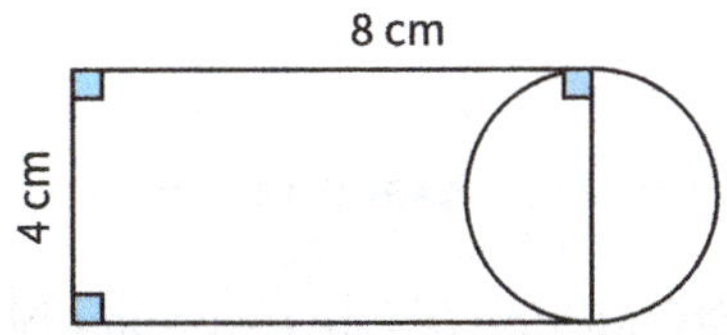

Dans la description d'une figure, on doit y retrouver toutes les informations nécessaires à sa reproduction, sans redondance aucune. Une réponse possible serait : « La figure est composée d'un rectangle de 8 cm de long et de 4 cm de large et d'un cercle dont un diamètre est aussi une largeur du rectangle. »

Compléter : terminer la production d'une figure à partir d'une amorce de reproduction d'une figure initiale donnée en utilisant les instruments et après avoir pris des informations sur la figure modèle : alignements de points, égalités de longueurs, angles droits, etc.

Exemple

Compléter la figure suivante à partir de la figure modèle.

Figure modèle

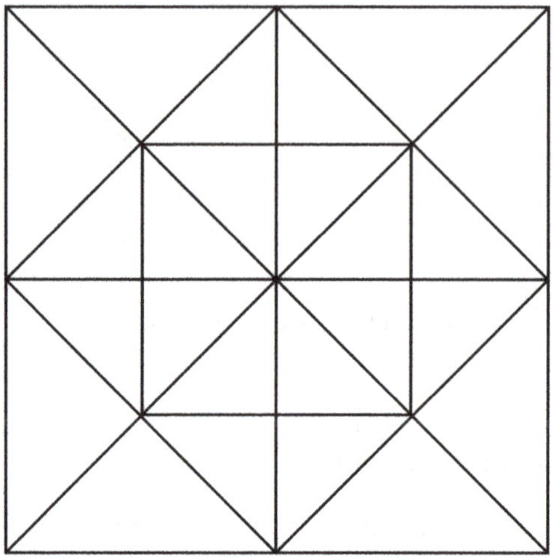

Figure à compléter

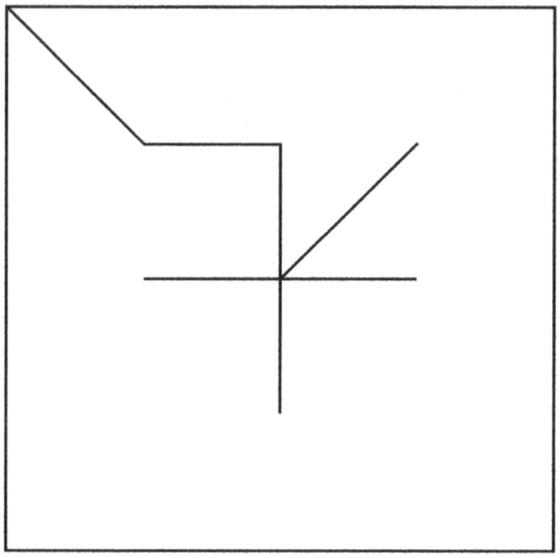

Pour réussir cette activité, l'élève doit repérer sur la figure modèle les éléments qui lui sont donnés et établir les liens entre ces informations et les segments à tracer : prolonger les segments donnés (médiatrices et diagonales du grand carré), joindre des points remarquables (milieux des côtés du grand carré), etc.

Note didactique : À l'école primaire, l'amorce est à l'échelle 1 par rapport à la figure initiale, mais son orientation dans la page peut changer. Au secondaire ou en formation des enseignants, l'amorce peut être à une échelle différente de la figure initiale.

Construire : utiliser les instruments pour produire une figure à partir d'une description verbale ou d'un schéma.

Dans le cas du cercle, on pourra utiliser le verbe « construire » quand le compas sera ouvert à une mesure connue (le rayon est précisé).

Exemple

Construire un carré de 6 cm de côté sur une feuille de papier blanc avec les instruments de votre choix.

Au cours d'une **construction,** l'élève utilise ses instruments de géométrie avec des intentions précises quant au respect des propriétés géométriques de la figure demandée : une règle pour tracer des longueurs données, une équerre pour construire des angles droits, etc.

Note didactique : À l'école primaire, les dimensions de la figure sont données. Au secondaire ou en formation des enseignants, ce n'est pas toujours le cas. Toutes les propriétés géométriques de la figure décrite doivent être respectées.

Reproduire : utiliser les instruments de géométrie pour produire une figure identique au modèle.

Toutes les propriétés géométriques de la figure initiale doivent alors être repérées et vérifiées sur le modèle puis respectées au cours de la construction : égalités de longueurs, angles droits, parallélismes de côtés, etc.

Exemple

Dans le cadre de droite, reproduis les deux figures suivantes.

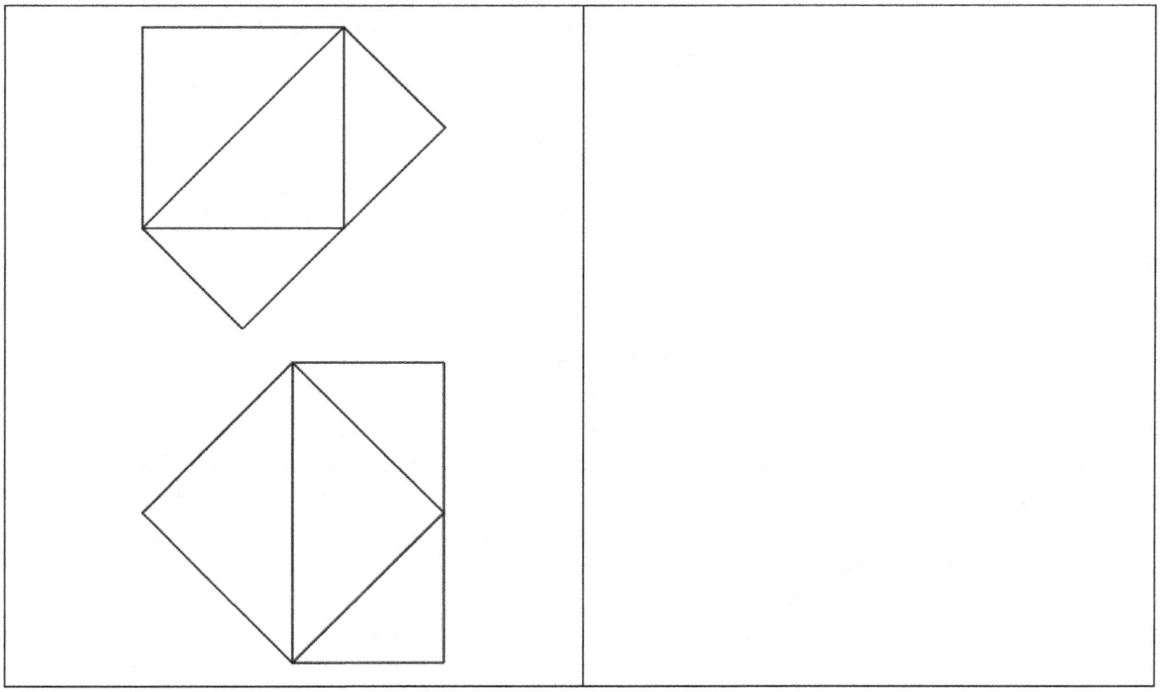

Dans cette activité, l'élève doit **reproduire** deux figures superposables mais présentées dans des orientations différentes. Certains élèves pourront suivre des démarches distinctes pour chaque figure; la deuxième étant plus complexe que la première à cause du carré qui n'est pas en position prototypique.

Note didactique : À l'école primaire, la figure est à reproduire à l'échelle 1 et aucune amorce n'est donnée. Au secondaire ou en formation initiale des enseignants, on peut demander de reproduire la figure à une échelle donnée ou par un agrandissement (l'échelle n'est pas précisée).

Représenter : les vues planes ou les représentations en perspective sont des représentations planes des objets de l'espace.

> **Note didactique :** À l'école primaire, il n'est pas attendu de l'élève qu'il sache représenter un cube en perspective cavalière. En revanche, on pourra lui demander des vues planes d'empilements de cubes. Les différentes techniques de représentation des solides sont au programme du deuxième cycle du secondaire.

Justifier : utiliser les propriétés théoriques des objets géométriques dans un raisonnement, si possible, hypothético-déductif pour établir une démonstration.

> **Note didactique :** À l'école primaire, on ne saurait demander à l'élève d'organiser un tel raisonnement dans sa totalité. En revanche, on pourra lui demander de faire référence aux définitions et aux propriétés théoriques qu'il connaît et qui sont pertinentes dans la situation géométrique à l'étude. Au secondaire, l'élève apprendra à rédiger des démonstrations en utilisant le raisonnement hypothético-déductif.

Expressions

Dessin/figure : Parzysz (1988) donne cette définition : « La figure géométrique est l'objet géométrique décrit par le texte qui la définit, une idée, une création de l'esprit tandis que le dessin en est une représentation ».

La « figure » est donc un objet idéal, une construction mentale de la part de l'individu et toute trace sur le sable, le papier ou un écran d'ordinateur en est une représentation que l'on appelle « dessin ». Dans la plupart des cas (les manuels, les cahiers d'exercices, les activités proposées sur Internet), le dessin qui est donné à voir aux élèves est très proche de l'image mentale de l'objet théorique (donc de la figure), c'est pourquoi on appelle ce dessin, une figure. Quand les dimensions du « dessin » sont celles de la « figure » évoquée, le phénomène est alors plus marqué. On dit alors que la « figure » est en vraie grandeur. Au secondaire, les représentations des figures qui sont données à voir aux élèves sont souvent des dessins à une échelle réduite de la figure réelle. Ces dessins sont encore appelés « figures ». Dans de très rares cas, le dessin qui est donné à voir à l'élève est un schéma fait à main levée où les codages donnent des informations sur les caractéristiques géométriques de la figure : quels segments ont la même longueur, où sont les angles droits, etc.

Exemple

Deux dessins d'un rectangle : l'un proche de la figure, l'autre sous forme de schéma :

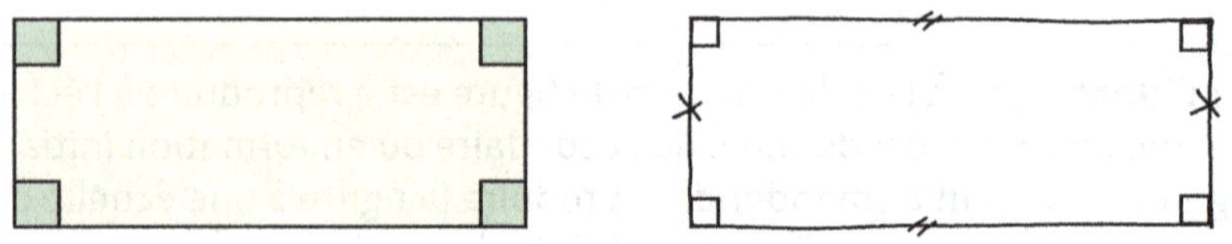

Figure en position prototypique : les positions prototypiques sont les positions classiques, habituelles dans lesquelles les figures sont présentées dans une page ou sur une feuille de papier : certains côtés ou les axes de symétrie de la figure sont parallèles aux bords de la feuille, les côtés des angles droits sont aussi parallèles aux bords de la feuille. Dans le cas des triangles, l'un des côtés est parallèle au bord horizontal de la feuille. Dans le cas du losange, les diagonales sont dessinées parallèlement aux bords de la feuille. Ces représentations sont avantageuses pour la mémorisation du nom des figures et pour leur reproduction sur du papier quadrillé ou du papier pointé. Mais elles deviennent source de difficulté pour les élèves quand ils doivent reconnaître ces mêmes figures dans d'autres positions ou alors qu'elles sont sous-figures dans une figure plus complexe.

Exemple

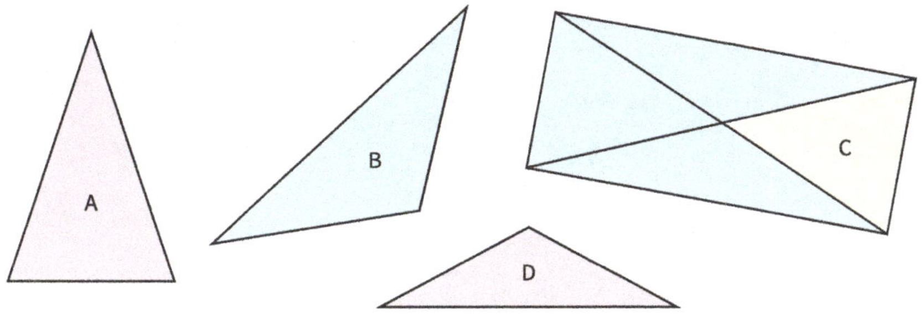

Les triangles isocèles A et D sont en position prototypique; les triangles isocèles B et C ne le sont pas.

Juxtaposition/superposition

Deux (ou plusieurs) figures sont juxtaposées quand elles sont adjacentes les unes par rapport aux autres. Chacune est alors facilement reconnue. L'ensemble de ces figures peut composer une sur-figure qui peut être aussi une figure particulière. Deux figures sont en superposition quand les côtés de l'une sont partiellement tracés et l'élève a la responsabilité de les prolonger pour les faire apparaître.

Exemple

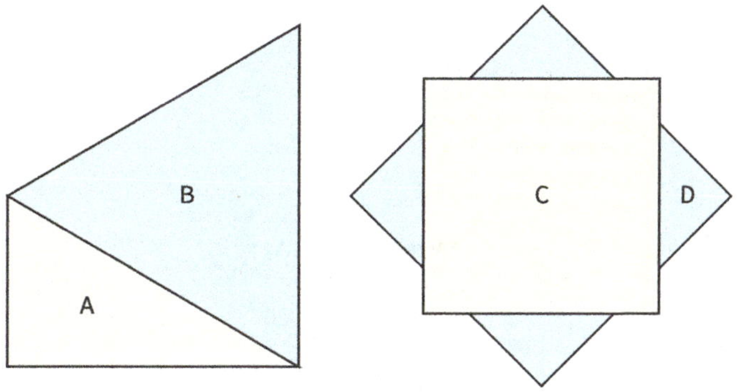

Dans la figure de gauche, les deux triangles A et B sont en juxtaposition l'un par rapport à l'autre. L'élève pourra ne pas comprendre que l'ensemble des deux figures constitue un trapèze rectangle. Dans la figure de droite, les deux carrés C et D sont superposés l'un à l'autre mais seul le carré C est entièrement visible et en position prototypique. Les élèves pourront dire que cette figure est composée d'un carré et de 4 triangles rectangles collés au carré. Pour les amener à « voir » le carré D, il faudra leur demander de prolonger les côtés de ce qu'ils ont repéré comme étant des triangles et leur permettre ainsi de « changer de point de vue sur la figure ». (Duval et Godin, 2005)

Made in the USA
Monee, IL
08 November 2026

67991102R00168